里院的街

大鲍岛街区的保护与再生

慕启鹏 著

中国建材工业出版社

图书在版编目(CIP)数据

里院的街：大鲍岛街区的保护与再生/慕启鹏著.
--北京:中国建材工业出版社,2018.7
ISBN 978-7-5160-2150-7

Ⅰ.①里… Ⅱ.①慕… Ⅲ.①城市道路-景观设计
Ⅳ.①TU984.11

中国版本图书馆CIP数据核字(2018)第016544号

里院的街

大鲍岛街区的保护与再生

慕启鹏　著

出版发行：中国建材工业出版社
地　　址：北京市海淀区三里河路1号
邮　　编：100044
经　　销：全国各地新华书店
印　　刷：北京天恒嘉业印刷有限公司
开　　本：889mm×1194mm　1/12
印　　张：27
字　　数：780千字
版　　次：2018年7月第1版
印　　次：2018年7月第1次
定　　价：298.00元

本社网址：www. jccbs. com　　微信公众号：zgjcgycbs
本书如出现印装质量问题，由我社市场营销部负责调换。
联系电话：（010）88386906

岛
初秋
在里院
炊烟初起
咯吱的躺椅
山竹和菠萝蜜
阳台上晒暖的猫
和老头老太太一起
屋檐下大背心在滴水
咸菜切好米粥还在锅里
石板上长出了新青苔
老婆子你可得注意
岁月斑驳了朱红
猫儿跳上桌椅
咸菜好咸啊
那你别吃
你说啥
没啥
哼

王硕

前言

大鲍岛是青岛最早的里院街区。1898 年 9 月德国人公布了占领青岛后的第一版规划，其中就已经将大鲍岛地区规划为“中国人城”。虽然这一版的规划因遭到太多的争议而未被实施，但是里院规划的雏形却由此确定。在 1899 年 5 月 4 日公布的第二版青岛城市建设规划方案里，大鲍岛的里院规划已经颇具规模，今天保留下来的许多里院建筑还依然能在这张图纸里找到自己最初的样子。

2017 年 12 月 15 日，72 处里院建筑被列入青岛保护建筑名单，其中大部分都分布在大鲍岛街区。原来被列为棚户区改造的建筑终于在各方的努力下被列为历史建筑保护起来，至少我们不必再为它们是否会因破败而被拆除担心了，这是值得肯定的进步。加之同年规划局早些时候公布的 13 处青岛市历史文化街区，基本已经将青岛目前所剩的大部分里院片区囊括在内。这样一来，从历史名城到历史街区再到街区内的文物建筑和历史保护建筑，一个完整的保护体系终于成型，下面就看该如何保护与再生了。

这就说到了我三年前做这两本书的初衷，一方面山东建筑大学建筑学专业当时刚刚成立了省内第一个历史建筑遗产保护设计的培养方向，由我来负责培养方案的整体设计和其中专业课的课程教案。该方向从四年级开始招生，所以我们的学生只有一年的时间在学校接受系统的遗产保护教育，但是因为在此之前学生都已经得到了良好的建筑学基础训练，我们对大四这一年的教学计划做了精心的设计和安排。上学期是历史街区的研究和活化设计，下学期则是从上学期的基地中选择一处历史建筑或院落来做建筑研究和保护设计。与新建类设计不同，遗产保护需要在严谨的调查基础之上，先提出价值分析，再明确保护原则和策略，最后才是保护方案设计。为了能够让学生在较短的时间内掌握更多关于遗产保护的基础知识和工作方法，我们尽可能地将工作切分成小体量的具体任务，目的就是为了让负责的小组在方案前期做到具有一定研究性的深度。这套教学思路几乎是照搬了柏林工业大学遗产保护研究生培养体系，用一年的时间让学生从大到小系统地针对一个对象完成整套的保护设计。另一方面作为青岛人总是在一种莫名的情怀催促下一直思考如何能够让青岛中山路一带的“老街里”重新活起来。青岛的里院改造并非全无实践，例如 2008 年的劈柴院改造，今天看来与改造的初衷大相径庭，很难称得上是成功的案例。这说明一般的城市设计和历史街区的保护设计在本质上还是有着很大的不同。里院的保护和再生是两件不同阶段的事情，保护是原则，活化是目标，这中间需要从严谨的价值分析去推导出改造策略，劈柴院的失败就是缺少此中间环节。而当我们面临更大规模的里院改造时，对里院价值的分析就显得格外重要。青岛里院的坎坷命运和尴尬处境很大程度上来自于对遗产价值概念上的混淆与判断上的偏差。这种偏差并不代表对遗产价值的无知，而是因为这种价值判断直接来自于使用和利益的诉求，相比于单纯的学术上判断反而显得更加务实。举例来说，一方面在青岛本地文史学者眼中，里院的价值和意义集中体现在其是青岛市民社会的成型和平民关怀的物质遗存，即平民社会的安顿与愉悦，向着现代文明、自由社会不息前行的历史标本。可是这样的观点在面对政府“棚户区改造以改善居民生活条件”的目标口号时，几乎毫无反驳的余地。我们在调研的过程中也没少因为强调里院的遗产价值而受到当地居民的斥责甚至辱骂，诸如“你们认为这里好你们来住啊！”之类的言语几乎是我们听到的最多的抱怨。另一方面投资方真金白银的投入必然有资格提出能够满足自己回报的要求，历史人文关怀上的理想在资本面前变得高高在上和遥不可及。这就必须要求在遗产保护的专业领域内作出全面的价值梳理，才能让更多人认识到青岛里院的价值绝非仅止于此。两下结合便催生出了这两本册子。

这两本册子做完后，曾自行印刷装订作为个人研究和教学的成果送给部分师友指正，虽然知道书中还有太多的错误和不足，但是承蒙大家的厚爱仍在小范围内获得了一些肯定，也有多人询问过出版事宜。青岛市城乡规划展示中心曾想以书中内容做一次学术展览，还为此专门组织了学术筹备会，但最终因各种原因未能办成。青岛市城乡规划协学会也曾向我借阅这两本册子，想参考书中内容为里院的未来保护寻找思路，可由于打印成本我也只能借阅却未能送予。现在想来虽然都有遗憾，但却都是对我工作的一种莫大肯定和鼓励。此次在山东建筑大学建筑城规学院和中国建材工业出版社的大力帮助下，此书稿终于能够交付出版，也算是对所有参与此事和关心此事的人们的一个交代。

在此需要特别感谢本书的责任编辑沈慧女士。还要感谢第一届建筑遗产班的所有同学，他们是李京奇、庞靓、马祥鑫、刘婉婷、朱贝贝、陈保成、王硕、李坤、孔德硕、胡博、邵波、邢玉婷、谭平平、王兴娟和周宫庆，还要感谢专门为此书排版的宋金志、林晓宇、孙畅。

慕启鹏

2018 年 1 月 2 日

于青岛寓所

目录

第 3 章　设计理念与中心思想 /079

第 4 章　方案设计 /085

第 1 章 设计背景

1.1 地理状况

本次任务基地位于中国山东省青岛市。青岛地处山东半岛的咽喉部位，濒临黄海，环绕胶州湾，山海形胜，腹地广阔。市中心位于东经 120° 19′，北纬 36° 04′。全市地形中，东有崂山山脉（巨峰 1133m），西有珠山山脉（小珠山 725m），北有大泽山脉（北峰顶 737m），中为胶莱平原和盆地。青岛市区坐落于花岗岩地质之上，建筑地基条件优异。

1.1.1 自然气候

1. 气候

青岛位于北温带季风区域，具有海洋性气候特征——空气湿润，温度适中，四季分明，日温差小，气温升降平缓。因此青岛拥有独特的温带海洋性季风气候特点。

2. 气温及降水量

根据 1898 年以来的资料，绘制青岛市平均气温和平均降水量图，如图 1-1 所示。

青岛年平均气温 12.7℃。最高气温高于 30℃的天数，年平均为 11.4 天；最低气温低于 - 5℃的天数，年平均为 22 天。年平均无霜期 251 天，比相邻地区长一个月。青岛春季持续时间较长，气温回升缓慢；夏季较内陆推迟一个月到来，湿润多雨，但无酷暑，七月平均温度 23℃；秋季天高气爽，降水少，持续时间长；冬季较内陆推迟 15 到 20 天到来，气温低，但并无严寒，一月平均日最低气温 - 3℃。青岛属正规半日潮港，潮差为 1.9 ~ 3.5m，大潮差发生于朔或望（上弦或下弦）日后二到三天。①

3. 风向

从图 1-2 青岛市风玫瑰图中可以看出，青岛市受海风影响较大。春夏通常以东南风居多，十月份左右开始吹北风，冬天西北风尤为凛冽。

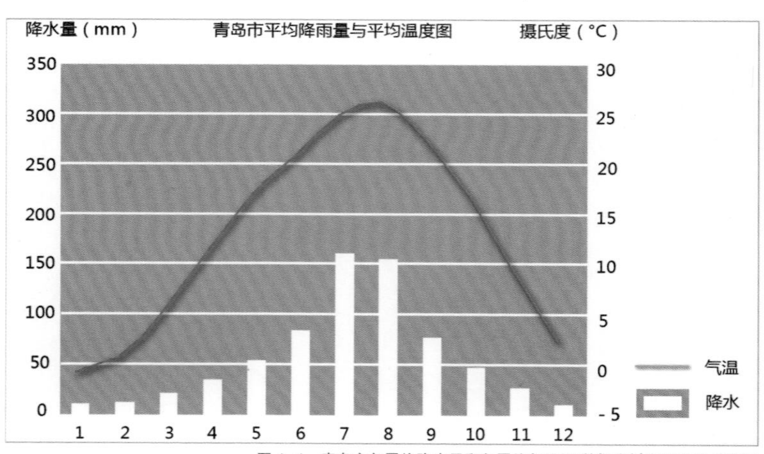

图 1-1　青岛市年平均降水量和年平均气温图 数据资料来自网络 庞靓绘

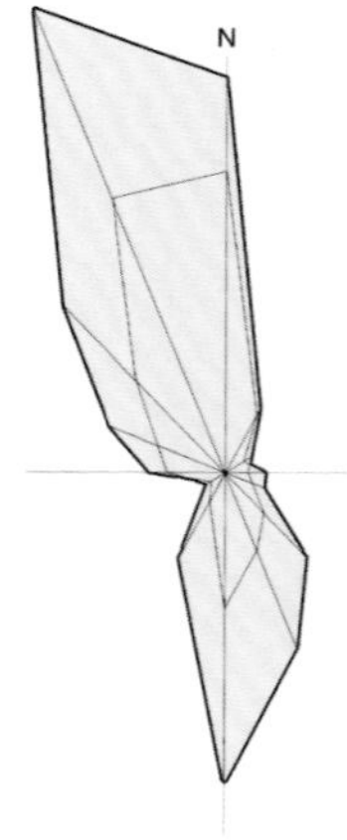

图 1-2　青岛市风玫瑰图 庞靓绘

①青岛市地理状况部分资料来自百度百科、必应网典、齐鲁网等。

1.1.2 地理位置

1. 中山路

中山路位于青岛市南区西部，市北区南部，南接著名的风景名胜青岛栈桥，北至市场三路老青岛著名的“大窑沟”，全长 1329m，是一条呈南北走向的商业性街道，位置如图 1-3 所示。

中山路修建于德占时期，以德县路为界，分为南北两段，南段称为斐迭里街，北段称山东大街，俗称大马路。在青岛城市发展进程中，中山路及其周边街区曾经是青岛最重要的商圈。这条引领城市商潮、汇聚金融巨头、承载青岛文脉、延续青岛故事的百年老街，积淀了丰厚的城市文化底蕴。

中山路从无到有，经历了起步阶段、发展阶段、黄金阶段、辉煌阶段、衰落阶段和振兴阶段。

基地毗邻中山路北段，如图 1-4 卫星图所示。

图 1-3　中山路与基地位置图 地图来自 Maxbox Map 庞靓绘

图 1-4　基地与中山路卫星图 庞靓绘

2. 基地范围

如图 1-5 所示，基地以德县路、芝罘路、高密路、潍县路四条道路围合而成的一片区域。为更便于表达和陈述，我们按其之间的空间关系，从北到南、从西向东，将里院部分分为了九个区域，编号为 A 到 I。在基地范围图中，为表达尺度关系，每方格为 100m × 100m。其中包含了海泊路、四方路、黄岛路、平度路、平度支路、博山路、易州路。

这片当时历属于华人区的建筑群，虽然没有欧人区建筑高贵华丽，但它却是民族资本商业的发祥地，并在以后的数十年中孕育和诞生了像春和楼、亨得利、谦祥益等众多的民族商业老字号，带动了整个中山路的持续繁华，容纳了大量的人口，提供了充足的劳动力和消费群体，其独特的建筑形式更是形成了青岛特有的“里院”风光。

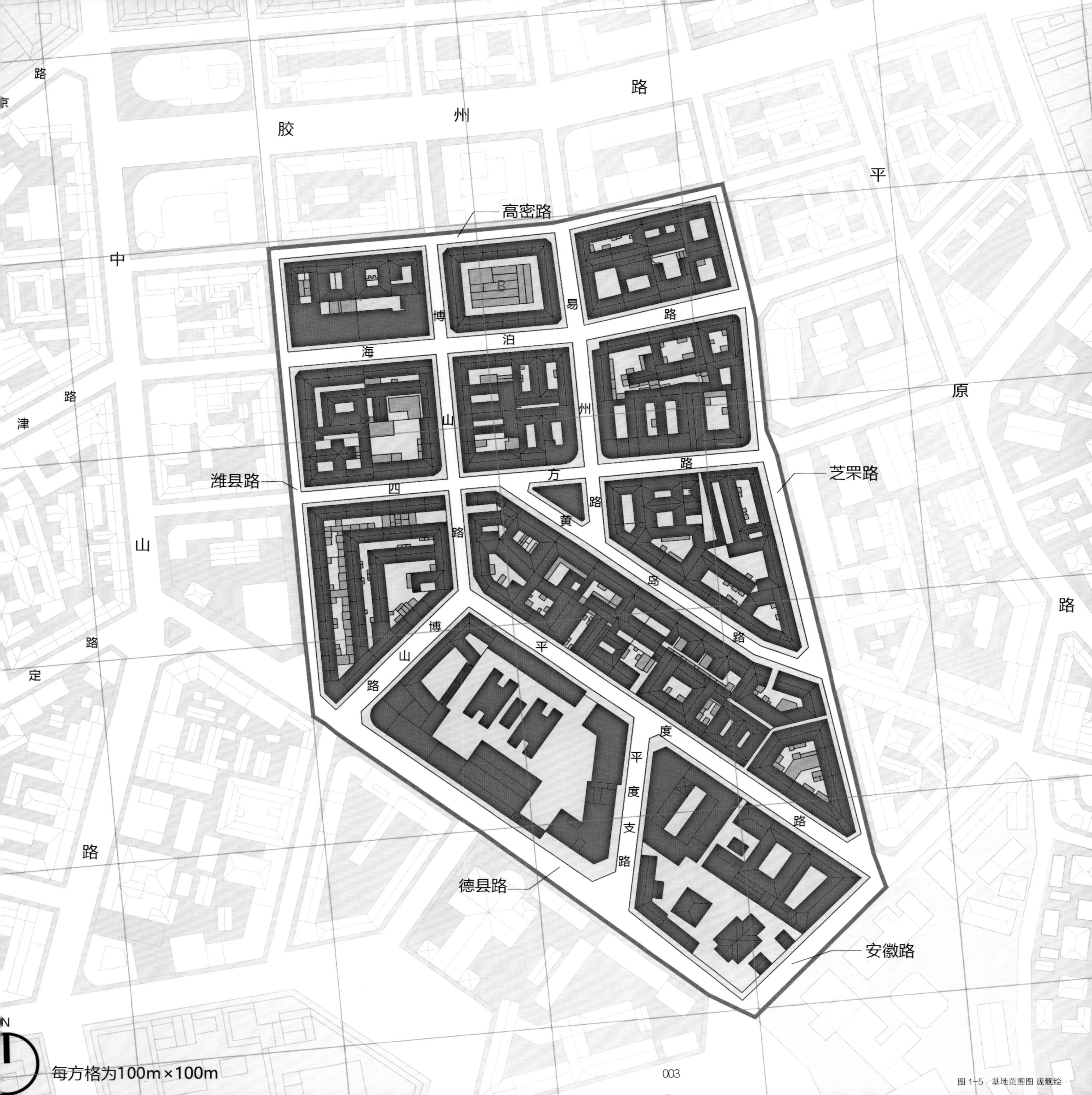

图 1-5 基地范围图 庞靓绘

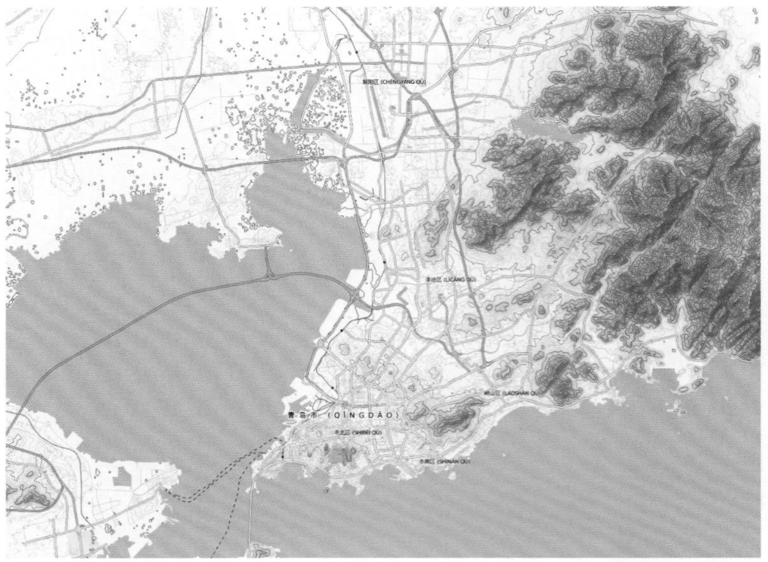

图 1-6　青岛市地形地图 来自 Overstreet Map

1.1.3 自然地势

青岛为海滨丘陵城市，地势东高西低，南北两侧隆起，中间低陷。如图 1-6 地形图所示，通过地面隆起和颜色深浅变化来表达山势起伏的地形。在老城区，地势起伏变化明显，德占时期，顺应地势，德国人开始营造青岛。今中山路一带的建设是在贵贱有分的态度下完成的，同时也巧妙利用了地形地势。

图 1-7 为德县路剖切图，德国人利用德县路相对高耸的地形，规划德县路以南为欧人区，以北为华人区（也称作大鲍岛地区）。欧人区与华人区在建筑形式、空间布局、整体规划中都有着许多不同。欧人区主要以洋房等欧式建筑为主，而华人区则是以“里院”这种中西合璧的特殊形式的建筑为主。不仅如此，欧人区的街道宽度都要明显大于华人区。由于今天主教堂的制高位置，雨水会在此地顺应地势分别流向南北两侧，故其中也有“不共饮一池水”的含义。

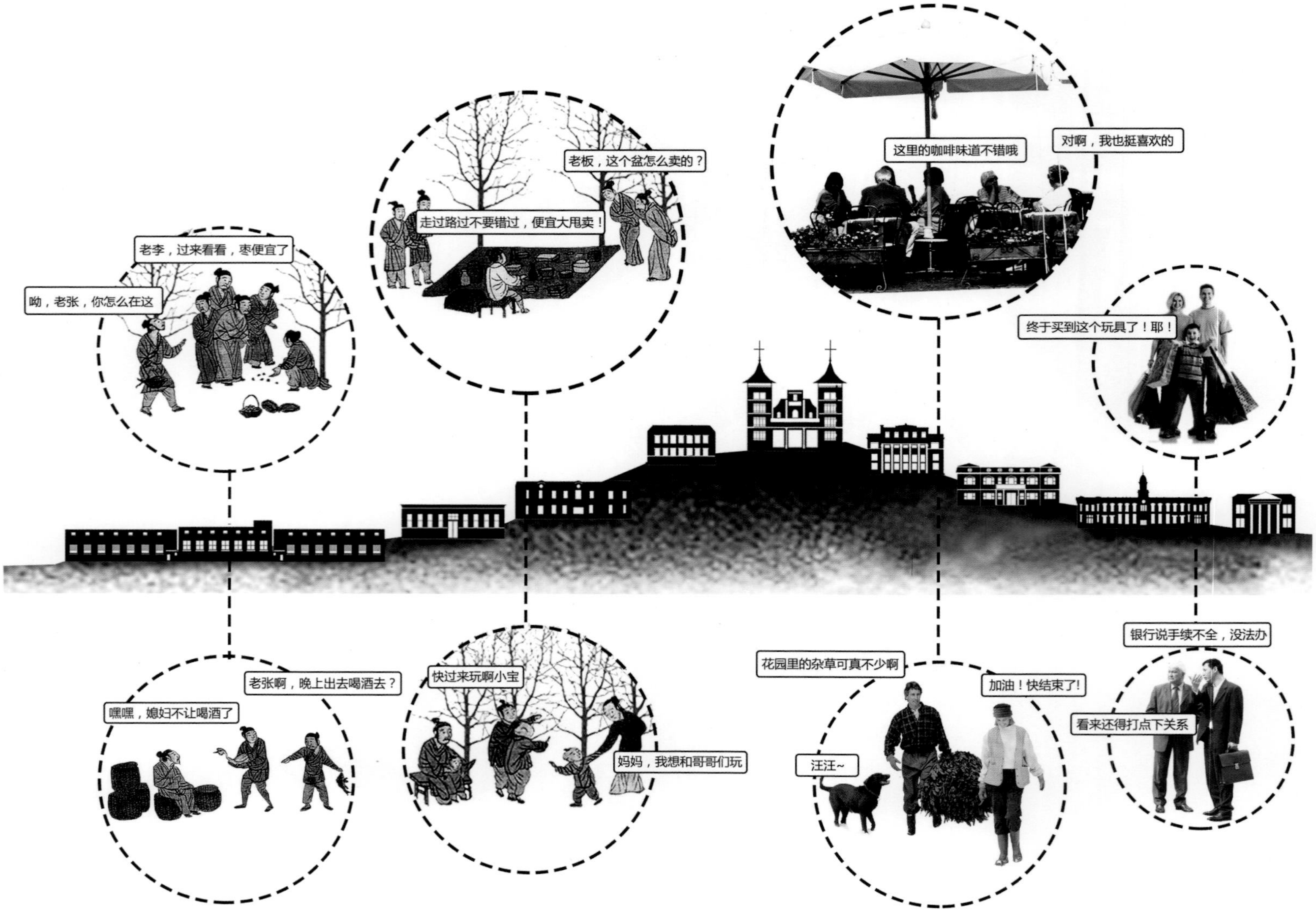

图 1-7　德县路剖切图 王硕绘

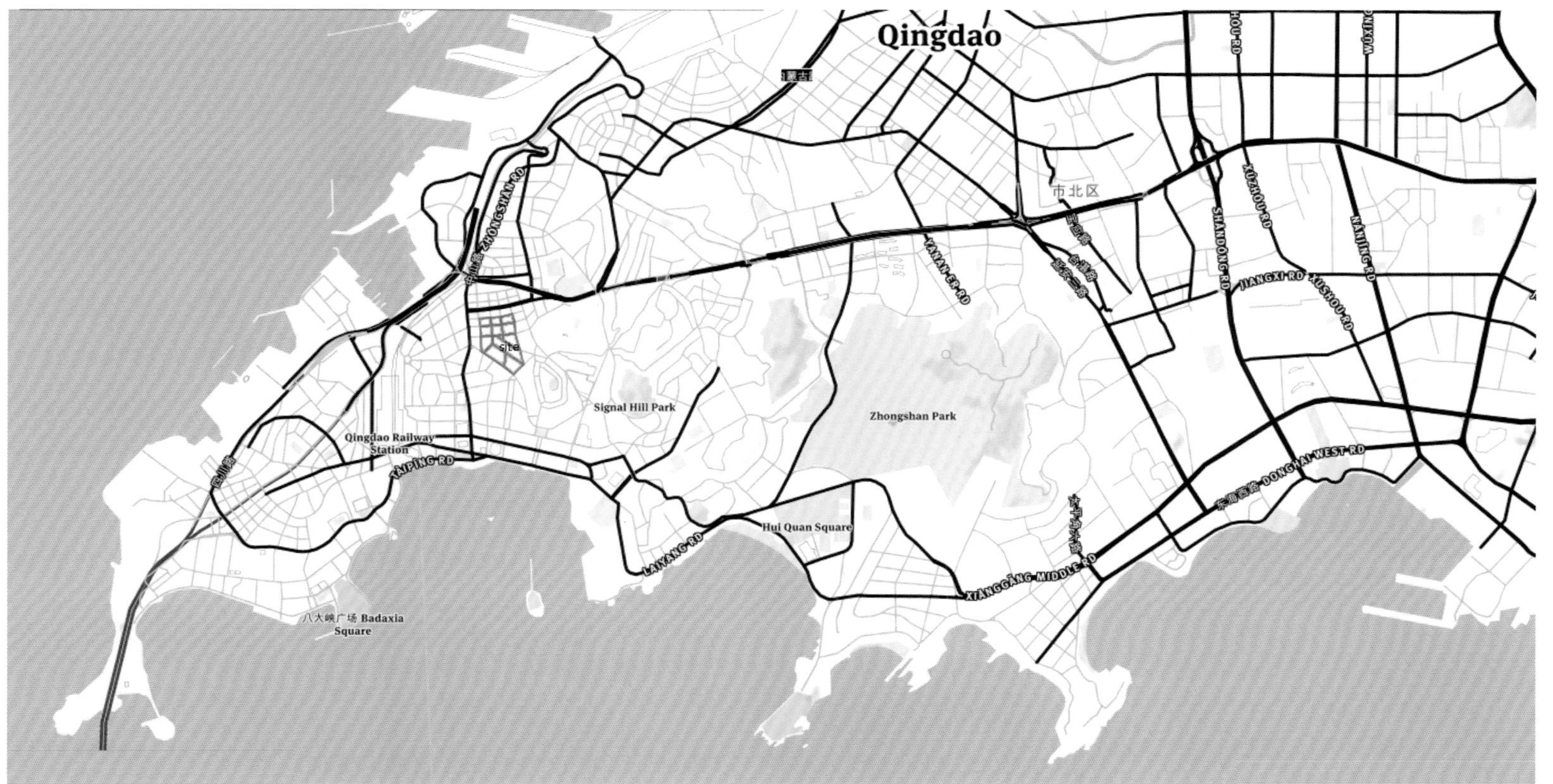

图 1-8　青岛城市道路图 地图来自 Maxbox 庞靓绘

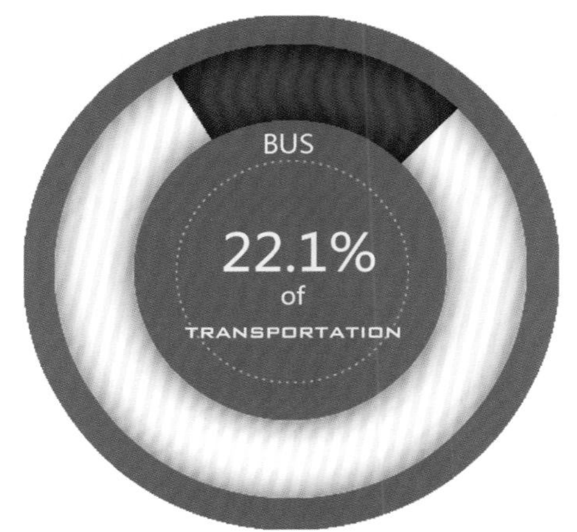

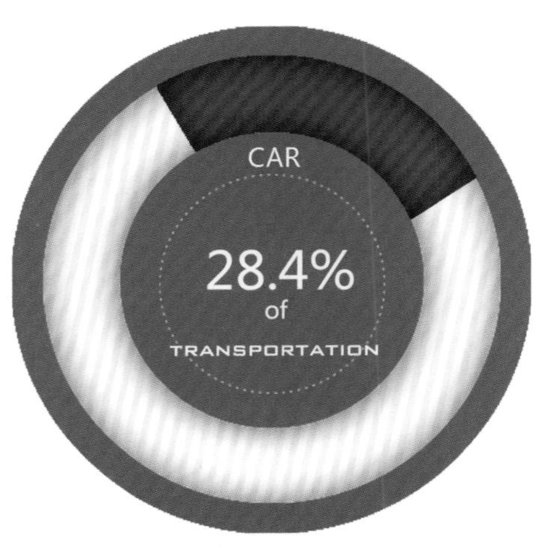

图 1-9　交通方式调查图 庞靓、王硕绘

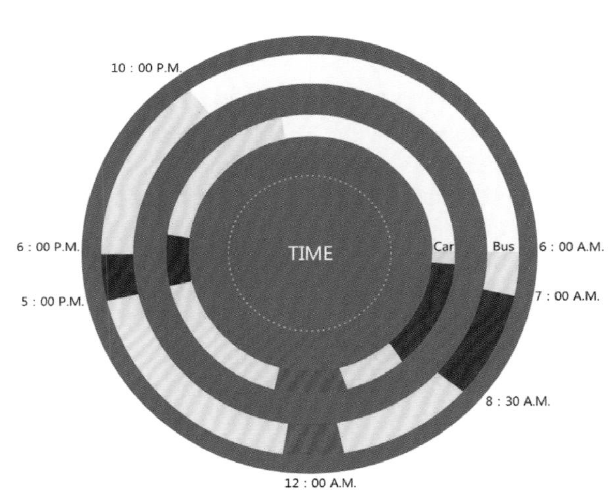

图 1-10　居民出行时间分布图 由庞靓、王硕绘

1.2 城市交通

1.2.1 城市道路

青岛城市道路顺应地形布局，地处山东丘陵上，地形并不平整。除新建快速道路外，均呈棋盘状、放射状、自由式等形式。老城区主道路大多通山面海，弯弯曲曲，没有正南正北之分。由于地势高低不平，道路也上下坡交替。图 1- 8 为青岛城市道路图，红色为基地，黑色为城市干道。

1.2.2 交通方式[①]

在 2011 年调查中，青岛市民有约 22.1% 的人会选择公交车出行。有约 28.4% 的人会选择常用私家车出行，且这一比例正在逐渐增长（图 1-9）。

居民出行时间分布：早高峰时段为七点到八点半，早高峰时段出行量占全天的 27.8%；晚高峰时段为下午五点到六点，晚高峰时段出行量占全天的 20.2%；中午小高峰不明显，从上午七点到下午七点的 12 小时全方式出行量占全天的 87.5%。从市民几种主要出行方式时间分布来看，市民乘坐公交、开车的高峰时段一般都重合在一起（图 1-10）。

①资料来自中国交通技术网的青岛 2011 年居民出行调查。

1.3 人文状况

1.3.1 非物质文化

城市，绝不仅仅是许多单个人组成的集合体，也不是各种社会设施，如街道、建筑物等的聚合体，更不是各种服务部门和管理机构的简单相加构成的，城市，是一种心理状态，是由各种礼俗和传统构成的统一体，是这些礼俗中所包含并随着传统而流传的那些统一思想和感情的整体。换言之，城市不是自然的产物，而是人类的一种属性。"①所以，探寻城市的历史演进过程对探讨城市的文化与精神，揭示城市的个性特征，规划城市未来发展蓝图具有重大意义。我们将从这里探讨青岛的文化 。

城市建筑，不能同质化，要先有城市的文化品位和定位。

青岛，作为我国历史文化名城和现代化城市之一，它不同于以其悠久的历史文化著称的西安、洛阳，更不同于以改革开放后的经济发展奇迹著称的深圳等沿海城市，而是以在近现代历史文化上的地位而著称。青岛先遭德国侵占，并继而导致了中国历史上著名的“戊戌变法”运动，自此，青岛也正式登上中国历史的主舞台。在第一次世界大战中，日本从德国人手中夺取了青岛，青岛也成为第一次世界大战中亚洲唯一的战场。战后的“巴黎和会”将青岛主权移交给日本的事件，更导致了著名的“五四运动”。接下来青岛陆续、间断地由国民政府、日本殖民者、中华人民共和国管理，青岛的城市文化精神以及市政规划都烙下不同政府管理的特别历史印记。一方面近代青岛的发展始终与整个中国近代史的命运黏结在一起，另一方面青岛的城市精神与文化也在青岛独特的区位及自然环境下自成一体的发展（图 1-11）。

1. 青岛的地域文化

环境造就人，自然造就文化。所以进行青岛城市文化与精神的研究的出发点应该是从历史演变的角度分析青岛的地域文化。

最早青岛由小渔村发展而来，大麦岛、汇（前）泉村等处曾是渔民出海捕鱼活动的汇集地点。这就形成了青岛早期的“渔耕”文化，这种朴实的“渔耕”文化，虽然在现代的城市生活中已保留的很少，但我们依然能从其中找到一些踪迹，例如现在仍留存下来的天后宫就是早年渔民祭祀的宗庙。这种“鱼耕文化”是青岛现代城市文化与精神生长的原始土壤。

“渔耕”文化。

在 1891 年，清政府看中青岛的海防作用，在青岛建立兵营并开始建置。后来分别由德、日、中华民国和共和国政府管理，青岛一直都在不同程度上被作为重要的军事桥头堡或海防关口来运营、管理。并且如今的栈桥最初在德占时期就是被作为军事设施来建设和使用的，北海舰队便驻在青岛海军基地。建置到现在，青岛的驻军及驻军家属一直都在全市总人口中占相当大的比例。 这种作为军事要塞而出现的生活及现在生产文化也就悄悄地融进了青岛城市文化与精神之中。

青岛的海防地位。

青岛也是个多元文化汇聚的城市。其多元文化的形成源于其特殊的地理位置和被殖民历程（政治环境的不稳定）而出现的移民潮。据历史学家研究，最早期的青岛移民是来自云南地区的戍边战士，他们驻扎在青岛后便在这繁衍生息了。如今青岛仍有“小云南”之称。明代青岛地区军事卫所的建立，卫所中的兵士以及家属在附近青岛一带繁衍生息，这里的很多地名反映了移民活动的历史。如灵山卫、鳌山卫、浮山所、雄崖所、即墨营、史家屯、郝家寨、李官庄等。“屯”指驻兵防守，如屯田、屯兵、屯垦；“官庄”指官府管辖的田庄。明清时期的青岛卫所之外的移民，政府负责招募开垦田地，所以把这叫做“官庄”。这些地名有的至今犹存，有的随着时代的变迁而有所改变，如灵山卫、鳌山卫今为灵山卫镇、鳌山卫镇。浮山所也成为青岛市区的一个社区。 20 世纪初，青岛的发展繁荣吸引了大量的广东、浙江、福建的移民，移民带来了他们那里特有的美食、工艺及艺术文化，并逐渐融合进青岛本地的城市生活与生产之中。就青岛里院形成来说，就曾受到广东、浙江、福建移民的直接影响。青岛的“移民文化”也成为青岛市多元文化生长繁荣的肥沃土壤。

多元文化汇聚的城市“移民文化”。

本土青岛有着独特的“商住文化”。德国入侵，1900 年规划筹建东亚的“模范殖民地城市”；1937 年日本再次侵占，实施“母市计划”，侵略者的规划虽未全部实现，但畸形发展下的青岛，成为我国少有的实施“西方城区规划理念”的早期城市。外国独占的烙印，给城市留下“万国建筑博览会”的称誉，这种“异域文化”一直影响着青岛的现代建设。1914 年前后青岛市区分为青岛区、鲍岛区，即为欧人区和华人区。青岛区地处沿海地带，自然环境优越、空间布局理想、建筑设施、城建系统完备，是当时的欧人区，成为今日旅游文化的集中地带。鲍岛区位于现在的胶州路、辽宁路段，居住人群基本为社会中下阶层。近代民族工商业者，处在夹缝中，建筑拥挤，基本为商住两用，生存艰辛。20 世纪 20 年代日本急于扩张，又开辟了侨居住宅和商业网点，成为重要的商住文化集中区，这构

特殊的“商住文化”。

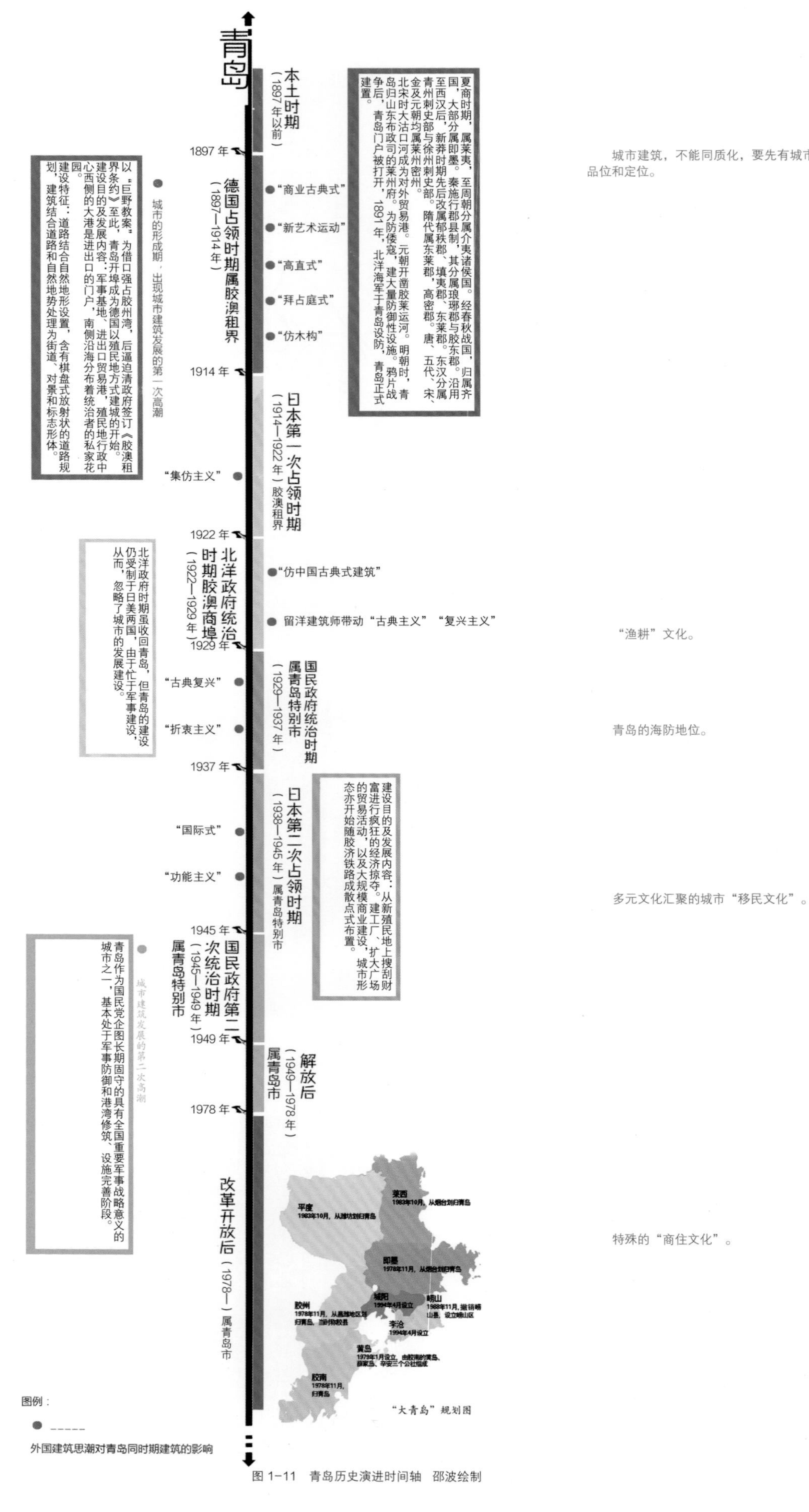

图 1-11 青岛历史演进时间轴 邵波绘制

①张胜冰，马树华．青岛文化的历史文脉对城市文化精神的影响 [D]．山东：中国海洋大学，2007．

成本土青岛的“商住文化”。如今在青岛老城区仍遗留了大量的里院建筑，从这些里院中我们仍能明显看出这种独具特色的“里院文化”的痕迹。

“岛城文化”。

另外，由于地理上的局限性，青岛曾长期局限在“海泊河—长春路—延安三路—西南海岸线”范围内的半岛地带，城市偏安一隅，我们习惯上称之为小青岛或半岛都市，文化也称之为“岛城文化”。

文化部原部长刘忠德就曾说过：“当我们认识到城市个性重要性时，将需花费大力气恢复。”

“渔耕文化”“海防文化”“移民文化”“商住文化”“岛城文化”等在青岛历史演变过程中逐渐形成、发展、繁荣或衰落的地域文化一起构成了青岛城市文化与精神的生长土壤与根基，也将是青岛未来城市发展的宝贵财富。面对如今“千城一面”的城市建设新浪潮，如何传承和发展自己的城市文化，必须引起深思。

我们从城市街道入手，通过对大鲍岛街区原有业态、尺度及其他历史街区的调研分析，对历史建筑做一个总体的了解。

2. 青岛老街故事（基地内）（图 1-12 ~ 图 1-15）：

图 1-12　海泊路

图 1-13　潍县路

图 1-14　四方路

图 1-15　大鲍岛市场

“身穿谦祥益、头戴盛锡福、吃饭春和楼、看戏去中和、看病宏仁堂”。这是 20 世纪 30 年代，老青岛人之间流传的民谣。

青岛被德日殖民时期的大规模城市建设，20 世纪初青岛民族资本主义工商业的蓬勃发展，近代思想（五四）与现代教育体系在青岛的萌芽与发展，改革开放后青岛作为对外开放的前沿在经济与文化上的蓬勃发展都给现在青岛市留下了丰富且珍贵的非物质文化遗产。

今天走在青岛老城区的街道上，我们仍能从那些老建筑中联想及触摸到老青岛的历史片段与城市记忆。这是我们对一个城市的体认。下面，走进“大鲍岛”，从青岛老城的记忆深处挖掘出那些老街上的动人故事（表 1-1）：

表 1-1　老街概况

街道	概况	主要业态	重点建筑及商铺	其他
海泊路	以市内的海泊河命名，西与天津路相衔接，东面上坡与福建路相衔接，三条路应是一条马路	曾经被称“鞋业一条街”。徐洋撰文称：“海泊路集南北各方鞋型为一条街，店铺达三十余家。其中，南方鞋型店有三星、明星、履历等。经营者多为上海人、宁波人。他们生产管理科学，分工明确，从做鞋、成品、检验、销售为一条龙。”1949年解放后作坊式的鞋店合并成皮鞋厂和布鞋厂，海泊路上有布鞋厂和刺绣厂门市部，其余鞋店成了加工车间，向苏联大量出口	华德泰百货店 洪兴德绸布百货店 海泊路东段的泉祥茶庄（公私合营后并入四方路瑞芳茶庄） 洪兴楼饭店（位于“广兴里”）	“广兴里”——又叫“积庆里”，其与劈柴院、台东商业市场并称老青岛三大市场，现列入青岛市第三批优秀历史建筑名录。“广兴里”内原有三排商业摊排，有一家三轮电影院光陆电影院，以及一些茶社，这些茶社兼表演曲艺及戏曲清唱，集中了购物、餐饮、娱乐、沐浴，相互带动
四方路	从青岛区进入中国人居住区的第一条街；马路变窄，房屋艺术造型低，缺少上下水；为著名的“年货市场”	从“腊八”到春节，四方路一带是露天市场，四方路是主街，各色年货，芝罘路是菜市，黄岛路是水果市，博山路是年画、春联市，潍县路是文具摊和书摊	新盛泰皮鞋店（与中山路口）；明华银行；世界书局青岛分店；潍县路口华壹氏大药房；瑞芬茶庄(三大茶庄：泉祥、源祥、瑞芬)；著名熟食店“新生园”，老天宝银楼，老庆和银楼；“苟不理”“津津社”包子铺	“水龙池子”（街头公共水栓），“大茅房”（街头公共厕所）——当时商店就在报纸上做大幅广告，上面不写门牌，而写成“四方路大茅房对面”
博山路	南北向街道	有人称博山路为“木器一条街”，在博山路南端有近二十家木器店，有山东帮、南方帮之分。其实当时再往北就没有木器店了	天主教堂医院 天德塘浴池 “光华日报”	天主教堂医院，虽是欧式建筑却用了黑砖清水墙。天德塘浴池，青岛人叫澡堂，是青岛最早开设“女盆”的澡堂，只有四层楼，却没有电梯，是青岛最早的“洗浴中心”，提供理发、搓背、修脚等服务项目，是休闲、社交场所
平度路	平度路并不长，有两条支路	平度路广为人知与这里曾有的戏院有关	京剧大戏院“青岛新舞台”后叫大舞台、新新舞台，解放后叫永安大戏院，近年拆除建为“青岛市群众艺术馆”，3000观众大舞台，是仅次于上海天蟾舞台的第二大戏院	1924年房产资本家刘子山建京剧大戏院“青岛新舞台”四大名旦、四小名旦、四大须生都在这里演出过。解放后在这里的曲艺艺人有几百人，组建曲艺乐团，平度路东端原是亚细亚旅馆，解放后作为人民医院的一部分
芝罘路	南北向街道，基地东部边界	老青岛有一些茶社，分布在全市各地。这些茶社并非单纯品茶，实际上是曲艺厅，演出形式多种多样，演员分属不同的“班”在各茶社轮流演唱。潍县路二号是青岛有名的新乐茶社，在楼上，夏天开着窗，有些人就在街上听曲	三江会馆是最有代表性的一个，它是浙江、江苏和江西三省的在青人士的组织（包括安徽省，其与江苏在清中期以前并称江南省）。《青岛日报》在芝罘路，芝罘路北段有几家货栈，提供进出口买办服务	早期青岛有“小柏林之城”，但芝罘路上这里有一些纯中国式建筑，都是黑瓦黑墙 芝罘路2010年列入老城保护区保护性修复范围
黄岛路	黄岛路应是三条路，从四方路到芝罘路这一段，为缓坡马路，从芝罘路到安徽路一段为石阶路，不能行车。从安徽路到平原路一段虽为柏油马路，但坡度太陡，也难以行车	在20世纪20到50年代，黄岛路长期是马路市场，市场摊位占了马路宽度的一半。平原路至安徽路一段主要卖日用铁器、陶瓷器、木器；安徽路至芝罘路一段，主要卖禽蛋、肉类、海鲜；芝罘路至四方路一段主要卖蔬菜、水果	“平康五里” “乐康里” “宝兴里”	纳垢之地：旧中国娼妓业是公娼制，办营业执照后即可开妓院，分为几等，沿袭齐国旧俗，叫“乐户”，黄岛路上一等妓院有“天香楼”；二等妓院有“平康五里”，内有乐户14家，妓女100多人，三等妓院有“乐康里”和“宝兴里”，共有乐户34家，妓女近百人。解放后，政府关闭所有妓院，在第一体育场举行了公判大会，乐户班主于小脚被判死刑

青岛民谣：“镶金牙，自来笑。留分头，不戴帽。穿皮鞋，走石道。戴手表，挽三道。戴金嘎子（戒指），不戴手套。”这描写了20世纪40年代老青岛社会时髦人士的穿着模式。

旧时青岛儿歌“一，一，一二一，爸爸领我上街里，买书包，买铅笔，上了学校考第一。”

青岛无城墙，“街里”即城里之意。当时的街里广义是指海泊河以南的岛城市区，狭义是指中山路北段周边地区。

原本繁荣的市场以及发达的民族资本主义工商业在解放后三大改造过程中，逐渐没落，直到改革开放后到20世纪90年代，工商业有所起色，但是后来青岛市市政府东移，老城区经济再次衰落，直到现在。

邵波绘

注：根据鲁海著《老街故事》及青岛市城市建设档案馆视频、文字资料整理。

国家级：

（1）胶东大鼓
（2）孙膑拳
（3）螳螂拳
（4）崂山道教音乐
（5）崂山民间故事
（6）周戈庄上网节
（7）秃尾巴老李的传说
（8）柳腔
（9）胶州秧歌
（10）茂腔
（11）徐福传说

省级：

（12）京剧
（13）天后宫新正民俗文化庙会
（14）鸳鸯螳螂拳
（15）海云庵糖球会
（16）三字经流派推拿技术
（17）崂山道教武术
（18）傅士古短拳
（19）胡峄阳传
（20）木质渔船制作技艺
（21）盐宗夙沙氏煮海成盐传说
（22）虎头鞋虎头帽
（23）大欧鸟笼制作工艺
（24）葫芦雕刻
（25）莱西花棍
（26）果膜（楦子）制作技艺
（27）莱西鼓吹乐
（28）莱西民间砖雕
（29）莱西木偶戏
（30）宗家庄木板年画
（31）平度草编工艺
（32）胶州剪纸
（33）胶州八角鼓
（34）泊里红席编织技艺
（35）琅琊台传说

市级：

（36）劈柴院市井民俗
（37）萝卜会
（38）查拳
（39）李村大集
（40）玄阳观庙会
（41）沟崖高跷
（42）九水梅花长拳
（43）孙家下庄舞龙
（44）童恢传说
（45）黑陶制作技艺
（46）金口民间故事
（47）即墨黄酒传统酿造工艺
（48）灵山老母的传说
（49）田横民间故事
（50）即墨镶、花边传统手工工艺
（51）即墨发制品传统制作工艺
（52）地瓜酒制作技艺
（53）果膜（楦子）制作技艺
（54）莱西秧歌
（55）烛竹马
（56）平度民歌
（57）平度大泽山民间故事
（58）扛阁
（59）胶州民歌
（60）宝山地秧歌
（61）大珠山传说
（62）胶南泊里大集

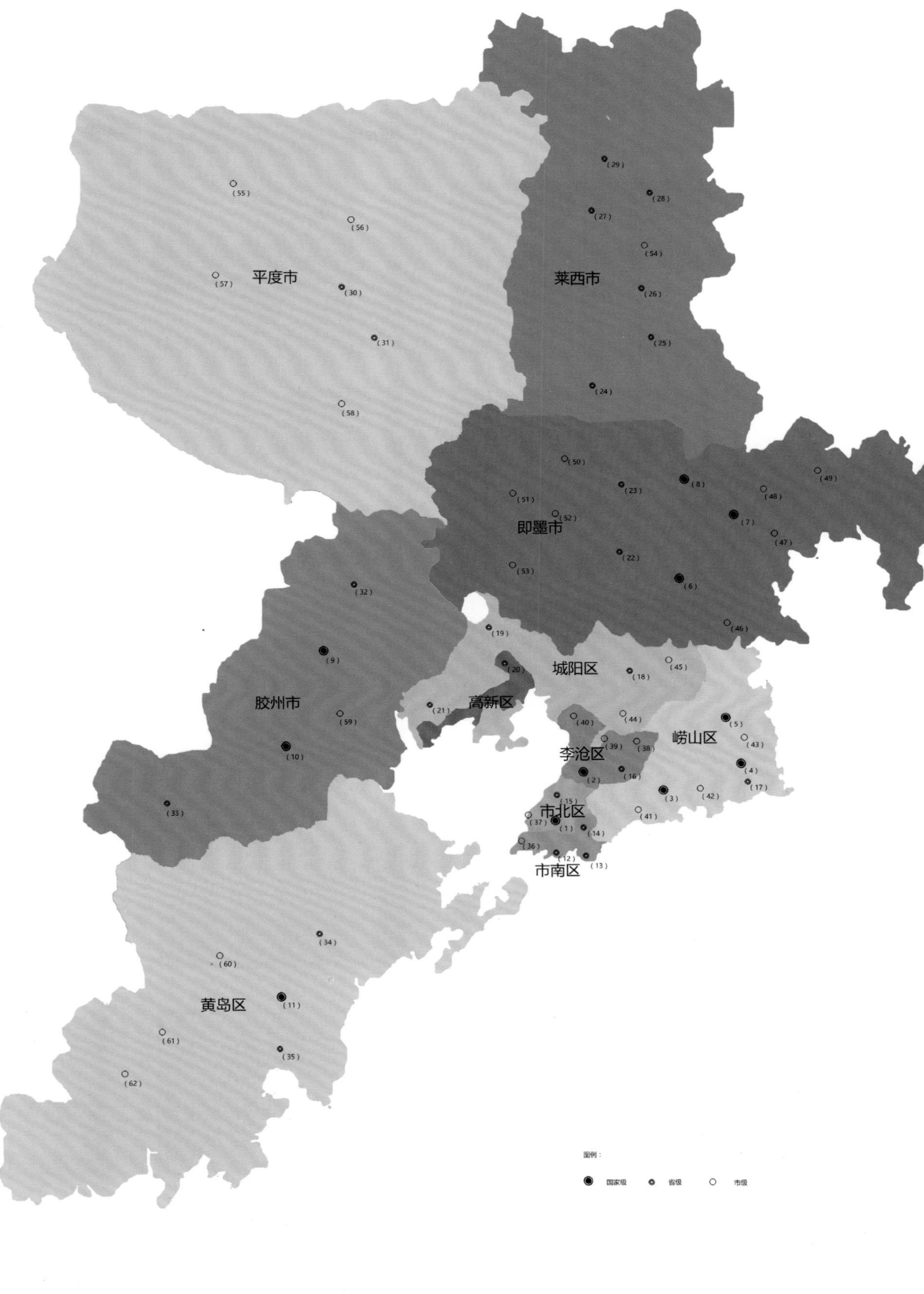

图 1-16 青岛市非物质文化遗产区位示意图 邵波绘制

胶东大鼓

孙膑拳

螳螂拳

崂山道教音乐

崂山民间故事

周戈庄上网节

秃尾巴老李的传说

柳腔

胶州秧歌

茂腔

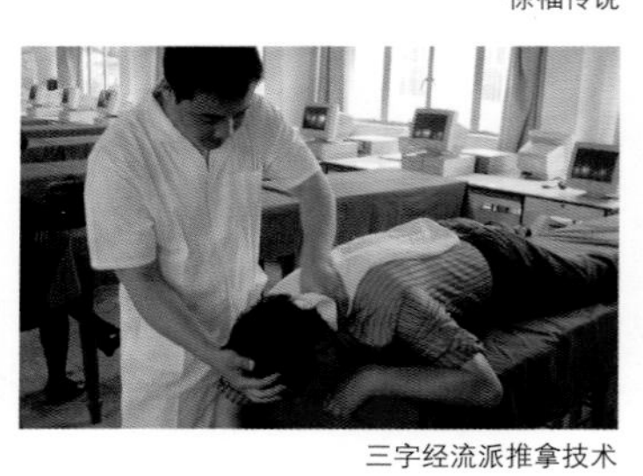
徐福传说

京剧

天后宫新正民俗文化庙会

鸳鸯螳螂拳

海云庵糖球会

三字经流派推拿技术

崂山道教武术

傅士古短拳

胡峄阳传

木质渔船制作技艺

盐宗夙沙氏煮海成盐传说

虎头鞋虎头帽

大欧鸟笼制作工艺

葫芦雕刻

莱西花棍

果膜（榼子）制作技艺

莱西鼓吹乐

莱西民间砖雕

莱西木偶戏

宗家庄木板年画

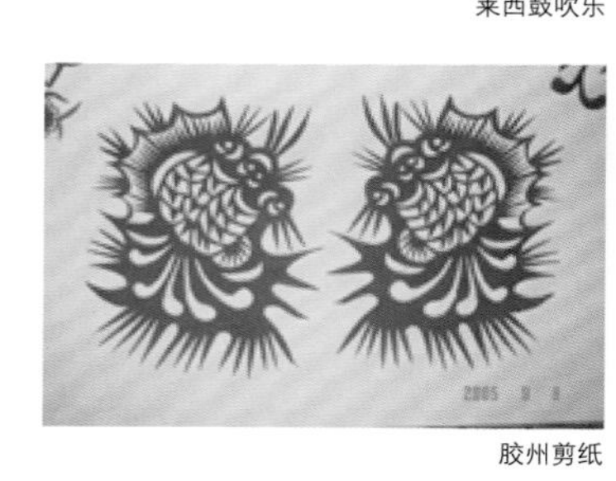
平度草编工艺

胶州剪纸

胶州八角鼓

泊里红席编织技艺

琅琊台传说

图 1-17　青岛市非物质文化遗产（一）

劈柴院市井民俗作为市级非物质文化遗产保护单位，市政府在2009年针对劈柴院进行了修复改造。

劈柴院市井民俗

萝卜会

查拳

李村大集

玄阳观庙会

沟崖高跷

九水梅花长拳

孙家下庄舞龙

童恢传说

黑陶制作技艺

金口民间故事

即墨黄酒传统酿造工艺

根据联合国教科文组织《保护非物质文化遗产公约》定义：非物质文化遗产（intangible cultural heritage）指被各群体、团体、有时为个人所视为其文化遗产的各种实践、表演、表现形式、知识体系和技能及其有关的工具、实物、工艺品和文化场所。

灵山老母的传说

田横民间故事

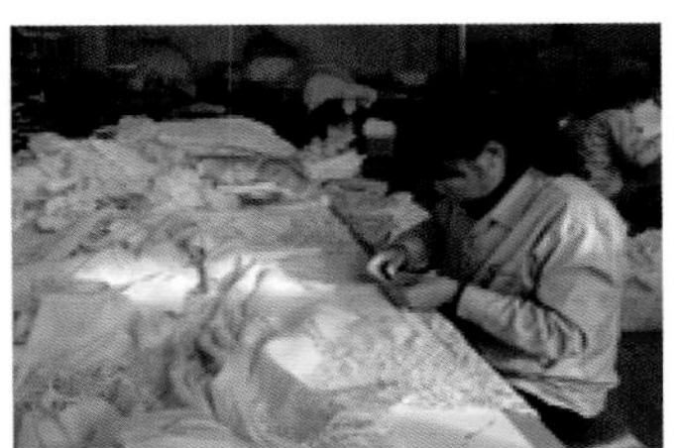
即墨镶、花边传统手工工艺

即墨发制品传统制作工艺

截至目前，青岛市非遗初步建立起了国家级项目11项，省级项目29项，市级项目61项的较为完善有效的保护管理制度。其中，国家级非遗项目11项居全省之首。

地瓜酒制作技艺

果膜（榼子）制作技艺

莱西秧歌

烛竹马

平度民歌

平度大泽山民间故事

扛阁

胶州民歌

宝山地秧歌

大珠山传说

胶南泊里大集

图1-18　青岛市非物质文化遗产（二）

1.3.2 旅游景点

青岛是著名的旅游城市，基地周围分布着大大小小的自然景点，青岛大部分的人文景观也都集中在老城区（图 1-19 ~ 图 1-21）。老城区的主要街道通山面海，道路尽端和转折点布置标志性建筑，形成了良好的街道对景，也给人带来不一样的感受。

我们推荐一条特别的线路(图 1-22)：福山支路—鱼山路—大学路—黄县路—江苏路—沂水路—德县路—中山路。

红瓦绿树，异国情调。这一路有黄墙红瓦的康有为故居，有青岛仅有的波螺油子老路，有风景独好的海大老校区，也有青岛最美的两个教堂。有时候会让人忘了这是在青岛。

1. 福山支路

康有为故居：国人皆知的康有为先生的故居位于福山支路五号。因为清末代皇帝溥仪曾赠康有为堂名“天游堂”，故康有为将此宅取名为“天游园”，1927 年 3 月病逝并安葬于此。墓园掩映在绿林之梢，碧山之下，沧波之上，花气叶香，万绿青英之中。

2. 鱼山路

海大老校区：中国海洋大学的所在地，更早前是德国俾斯麦兵营。受此因素的影响，校园至今还保留着原德国建筑的风貌。粗犷的花岗石墙壁，红色筒瓦覆顶，狭长的窗口饰以美丽的西式图案浮雕，楼内布局至今完好保留原有格局，显得既古朴典雅，又颇具异国情调。许多著名的作家，如老舍、梁实秋、沈从文、闻一多等都曾在这里执教。闻一多故居静静立在校园的西北角，墙壁上缠满了树藤，书生意气。

3. 大学路

大学路边上就是鱼山路。著名的老舍故居在此附近，青岛美术馆就在这条路上，大学路上还有几家有特色的咖啡店，如果有时间坐在院子里，要一杯咖啡，享受下午后的闲适生活，这才是青岛真正的生活节奏，大学路上还有一些特色的青旅及建筑，很适合拍照，去的时候有很多新人在拍婚纱。大学路始建于德国侵占青岛以后，沿青岛河铺设了一条现代马路，时名叫奥斯帕斯街。青岛老百姓管它叫做东关街。

4. 黄县路

老舍故居：老舍于 1934 年来青岛受聘于山东大学，直至 1937 年离开青岛，大部分时间居住于此。老舍在北京写过《想北平》，在济南写过《济南的冬天》，他在青岛没有写过类此的文章，不过他却在安静的生活中写出了《骆驼祥子》，一个一直渴望拥有一辆属于自己的洋车的“车奴”。

5. 江苏路：

青岛基督教堂：漫步在江苏路，你在一座小山丘上会发现一幢德国古堡式建筑，它就是青岛的基督教堂。由于它醒目的红色屋顶以及绿色尖顶的钟楼加上黄色外墙给人一种宗教建筑特有的美感，因此这里也会引来无数新人以它为背景拍婚纱照。教堂并不大，从外部看，它是由钟楼和礼堂两部分组成。进入礼堂后，一眼便能看遍教堂，它没有天主教堂那样的富丽堂皇，内部布置的也较为简单，教堂尽头有一圆形窗户，窗户前简单摆设着一个较大的十字架。

信号山公园：海拔 98 m的信号山，是青岛市区最佳风景眺望点之一。山顶三幢红顶蘑菇楼尤为显眼，其中最高的一幢是观景楼，高 20 m，楼上是旋转观景台，转一圈约需 20 分钟，在这里可以 360° 俯看青岛“红瓦绿树，碧海蓝天”的景色。

德国总督楼旧址：总督楼是一座石、钢、砖、木混合体的四层楼，风格独特，气派豪华。房间内部装饰、陈设异常华丽，地板拼为人字形，护墙板雕刻精细，壁灯，吊灯五颜六色，室内壁炉上镶嵌有各种玉石，卧室的内墙面都是用绫子装裱西方氛围十足，极力彰显了总督崇高的地位。

6. 沂水路

胶澳总督府旧址：该楼是一座砖石、钢、木混合结构的建筑，采用 19 世纪欧洲公共建筑的对称平面、四角和中间略为突出、中轴线非常明显的特点。整个建筑为四层楼房，呈“凹”字形，屋顶用红筒瓦覆盖，坡度较大，围以铁栏杆，既美观又作避雷之用。该楼建成后为德国总督办公之地，故名“总督府”，又称“提督楼”。

7. 德县路

天主教堂：天主教堂即著名的“圣弥爱尔大教堂”，建于 20 世纪 30 年代初，也是青岛最大的罗马风建筑，由德国设计师毕娄哈设计。蔚蓝天空下，教堂平面呈拉丁“十”字形，两侧有两座对称而又高耸的钟塔，塔内上部悬有四个巨大铜钟，钟声悠扬和谐。大门上方有一巨大的玫瑰窗，两侧各耸立起十字架。

注：本章节资料部分参考百度百科等网络，由王硕整理编写。

8. 中山路

劈柴院：位于中山路商业街，长不过 100 多米，是青岛有名的小吃街。最初这里到处是随意搭建的破板房“劈柴屋”，德国占领青岛后，在劈柴院修江宁路，建了几个大院，后来这里吃喝玩乐俱全，发展成青岛最早的娱乐中心和美食街。街区里全是老房子，与周边高楼大厦形成鲜明的对比。从中山路进劈柴院，能见到漂亮的门楼，有点像上海石库门弄堂的门楼，上面写着“劈柴院”“1902”字样，1902 即是德国修建劈柴院的时间。门楼背面则画着人物彩绘。穿过很小的门洞走进窄窄的街道，两侧密密麻麻排列着小门面、门一直敞开着、大排档式的餐馆，喜欢环境优雅、高档餐厅的游客不适合这里。小吃以海鲜、烧烤类为主，价钱在青岛算偏贵的，但游客还是冲着它的名气，蜂拥而至，到处都是人，适合喜欢“凑热闹”的游客。

栈桥：如果沿着栈桥长长的线条走，仿佛是一直走到了海的中心，在这里可以看到大雾升腾的光景，眺望海中央，那里仿佛有海市蜃楼。若是秋天来栈桥，一定要赶在涨潮时，站在栈桥的西岸，看惊涛拍岸后激起的巨浪，轰然作响，极为壮观。退潮时，潮水一退近百米，沙滩上就会有很多拣贝壳、挖蛤蜊的游人，海鸥会在离海岸近的地方低徊盘旋，也许这就是青岛最浪漫的地方了。

漫步在青岛老城区 陈保成拍摄

胶澳总督府旧址前 朱贝贝拍摄

胶澳总督府旧址前 朱贝贝拍摄

图 1-19 老城区人文景观

图片依次为：康有为故居、波螺油子老路、鱼山路、海大老校区、大学路、德国总督楼、信号山公园、基督教堂、胶澳总督府旧址、天主教堂、栈桥、劈柴院美食、栈桥、劈柴院。

图 1-20 主要景点 图片来源网络

在推荐线路中：1 康有为故居；2 海大老校区；3 老舍故居；4 信号山公园；5 德国总督楼旧址；6 基督教堂；7 胶澳总督府旧址；8 天主教堂；9 劈柴院；10 栈桥。

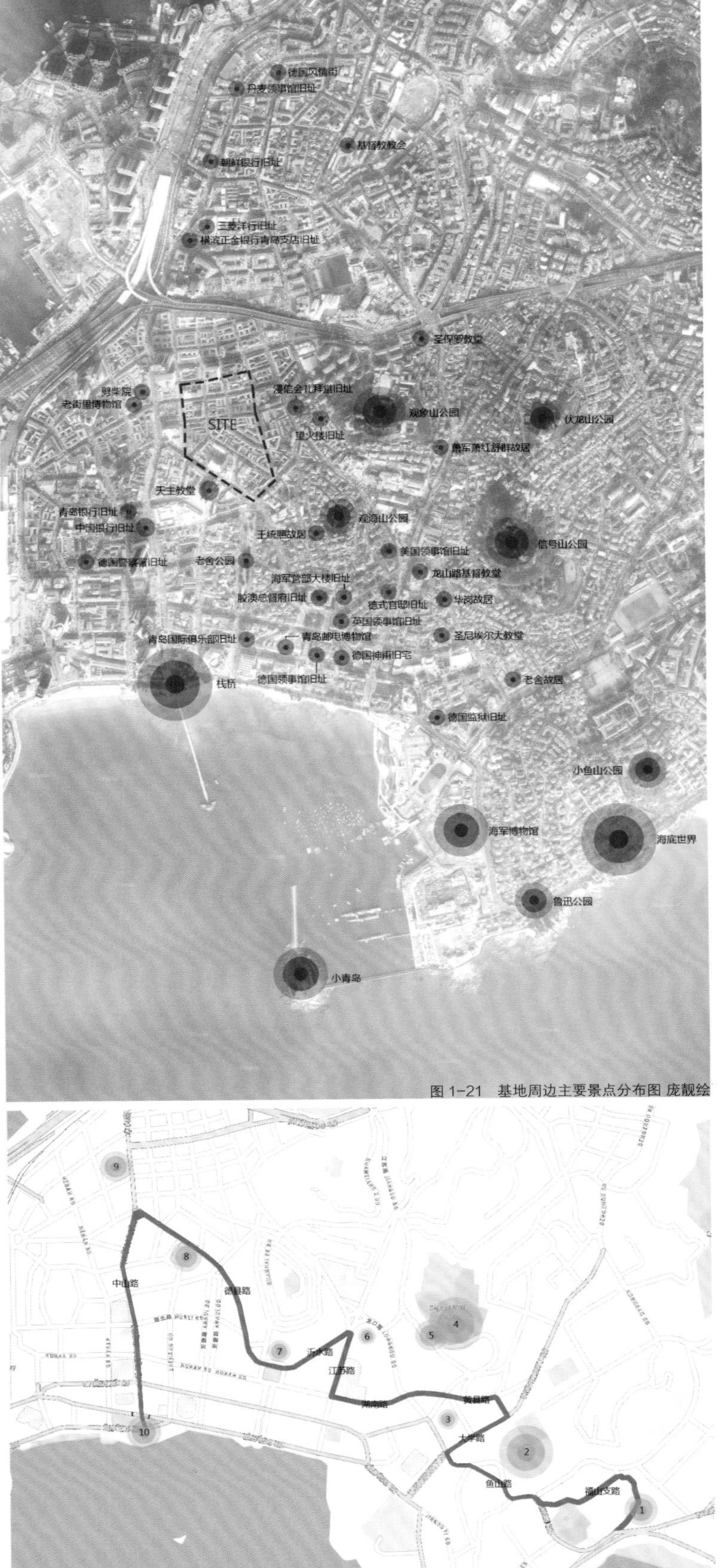

图 1-21 基地周边主要景点分布图 庞靓绘

图 1-22 福山支路—鱼山路大学路—黄县路—江苏路—沂水路—德县路—中山路 推荐路线图 庞靓绘

图 1-23　中山路历史街区 王兴娟 绘

1.4 历史状况

1.4.1 为什么要进行历史调研

1. 通过历史来完善建筑

每一栋历史建筑都如同一位历尽沧桑的老者，它用自己独特的方式叙述着历史的演变，然而总有一些记忆是模糊的甚至是缺失的，从某些角度来说，建筑所表现出来的历史是混沌的，是各朝各代各个时期的混合物，所以这就需要我们到图书馆、档案馆、网络，甚至当地老人那里进行历史研究，来寻找历史情境与这些建筑之间的相互关系，来弄清楚这些建筑的建造年代、风格、珍惜程度、历次修建等基本信息，进而判断采取何种保护方式才是最恰当的。这是历史建筑保护与修复的前提与基础。

2. 追寻历史老城起落，探索文脉传承

梁思成说，青岛就是一座典型的殖民地建筑的博物馆。回顾百余年来青岛的历史沿革，其城市变迁堪称近代中国殖民地和半殖民地化的缩影。而其风格多样的建筑以及独特的里院风貌彰显了中国城市在一种被迫状态下对外来文化接纳与吸收的方式。青岛独特的近代文化是齐鲁文化、殖民文化、外来宗教文化等多元文化相互碰撞发展的结果。只有在发觉、尊重、保护这种文化精神的基础上，才能真正创造性的发展场所，而如今现代化大都市的千篇一律其实是缺失了对当地历史文脉的传承而造成的，我们希望把这个地区的文脉传承下去。

3. 找寻繁华消逝的原因，探索街区复兴方式

中山路历史街区不仅仅是老青岛人情感的寄托，它还具有许许多多珍贵的独一无二的价值，关于历史，关于文化，关于景观，关于传统商业等等。如果就这样让它默默的消失，不仅是老青岛人的遗憾，更是中国城市发展史的遗憾。所以要保护它，要让它重新“活”起来。如何“活”就要看看它是怎么“死去”的，它衰落的原因有许多，比如产业结构调整、人群构成改变、行政中心转移等，要“对症下药”，根据其衰落的原因来寻找解决的办法（图 1-23）。

历史调研和基地调研的差别：

历史调研是对项目过去的认识与了解，而基地调研是对项目现在的认识；对历史调研的更多考虑的是传承，对基地调研考虑的是制约或呼应。二者相辅相成，在每个项目中都是必须考虑的，只是可能所占比例会有所调整。

栈桥

最早于 1892 年修建，并于 1893 年竣工，全长 200 m，宽 10 m，石灰路面，桥面两侧装有铁质护栏。在德国统治青岛期间，栈桥扩建，将长度增加了 150 m，即全长 350 m，宽度不变，桥面之下用铁柱支撑，桥面之上铺设木板，木板之上铺设轨道。

栈桥 图片来源于《青岛中山路历史街区的保护与更新探讨》 曹立罡

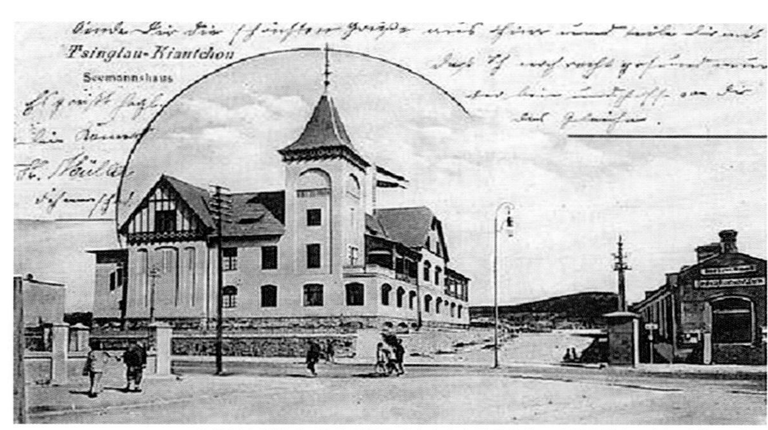

水师饭店明信片 图片来源于《青岛中山路历史街区建筑保护与更新研究》 马俭亮

总督官邸

建于 1908 年，建筑面积 4083 m²，高 3000 m，木砖石钢混合结构的大型花园式住住宅。局部墙面有大型花岗岩装饰，屋顶形式多样，表面附有不同砖瓦，四面墙体装饰考究，整体建筑高低有致，富有立体感。现为青岛迎宾馆，位于市南区龙山路 26 号。

总督官邸 图片来源于《德占时期青岛城市规划研究》 谭文婧

广东会馆历史照片 图片来源于《青岛中山路历史文化街区保护与改造研究》 高红秀

电气馆

1920 年建成，电气馆的面积不是很大，建筑风格是典型的日式结构。坐席非常有特点，最初设置的是榻榻米，之后才改成座椅。电气馆是日本著名“日活映画会社”（相当与电影制片厂）在中国发行的总代理，因此影院的生意一直很好，收入也颇丰。电气馆后来被国民政府接收，改名为“重光电影院”。1946 年改名为“神州电影院”，1948 年改称“电气教育馆”。

电气馆 图片来源于青岛画报《中国戏院与电气馆》 王栋

亨利王子饭店 图片来源于青岛档案信息网

图 1-24 历史优秀建筑

第二批青岛历史优秀建筑以民宅为主，共有 182 栋。还有许多未列入青岛市历史保护名录的优秀建筑，如市南区团岛一路的团岛电报房、市南区常州路 7 号的要塞工程局等，它们也大多建于 19 世纪初期。

青岛历史优秀建筑名单 第一批（鲁建发〔2000〕32 号文）

1. 美国领事馆旧址（市南区沂水路 1 号）；2. 德国第二海军营营部大楼旧址（市南区沂水路 9 号）；3. 德国 GELPCKE 亲王别墅旧址（市南区沂水路 3 号）；4. 斯提克否太宅第旧址（市南区沂水路 5 号）；5. 迪德瑞希宅第旧址（市南区沂水路 7 号）；6. 青岛德国总督府旧址（市南区沂水路 11 号）；7. 英国领事馆旧址（市南区沂水路 14 号）；8. 欧式住宅旧址（市南区龙山路 18 号）；9. 德式官邸旧址（市南区龙山路 26 号）；10. 德国领事馆旧址（市南区青岛路 1 号）。

11. 青岛国际俱乐部旧址（市南区中山路 1 号）；12. 德式建筑（市南区中山路 17 号）；13. 中国银行青岛分行旧址（市南区中山路 62 号）；14. 山左银行旧址（市南区中山路 64 ~ 66 号）；15. 上海商业储蓄银行旧址（市南区中山路 68 号）；16. 大陆银行旧址（市南区中山路 70 号）；17. 青岛商会旧址（市南区中山路 72 号）；18. 义聚合钱庄旧址（市南区中山路 82 号）；19. 交通银行青岛分行旧址（市南区中山路 93 号）；20. 山东大戏院旧址（市南区中山路 97 号）。

21. 胶澳商埠电汽事务所旧址（市北区中山路 216 号）；22. 水师饭店旧址（市南区湖北路 17 号）；23. 青岛德国警察署旧址（市南区湖北路 29 号）；24. 普济医院旧址（市北区胶州路 1 号）；25. 柏林信义会旧址（市北区城阳路 5 号）；26. 胶州帝国法院旧址（市南区德县路 2 号）；27. 总督牧师宅第旧址（市南区德县路 3 号）；28. 路德公寓旧址（市南区德县路 4 号）；29. 圣弥爱尔教堂附属建筑（市南区德县路 10 号）；30. 德式别墅旧址（市南区德县路 23 号）。

31. 教育学院（市南区浙江路 9 号）；32. 天主教堂（市南区浙江路 15 号）；33. 刘氏旧宅（市南区浙江路 26 号）；34. 圣心修道院旧址（市南区浙江路 28 号）；35. 德国胶州邮政局旧址（市南区安徽路 5 号） 36. 福柏医院旧址（市南区安徽路 21 号）；37. 中国实业银行旧址（市南区河南路 13 号）；38. 青岛银行公会旧址 （市南区河南路 15 号）；39. 金城银行旧址（市南区河南路 17 号）；40. 谦祥益青岛分号（市南区北京路 9 号）。

41. 青岛市物品证券交易所旧址（市南区大沽路 35 号）；42. 英商住宅旧址（市南区江苏路 1 号）；43. 古西那辽瓦住宅旧址（市南区江苏路 8 号）；44. 总督府童子学堂旧址（市南区江苏路 9 号）；45. 伯尔根美利住宅旧址（市南区江苏路 10 号）；46. 德侨潘宅旧址（市南区江苏路 12 号）；47. 江苏路基督教堂（市南区江苏路 15 号）；48. 总督府野战医院旧址（市南区江苏路 18 号）；49. 汇丰银行经理住宅旧址（市南区湖南路 4 号）；50. 天主教会宿舍旧址（市南区湖南路 8 号）。

51. 黑氏饭店旧址（市南区湖南路 11 号）；52. 开治酒店旧址（市南区湖南路 16 号）；53. 德国公寓旧址（市南区湖南路 22 号）；54. 东莱银行大楼旧址（市南区湖南路 37 号）；55. 德式建筑（市南区湖南路 44 ~ 46 号）；56. 新新公寓旧址（市南区湖南路 72 号）；57. 德国第一邮政代理处旧址（市南区常州路 9 号）；58. 欧人监狱旧址（市南区常州路 25 号）；59. 人民会堂（市南区太平路 9 号）；60. 栈桥回澜阁（市南区太平路 10 号）等共 131 栋历史优秀建筑（图 1-24）。

第一次于 1997 年迁走了 129 棵大树，让中山路变得亮堂了，但人气也随之变得冷清了（图 1-44，图 1-45）。

第二次于 2003 年拆除了青岛饭店、书店、影院等一批老建筑，又盖了一些新的大楼，在青岛饭店旧址所在片区规划的广场不了了之。

第三次于 2005 年市南区政府全面接管了中山路改造工程，五年商贸规划确定中山路要改为步行街（图 1-46）。（未成）

第四次于 2009 年，与当时全国许多历史街区的做法一样，用仿古的方式重新建造了劈柴院，旅游旺季能够吸引部分外地游客，但本地人鲜有前去消费。

这四次改造，房屋拆了建、马路挖了修，即使在旅游旺季，百年老街中山路也并没有感觉到这些游客带来的人气。目前中山路及其周围餐饮店门可罗雀，却仍然很少有人光临。劈柴院改造完成后，虽然汇聚了人气，但依然显得很杂乱。在经营、监督和管理方面尚有值得推敲和研究的地方，并没有达到设计的理想效果。尽管如此，中山路及老城区也以其独有的“扎实而增重”的节奏，慢慢地发生着一些积极的变化，复兴可期。

青岛地铁三号线的开通将在一定程度上缓解青岛中山路的交通压力，有助于青岛中山路的改造。

1. 中山路展望

尽管现在中山路两侧有很多餐饮，服装及工艺品门店，又有百盛、喜客来、国货、东方等大型购物商场，改造后的中山路开阔明亮，但中山路依旧没有人气。究其原因，我们认为其没有人气的原因有两点，一：缺乏街区特色，无吸引力。二：无政府统筹管理，基础服务配套设施落后。如何挖掘并建设中山路商业圈的特色商业与服务业，是中山路复兴改造的重点。

如图 1-47 所示，我们分析了中山路两侧的业态分布与中山路周边的主要景点位置，并探讨中山路与两侧老城区在旅游资源上的相互依托关系。首先看中山路两侧的业态分布，中山路沿街有很多家金融机构，如中国农业银行，中国建设银行。还有一些中低端的批发市场与小门店，商品大多廉价，但品质较差。这些门店大都缺乏特色，卖的大都是在中国大部分城市随处可见的商品。中山路拥有百盛、国货、东方三家大型购物商场，但经营惨淡，如今中山路上的客流并不能满足这三家商场的要求。我们假定，从中山路出发，步行八分钟以内的两侧重要

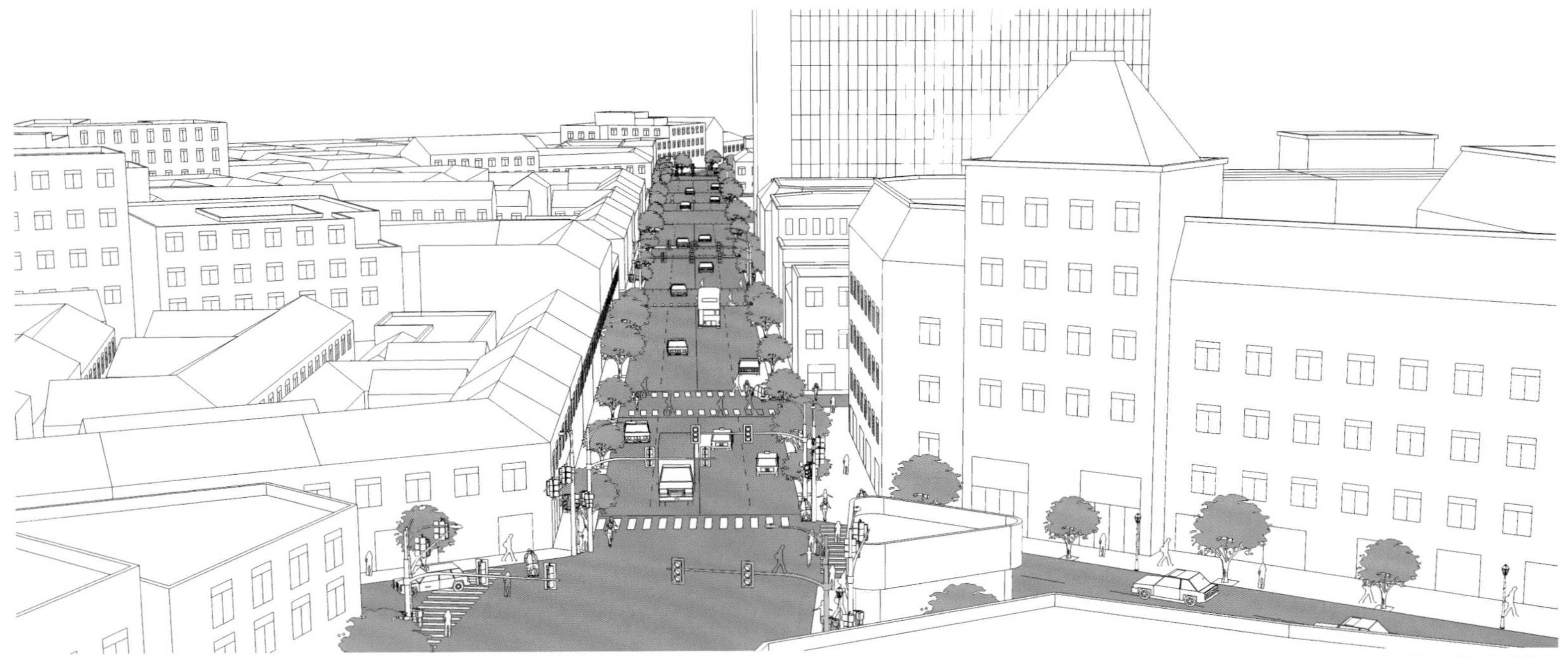

中山路两侧原有树木有百年历史，为德日时期种植。

图 1-44　第一次改造前鸟瞰　邵波绘

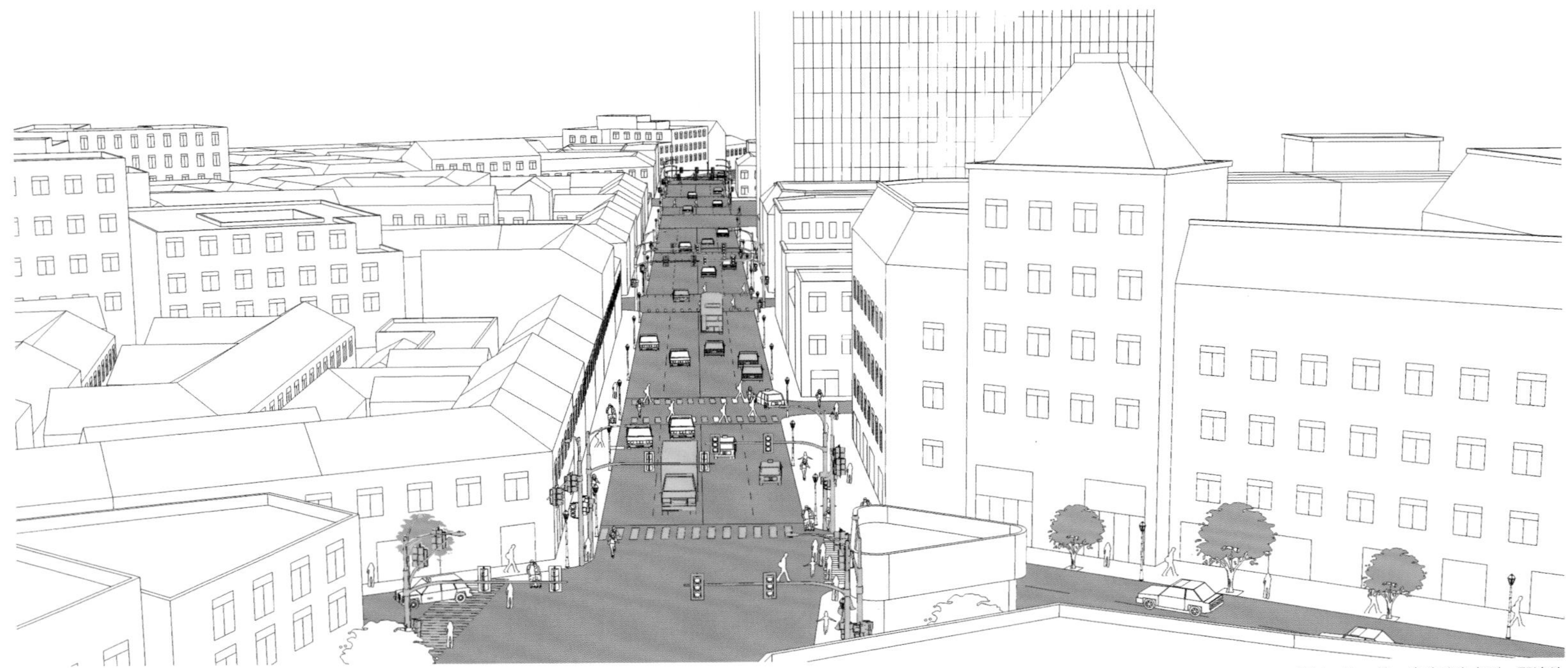

迁走了 129 棵大树。

图 1-45　第一次改造完鸟瞰　邵波绘

景点，是逛中山路的游客想顺便去的地方，或者步行到中山路在八分钟以内的两侧景点的游客会想顺便逛一下中山路。如图，我们标出了属于“步行八分钟”范围内的中山路两侧主要景点。距离中山路在八分钟步行距离的大概只有天主教堂、劈柴院，和几处并无太大吸引的德式老建筑，且老城区街道环境很差，基础设施也并不完善。根据这一调研我们得出中山路并没有和两侧老城区丰富但有待开发的旅游资源形成良好的相互依托关系。

中山路及周边的独有建筑景观及城市非物质文化遗产是可挖掘的重点项目。尤其是特有的“里院建筑”及“商住文化”。现在中山路的商业、服务业只是集中布置在一条纵深的轴线上，并且经营业态毫无特色，缺乏吸引力。针对这一点，我们认为政府应该统筹管理中山路沿街业态分布，选择有吸引力且有本地特色的业态进驻。另外，我们可以依托中山路两侧丰富的建筑遗产和独特且多元的里院文化，建立独具特色的里院商业街区及里院文化体验区，吸引以往只在中山路南端栈桥沿海一线浏览的客流，结合中山路这条百年老街的历史文脉，将客流向纵深引入，以中山路两侧的特色商业及服务业带动中山路的商业及服务业，相互联动，协同发展，共同承担起中山路商圈的经济复兴与历史街区文化复兴。不可否认，由于中山路周边老城历史遗产保护区的老建筑很多已破败不堪，并且基础设施缺乏，很难吸引游客。所以政府首先应做的是通过多种招商引资让资本介入，在政府的统筹规划下，将中山路两侧的现有棚户区的里院进行修复改造，最后建成一个保留当地居民特有生活方式及里院文化，有着大量百年老建筑，配套服务设施完善，合理融入现代商业、服务业的特色现代街区，这也是我们对青岛老城区历史街区复兴的设想。

棚户区改造节奏加快、立体化交通网络架构、高端商业配套方兴未艾……这些关乎民生的细微变化正在青岛老城区综合发酵中，改变着老城区的面貌。并且随着青岛市 16 条规划的地铁线逐渐的实现运行（如图 1-47 所示，青岛地铁三号线恰好通过中山路，并在中山路以东有站点，更加便捷的交通网络将很大程度上提升中山路商圈的辐射能力），城市轨道交通的逐渐趋于完善，青岛市新城、旧城将逐渐连接成一个发展的整体，这必将有助于中山路商业圈及青岛老城区的复兴。我们相信，青岛中山路复兴指日可待。

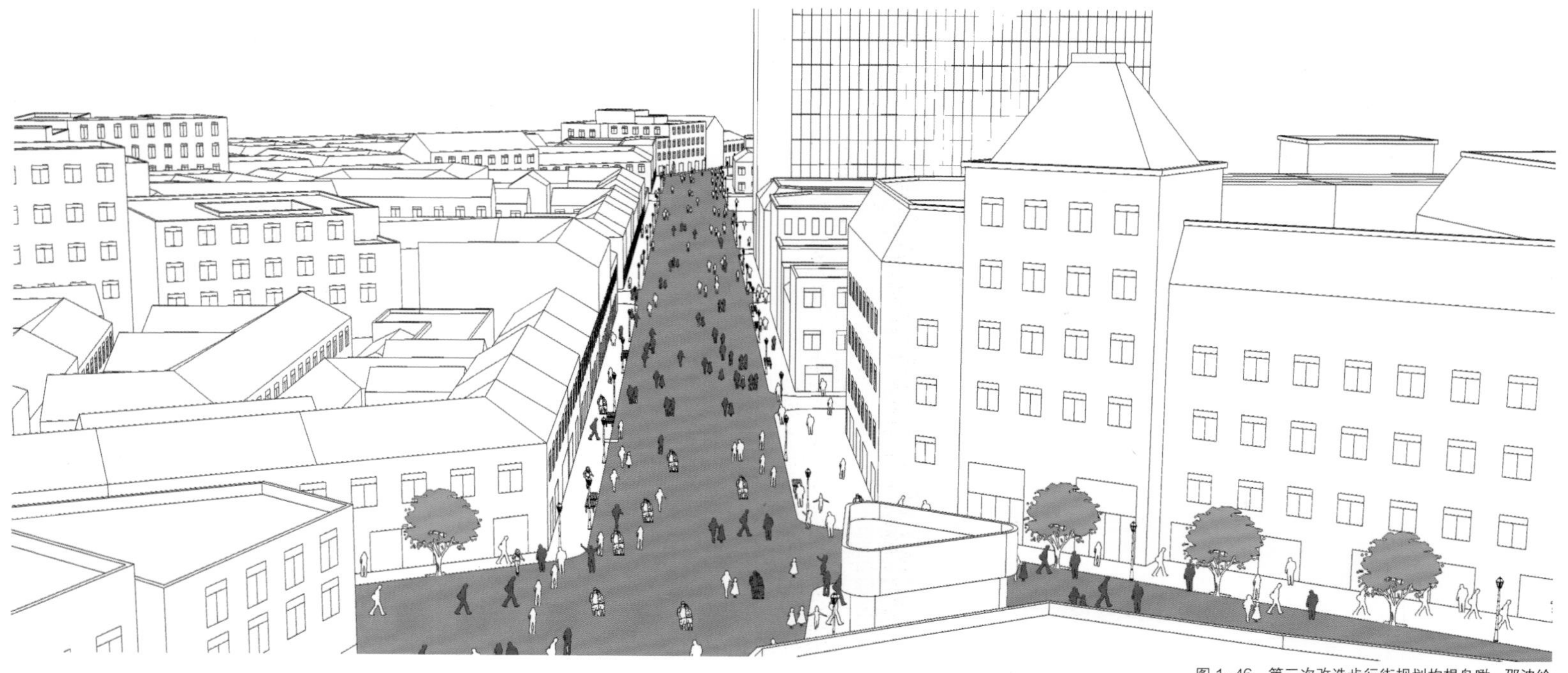

图 1-46　第三次改造步行街规划构想鸟瞰　邵波绘

第三次改造模仿上海南京路与北京王府井等商业步行街规划了中山路商业步行街，但最终未实现。

图例：

旅游景点 政府机关 医疗卫生 旅馆住宿 餐饮、娱乐 教育 购物消费 金融

图 1-47 中山路两侧业态分布及辐射范围图 邵波绘

从前海望老城区城市立面 90 年代初 邵波绘

从前海望老城区城市立面 2015 年 邵波绘

图 1-48　从前海望老城区城市立面对比图（一）

从前海望老城区城市立面 90 年代初 邵波绘

从前海望老城区城市立面 2015 年 邵波绘

图 1-49 从前海望老城区城市立面对比图（二）

回澜阁上回望前海 1910 年

回澜阁上回望前海 2015 年 邵波摄

栈桥 1910 年

栈桥 2015 年 邵波摄

栈桥 1910 年

栈桥 2015 年 邵波摄

栈桥 1910 年

栈桥 2015 年 邵波摄

图 1-50 对比图（一）

太平路第一次日占时期

太平路 2015 年 邵波摄

广西路 1930 年

广西路 2015 年 邵波摄

中山路与高密路路口 1927 年

中山路与高密路路口 2015 年 邵波摄

青岛特别市政府 1930 年

青岛市政协 2015 年 邵波摄

图 1-51 对比图（二）

第 2 章 基地基本信息

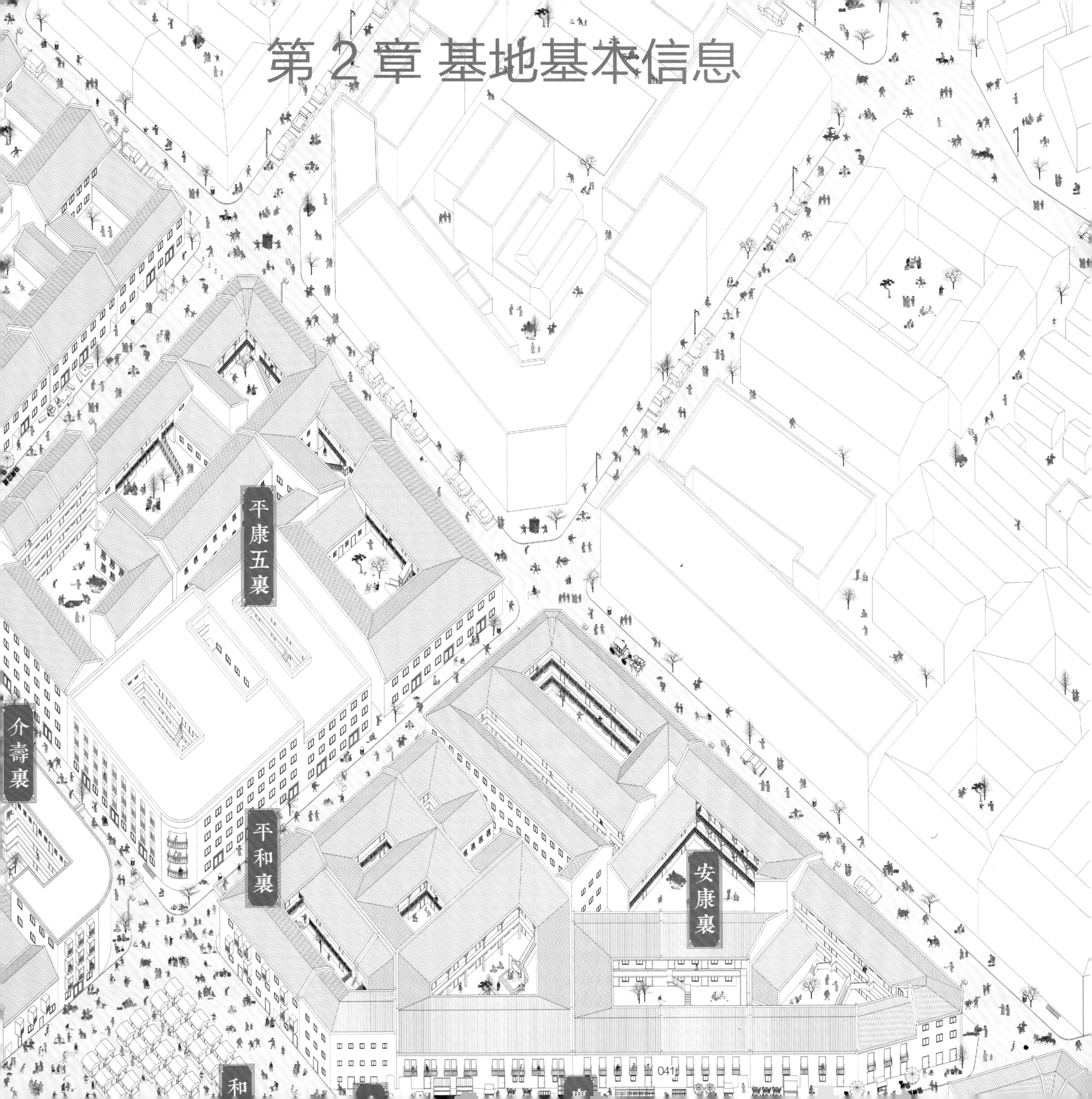

N
易
路

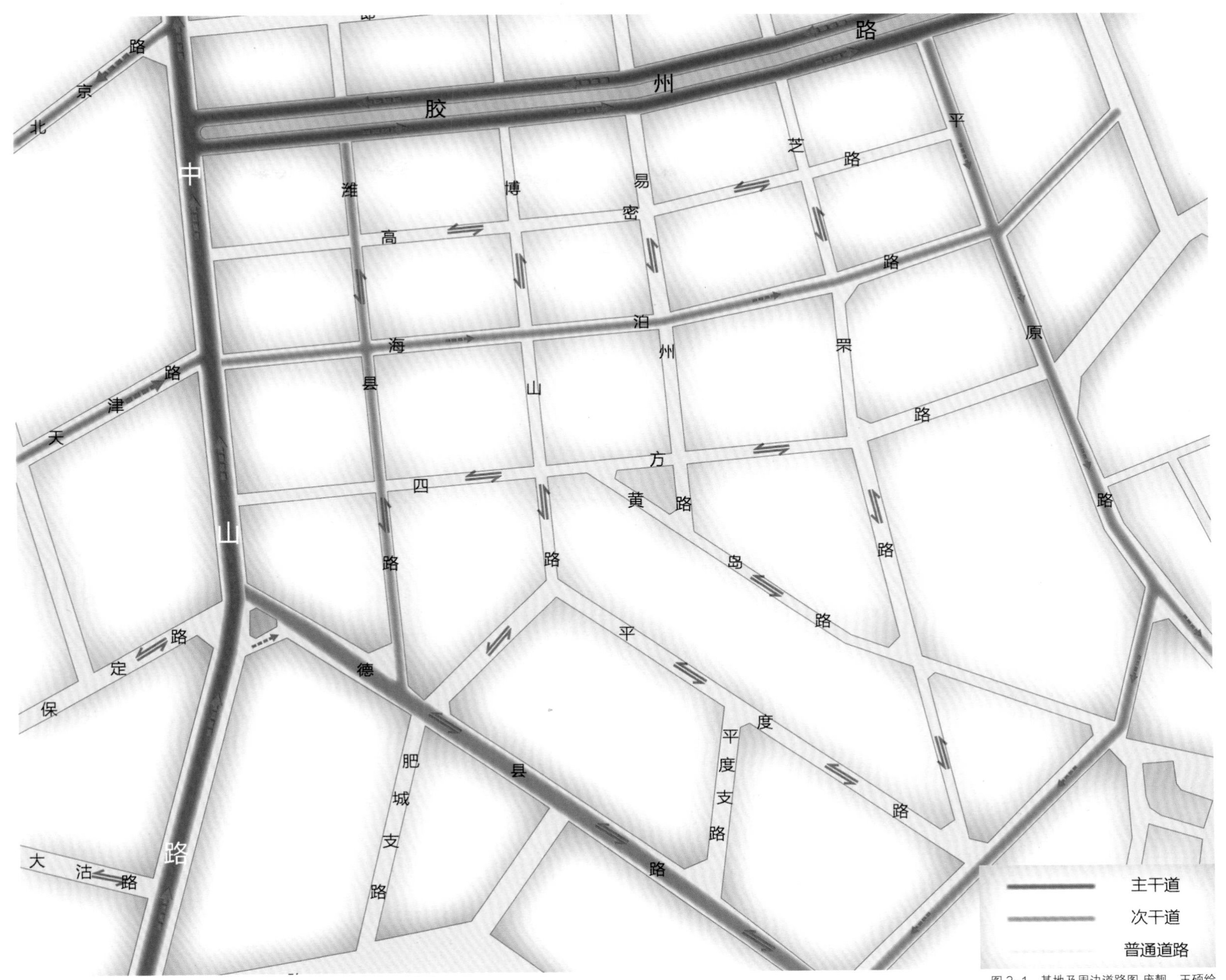

图 2-1　基地及周边道路图 庞靓、王硕绘

图 2-2　人流来向图 庞靓、王硕绘

2.1 基地环境

2.1.1 基地与周边交通

通过对基地与周边的道路、居民的交通方式与交通习惯以及对公共交通、个人交通、停车、交通拥堵情况的调研来了解基地的交通情况。

2.1.1.1 基地及周边道路

整个基地由高密路、潍县路、德县路和芝罘路围合而成。如图 2-1 所示，基地及周边主干道包括自南向北单向行驶的中山路；被高架桥隔离的双向行驶的胶州路、北京路及天津路。次干道包括德县路、潍县路、平原路和只允许由西向东单向行驶的海泊路。其余则为一般道路。

基地及周边道路与青岛市老城区大部分道路特点一样，极少有正南正北方位的道路，同时多以省内各地地名为路名，顺应地势起伏。

所选基地是一个开放街区，各个方向和路口均有人流进出基地。如图 2-2 所示，基地中的人流来向主要来自四个方向：一是由基地西侧进入基地，中山路人流密集，因此人流主要来自中山路南段和中段以及劈柴院，这也是人流最多的一条流线；二是由基地北侧经过胶州路进入基地；三是由黄岛路上端进入基地，基地内居民多喜欢走黄岛路进入街区；四是由基地南侧经过天主教堂广场进入基地，旅客多由此进入街区。基地内人流比较密集的路段为黄岛路、四方路与易州路以及这三条路所夹成的三角地。

2.1.1.2 交通方式

在基地内居民发放的 35 份调查问卷中[1]，我们对居民交通方式进行了调查，调查结果如图 2-3 所示：有 56% 的居民选择了“更习惯于乘公交车出行”的选项；有 27% 的居民选择了“更习惯于步行出门”的选项。这一定程度上体现了基地内居民生活水平状况：基地内居民的经济收入情况较低。由于我们要保留一部分居民继续居住，因此我们有必要对基地与周边的交通进行深入调研。

图 2-4 表达了基地内居民在 10min 内分别通过步行、乘坐公交车、乘坐私家车的可达性。最内圈为居民通过步行，以平均 4 ~ 7 km/h 的速度可以到达的范围；中间一圈为居民通过乘坐公交车，以平均 15 ~ 20km/h 的速度可以到达的范围；而最外圈为居民通过使用私家车，以平均 30 ~ 40km/h 的速度可以到达的范围。由图可知，基地虽然位于青岛市老城区内，但其生活便利程度还是很高的。在 10min 内，基地内居民可以满足看病、购物、住宿、餐饮、休闲娱乐等各种生活必需活动。同时基地最远处与青岛市老火车站距离仅不到 2km，这也是基地的特殊性之一。

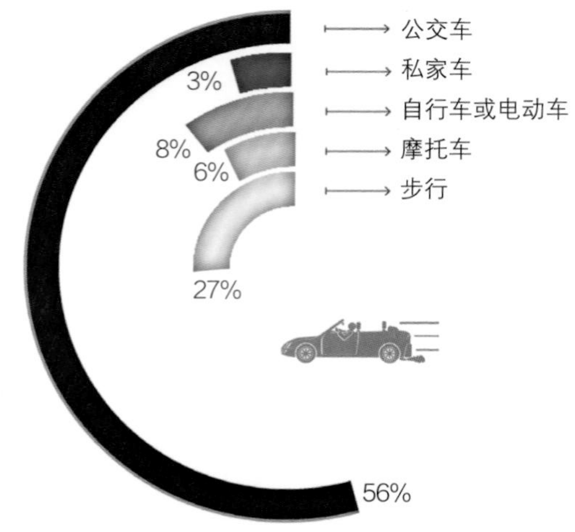

图 2-3 居民偏爱的交通方式调查 庞靓绘

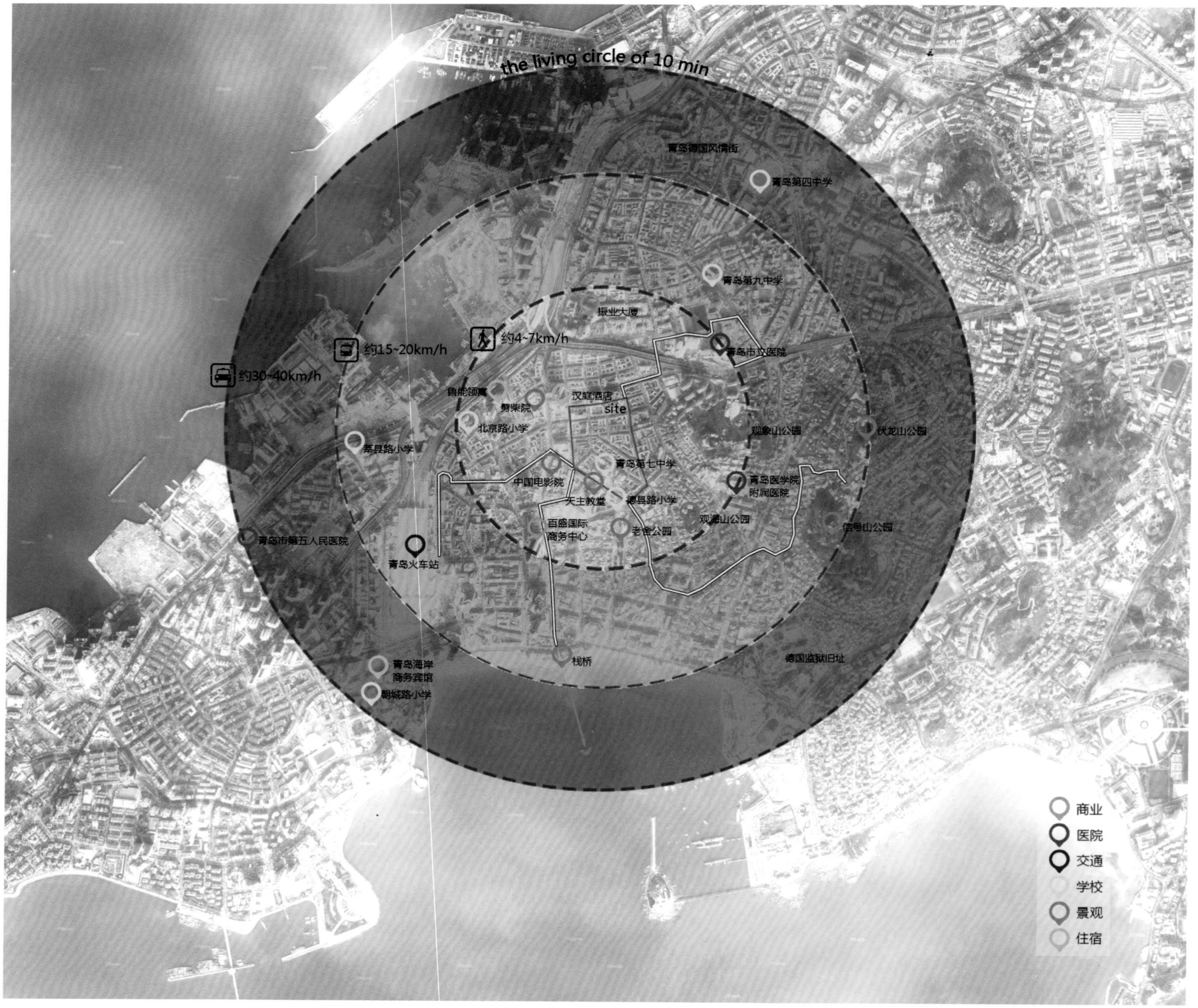

图 2-4 居民 10min 生活圈 庞靓绘

①图 2-3 为调研组在基地内发放调查问卷得到的调查结论，完整的调查问卷和工作过程将在第 2.3 基地人群章节中进行说明。

图 2-5 基地周边公交线路与商圈图 庞靓绘

2.1.1.3 公共交通

1. 公交系统

基地周边公共交通发达，公交站点分别为“大沽路”站、“中国剧院”站、“中山路”站、“航空快线酒店”站、“口腔医院”站、“湖北路”站及“黄岛路”站。

其中“中山路”站与“中国剧院”站与我基地紧邻，也是基地内居民最常使用的两个公交站点。因此我们将这两个站点单独分析，从这两个站点中选取了七条线路，绘出其部分线路（图 2-5）并分析其可达性。这七条线路分别为：

2 路：金坛路—镇江路—十九中—台东—利津路—华阳路—科技节—承德路—市立医院—中山路—大沽路—栈桥—青岛火车站—西镇

6 路：天泰体育场—中山公园—海水浴场—鲁迅公园—大学路—青岛路—栈桥—中国剧场—小港—海员—大港客运站—大港—泰山路

5 路电车：青岛火车站—栈桥—大沽路—中山路—市立医院—承德路—科技街—华阳路—埕口路—长春路—内蒙古路长途站—青岛六十六中—四方—四方小学—杭州花园—北岭—北岭山公园—水清沟—中心医院—海晶化工—胜利桥

205 路环线：逍遥路小区—燕儿岛路—天福苑小区—广电大厦—高邮湖路—南京路—吴兴路—档案馆—金坛路北站—北仲路—北仲小区—大成路—威海路—台东—青岛啤酒博物馆—广饶路—松山路—泰山路—大港—海员—小港—中山路—市立医院—承德路—黄台路—少年宫—大连路—十五中—延安二路—延安路—台东八路—北仲小区—北仲路—金坛路北站—档案馆—吴兴路—南京路—高邮湖路—广电大厦—天福苑小区—燕儿岛路—逍遥路小区

228 路：伊春路东站—福州路东小区—洪山坡小区—辽阳路—延吉路东站—奉化路—广电大厦—卫校—海洋地质所—福州南路—香港中路—浮山所—市政府—湛山—东海一路—二疗——疗—武胜关路—中山公园—海水浴场—鲁迅公园—大学路—青医附院—口腔医院—中国剧院—中山路—黄岛路—口腔医院—青医附院—大学路—鲁迅公园—海水浴场—中山公园—武胜关路——疗—二疗—湛山—世贸中心—市政府—浮山所—香港中路—福州南路—海洋地质所—卫校—安庆路—延吉路东站—辽阳路—洪山坡小区—福州路东小区

231 路：台南路—彰化路南站—台湾路—珠海支路—福州路南站—浮山所—市政府—湛山—东海一路—二疗——疗—武胜关路—中山公园—海水浴场—鲁迅公园—大学路—青医附院—口腔医院—中国剧院—中山路—黄岛路—口腔医院—青医附院—大学路—鲁迅公园—海水浴场—中山公园—武胜关路——疗—二疗—东海一路—湛山—市政府—浮山所—福州路南站—珠海支路—台湾路—彰化路南站—台南路

308 路：劲松一路—鑫新小区—四季景园—阳光山色—齐鲁医院—春光山色—浮山后—浮新医院—浮山后小区—劲松三路—河马石—洪山坡—洪山坡小区—福州路东小区—佳木斯路—错埠岭小区—绍兴路北站—伊春路—五十三中—青岛埠外医院—龙泉路—二轻新村—镇江路—延安路—延安二路—十五中—大连路—少年宫—黄台路—承德路—市立医院—潍县路—栈桥—青岛火车站—栈桥—中国剧院—潍县路—市立医院—承德路—黄台路—少年宫—大连路—十五中—延安二路—延安路—镇江路—二轻新村—龙泉路—青岛埠外医院—五十三中—伊春路—绍兴路北站—错埠岭小区—佳木斯路—福州路东小区—洪山坡小区—洪山坡—河马石—劲松三路—浮山后小区—浮新医院—浮山后—春光山色—齐鲁医院—阳光山色—四季景园—鑫新小区—劲松一路

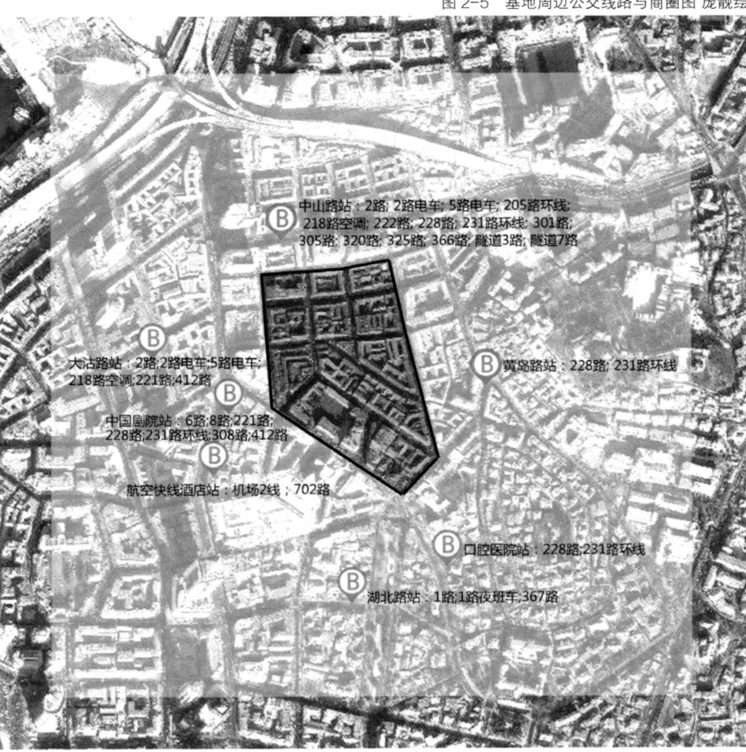

图 2-6 基地周边公交站点图 王硕绘

根据图 2-6 及公交线路中可以看出，基地周边线路四通八达，可以抵达中山路商圈、火车站—栈桥商圈、第一海水浴场—八大关商圈、台东商圈、市政府—五四广场商圈等。对于未来居住于基地的居民而言，公共交通的便利可以成为居民选择在此居住的动力之一。

A3

图 2-18　A3 区俯视图 谭平平拍摄　图 2-19　A3 区内景图 庞靓拍摄

工艺精湛度：

为现代七层建筑，工艺精湛度不高。

功能完备度：

水、电、暖等功能较完备。

建筑完好度：

建筑院内加建严重，本为六层，现加建为七层，建筑结构较为完好。

建筑环境价值：

与周围建筑相差极大，外表面材料为土黄色涂料，现已损坏变色。同时由于楼层过高，对北侧里院遮挡严重，给人以压抑感。

历史久远度：

建筑为后期建造，与历史街区风貌不符。

建筑价值判断：价值低　　建筑保护倾向：可拆除

B

图 2-20　B 区内景 庞靓拍摄

图 2-21　B 区俯视图 谭平平拍摄

工艺精湛度：

楼梯与走廊为木质，德式烟筒、红瓦、栏杆与柱子工艺都很精湛。外立面的山花与线脚有的保存较好，有的已经模糊不清，破损处用灰色的水泥填补。

功能完备度：

只有东区院落一楼有独立的厕所。整个建筑交通流线完整，功能较完备。但二层被私搭乱建堵塞，部分门窗破败不堪。

建筑完好度：

建筑的外观、结构、设施都依然存在，但有少许残破，例如厕所已经几乎废弃，二层走廊废弃，结构破损。

原貌差异度：

结构与始建之初一般无二，外貌经过了几次修建与加建，变化比较大，外墙多用水泥抹灰改造。

设计典型性：

是德式建筑与中式建筑结合的结果，具有一定的典型性。

设计特色性：

结构与柱子、楼梯，都是当地的特色，三段式手法借鉴了德式建筑。

设计影响力：

广兴里现在的影响力是不容置疑的，作为里院的代表，广兴里已经被很多人所熟知。

历史久远度：

1897 年到现在，广兴里有 118 年的历史。

文化特色性：

青岛里院住宅产生于殖民时期，是特殊历史背景下城市文化在民居上的反映，是中西方院落形式相结合的产物。起初多是中、低层的市民、小商贩等居住在里院，里院独特的建筑格局为这类居住人群独特的文化提供了载体，造就了富有人情味的市井生活的“里文化”。随着居民人口密度急剧增加，以及 20 世纪 90 年代后长期冻结的产权关系，使得里院的居住空间被严重压缩，迫使大量的原住民选择离开，从此“里文化”也随之渐行渐远。

建筑价值判断：价值高　　建筑保护倾向：可改造修复

C1

图 2-22　C1 区内景图 马祥鑫拍摄

工艺精湛度：

鸿吉里外墙已经没有历史风貌特点，里院的楼梯的形式，栏杆的特点，都体现了当时工艺的精湛度。

功能完备度：

鸿吉里是独立的院落，有独立的洗手间，生活设施完善。

原貌差异度：

结构没有变化，部分木质栏杆变成了水泥，外立面大部分为水泥抹灰，山花与线脚已经模糊不清，建筑已经没有原貌特点。

设计典型性：

德式与中式的结合，窗檐样式、楼梯样式、山花都有明显的特点。

建筑完好度：

建筑结构保存较好，外立面大部分为水泥抹灰，里院墙面楼梯破损严重，柱子腐烂，门窗腐烂，地面破损。

建筑价值判断：价值中　　建筑保护倾向：可改造

图 2-23　C3 区内景 王硕拍摄

工艺精湛度：

柱子烟筒栏杆等都是当时工艺的体现，外墙较好的表现了当时的风貌与工艺水平。

功能完备度：

没有独立的厕所，楼梯通常，有水龙头，生活设施较完善。

建筑完好度：

内院木质楼梯柱子栏杆保存相对较好，水泥破损、脱落。外墙经过多次粉刷，有部分破损，但建筑结构保存完好。

原貌差异度：

结构保存较好，门窗部分保持了原来的形制，也有现代的铁质门窗，德式烟筒保留，楼梯部分变成水泥。与原貌差异度较小。

历史久远度：

具体年份不详，但经建筑风貌和构件判断，历史较久远。

C3

建筑价值判断：价值高　　　　建筑保护倾向：可改造修复

图 2-24　E3 区内景（一）王硕拍摄

图 2-25　E3 区内景（二）王硕拍摄

工艺精湛度：

介寿里北院建筑工艺较朴素，朱红色柱子、石质台阶跟其他里院较为相似。

建筑完备度：

功能在所有里院中属于一般状态；厕所状态较好，每层各设一个厕所且男女分开。水、电、暖等设施较完备。

建筑完好度：

建筑外观已经过多次粉刷，建筑结构较完整，但建筑内部杂乱不堪。

原貌差异度：

建筑多次翻修，里院内部也经过粉刷，外观与原貌差异度较大。

建筑设计特色性：

线性天井里院，形态较完整，东西对称，较有特点。

建筑环境价值：

与周边环境较和谐，外立面朴素，楼层适中。

历史久远度：

里院建于 1932 年，历史较悠久，院内古朴。

E3

图 2-26　E3 区立面 王硕拍摄

建筑价值判断：价值高　　　　建筑保护倾向：可改造修复

图 2-27　E4 区内景（一）王硕拍摄

图 2-28　E4 区内景（二）王硕拍摄

工艺精湛度：

建筑工艺较朴素。

建筑完好度：

建筑外观和结构都保存较完好。

原貌差异度：

外墙经过多次粉刷，与原貌差异不大。

建筑设计特色性：

里院的空间形态细长，自成一体，院内庭院立面较特别。

建筑环境价值：

无典型性，与周边较融合。

E4

建筑价值判断：价值中　　　　建筑保护倾向：可改造

E5

图 2-29　E5 区内景 王硕拍摄

工艺精湛度：

外观看来，当时工艺较精致，山花、线脚精美，保存较好，建筑材料采用花岗岩、红砖等。

功能完备度：

水电暖皆不方便，无公共厕所。

建筑完好度：

木梁部分腐败，结构不完整，栏杆楼梯破败不堪。

原貌差异度：

与原貌差异度较小，几乎没有翻修。

建筑设计典型性：

里院属于德式风格，较有特色。

历史久远度：

据居民口述，这个里院有 100 多年历史，历史较悠久。

图 2-30　E5 区外立面 王硕拍摄

建筑价值判断：价值高　　　　建筑保护倾向：可改造修复

E6

图 2-31　E6 区外立面 李坤拍摄

工艺精湛度：

工艺较一般，平屋顶，无典型特色。

建筑完备度：

水、电、暖等功能较完备，可满足基本功能。

建筑完好度：

外观较完整，但由于一层沿街餐饮的影响，外立面被油烟熏染，墙面出现变形。

原貌差异度：

改革开放后进行大规模改建，过去为三层里院，现已无过去模样。建筑过去地上三层，地下一层。如今前后两个单元，较有特点。

历史久远度：

被称为介寿里南院，建于 1925 年，历史较悠久。

建筑价值判断：价值低　　　　建筑保护倾向：可拆除或改造

F1

图 2-32　F1 内景 王硕拍摄

建筑完好度：

此院子地面整洁，排水通畅，结构完好。

原貌差异度：

与原貌差异不大，院内较古朴。

建筑设计特色性：

院内绿植较多，为院内增添生气。建筑顺应地势，高低错落。

建筑环境价值：

在整个街道中，此建筑显得过于高大，破坏了街道的统一性。

建筑价值判断：价值中　　　　建筑保护倾向：可改造

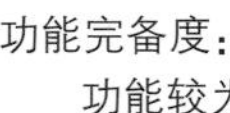

图 2-33　F2 区内景 王硕拍摄

功能完备度：

功能较为完善，仍然有不少居民。

原貌差异度：

有私自搭建现象，不过情况不算太严重，有恢复的余地。

建筑设计特色性：

平凡的民居并没有太明显的特色。

建筑价值判断：价值中　　　　建筑保护倾向：可改造

F2

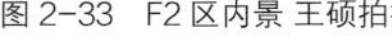

图 2-34　F4 区内景 王硕拍摄

工艺精湛度：

在建筑初建时期，建筑工艺较先进。

功能完备度：

水、电、暖等功能完备，卫生条件较差。

建筑完好度：

立面有修补的痕迹，并有不少的违规搭建。建筑结构较完整，但外表面破损严重。

建筑设计特色性：

此里院建筑挺拔，由相似的三个单元组成，空间形态特别，楼梯设计独特，交错有趣。

建筑价值判断：价值高　　　　建筑保护倾向：可改造修复

F4

图 2-35　G1 区外景 庞靓拍摄

图 2-36　G 区俯视图 谭平平拍摄

工艺精湛度：

工艺较朴素，只有一层建筑，有老虎窗。

建筑完备度：

只有基本的水电功能，基本已无人居住。

建筑完好度：

部分结构破损，屋顶塌陷，外立面杂乱不堪。

建筑设计典型性：

与 G2、G3 区一起构成独特的 L 型里院，内部空间独特。

建筑环境价值：

由于只有一层建筑，建筑高度较矮，因此对于整个历史街区具有一定的破坏。

历史久远度：

建筑部分为后期自建，部分与 G2、G3 区连成一片。

建筑价值判断：价值低　　　　建筑保护倾向：可拆除或改造

G1

G2、G3

图 2-37　G2、G3 区内景 庞靓拍摄

图 2-38　G2 区楼梯 庞靓拍摄

工艺精湛度：

建筑较精致，有朱红色外廊、柱子、挑檐，G2 区与 G3 区二层之间有连廊。

功能完备度：

当时的水、电、暖等设施较全，但如今功能非常落后。

建筑完好度：

建筑墙皮脱落严重，建筑构件有一定的损坏，但基本结构完好。整体风貌破败不堪，已没有几户居住。

建筑设计特色型：

两个 L 型里院，院落形态特别，里院间有二层连廊，空间独特有趣。

历史久远度：

从建筑构件和外观推断，历史较悠久。

历史事件名人影响度：

据里院中居民回忆，这个里院被称作增福里，曾有不少故事。过去二层有”半掩门子“（即妓女）居住，一层为一些做小生意的人居住，一层外侧作为商业使用。

建筑价值判断：价值高　　　　建筑保护倾向：可改造修复

H1

图 2-39　H1 内景 庞靓拍摄

图 2-40　H1 栏杆 孔德硕拍摄

工艺精湛度：

工艺较朴素，有木质和水泥质的雕花扶手，保存较好。

功能完备度：

水、电较完善，无供暖，无景观绿化。

原貌差异度：

一号院楼梯走向被改变，二三号院中空庭院已完全被后期加建的建筑物占用。开敞宽阔的通道被后期加建的建筑物占用，廊道尽端的住户把外廊封上作为厨房或者储藏空间。

建筑设计特色性：

狭长的里院形式，由三个单元组成，建筑初期为连在一起的三个院落，较有空间趣味。然而山墙面开窗并无逻辑性。

历史久远度：

房龄已逾百年。

历史事件名人影响度：

里院中居住着一位名叫王玉贞的老人，是黄岛路支部书记，被誉为“公益之星”。

建筑价值判断：价值中　　　　建筑保护倾向：可改造

H2

图 2-41　H2 内景（一）王硕拍摄

图 2-42　H2 内景（二）孔德硕拍摄

图 2-43　H2 外景 王硕拍摄

图 2-44　H2 外立面 孔德硕拍摄

工艺精湛度：

德善堂为红砖外露饰面，工艺精湛，外立面突出。雕花木质扶手保留较好，部分为花岗岩筑基。

功能完备度：

部分供暖，供水设配少，无景观绿化。

原貌差异度：

一层外廊均加建封闭成私人空间，庭院部分加建较严重。

建筑设计特色性：

里院原为五角形，院落开敞巨大，直接对外开放。部分有顶层阁楼。

历史久远度：

据建筑构件判断，历史非常久远，年份不详。

文化特色性：

“德善堂”，语出《道德经》第四十九章：“善者吾善之，不善者吾亦善之，德善；信者吾信之，不信者吾亦信之，德信。”宁要人负我，莫要我负人，体现出里院最早的建造者和使用者的宽厚、仁德、本分。

建筑价值判断：价值中　　　　建筑保护倾向：可改造

图 2-45　H3 区内景 邓夏老师小组拍摄　　图 2-46　H3 区外景 邓夏老师小组拍摄

工艺精湛度：

工艺较精湛，采用花岗岩筑基。

功能完备度：

无景观绿化，只有基本水、电、暖等设施。

建筑完好度：

建筑主体结构完好，但木质楼梯等建筑构件已损坏。

原貌差异度：

与原貌差异度不大，但庭院、廊道部分加建严重，楼梯位置被修改。

建筑设计特色性：

里院被中间的建筑分为两个部分，中间建筑的屋顶可上人。里院的空间形态独特有趣。

历史久远度：

历史十分悠久。在德战时期为两层，原为洋皂厂；后在日本侵华时，加建了一层。

建筑价值判断：价值中　　建筑保护倾向：可改造

H3

图 2-47　H4 区背立面 庞靓拍摄　图 2-48　H4 区水杉 孔德硕拍摄　图 2-49　H4 区内景 孔德硕拍摄

工艺精湛度：

有特殊形制的廊柱头，工艺较精湛。背立面为红砖质地，较精美。

功能完备度：

水、电、暖等功能完备，有两棵高大的水杉屹立院中，为院落带来生气。

建筑完好度：

主体建筑结构完好，建筑加建严重。

原貌差异度：

庭院部分加建，一层改建严重。

建筑设计特色性：

里院为街区中仅有的空间规整的四方合院。

历史久远度：

具体年份不详，但据建筑构件等判断，历史较久远。

建筑价值判断：价值高　　建筑保护倾向：可改造修复

H4

图 2-50　H6 区 1 号院内景 庞靓拍摄　　图 2-51　H6 区 2 号院内景 庞靓拍摄

工艺精湛度：

建筑工艺一般，栏杆扶手为贴纸，有朱红色的柱子和柱头。

建筑完好度：

建筑虽破败，但结构较完整，院内无景观绿化。

原貌差异度：

与原貌差异度不大，但廊道部分加建严重。

建筑设计特色性：

整个里院分为两个部分，成轴对称布局，较有特色。

历史久远度：

具体年份不详，但据建筑构件等判断，历史较久远。

建筑价值判断：价值中　　建筑保护倾向：可改造

H6

图 2-52　H9 区内景 孔德硕拍摄

功能完备度：

公共厕所和自来水位于一层，缺少厨卫空间，院内缺少绿植。

工艺精湛度：

保留较好的檐板设计回廊柱子端部的装饰设计。屋顶采用风格突出的红筒瓦和老虎窗。

建筑完好度：

内部屋顶木梁、檐板保留较好，栏杆被翻修，窗户破败程度较高，结构较完整。

原貌差异度：

建筑外立面外观整体保存较完整，但细部构件细节与历史风貌差异较大。内部庭院中加建严重，破坏了里院形态。

建筑设计特色性：

既有德式特色的烟囱，也采用中式特色的木构架，是中西合璧特色的代表。

建筑价值判断：价值中　　建筑保护倾向：可改造

H9

H10

图 2-53　H10 区内景（一）刘婉婷拍摄　　图 2-54　H10 区内景（二）刘婉婷拍摄

工艺精湛度：

屋顶采用木桁架结构，外立面窗台以下为花岗岩筑基。

建筑完好度：

结构老化较为严重，个别细节后期做了加固，使整体风格不统一。

历史久远度：

建于 20 世纪初期，历史较悠久。

原貌差异度：

里院内加建较多，二层公共回廊下部加建使院子公共空间缩小。木栏杆等建筑构件多被水泥材质替代，使得建筑风貌较差。

建筑价值判断：价值中　　建筑保护倾向：可改造

H12

图 2-55　H12 内景 刘婉婷拍摄

图 2-56　H12 立面 刘婉婷拍摄　　图 2-57　H12 楼梯 刘婉婷拍摄

工艺精湛度：

上部高起山花，线脚美观、复杂，屋顶采用红筒瓦，屋顶采用木桁架结构，楼梯采用铁栏杆。

功能完备度：

每层转角处有一处公共厕所、院内有公共水龙头、消防水井、公共用电。院内景观绿化较好。

建筑完好度：

建筑结构完好，里院整洁干净，建筑构件部分有损坏。

建筑设计特色性：

里院采用单坡屋顶，外立面采用三段式风格，里院内部通过饰线的层次来形成宏观退缩。

建筑设计典型性：

外立面有明显的德式风格。

历史久远度：

建于 20 世纪初期，中间多次加建。

建筑价值判断：价值高　　建筑保护倾向：可改造修复

H14

图 2-58　H14 区内景 刘婉婷拍摄

图 2-59　H14 区楼梯 刘婉婷拍摄　　图 2-60　H14 区内景 刘婉婷拍摄

工艺精湛度：

立面线脚细腻，用黄色灰浆抹面。工艺较朴素。

建筑完好度：

建筑结构完好，庭院中间加建严重。

功能完备度：

只有基本的水电功能，部分家庭安装空调、宽带等，卫生条件一般。

原貌差异度：

与原貌差异不大，但由于加建严重，破坏了院落空间形态，使得整个里院拥挤阴暗。

建筑设计特色性：

建筑分为两栋，由中间院落分割。建筑风格比较统一、简洁，朝向与周围建筑相反，中间院落直接向道路开放。

历史久远度：

建于 20 世纪初期，中间多次加建。

建筑价值判断：价值中　　建筑保护倾向：可改造

图 2-61　H15 区内景（一）刘婉婷拍摄

图 2-62　H15 区内景（二）刘婉婷拍摄

功能完备度：

每层有公共卫生间和水龙头。

建筑完好度：

结构主要是砖混为主，整体完整度较高。

原貌差异度：

院内加建较少，部分建筑构件更换过，整体与历史风貌较相符。

建筑设计特色性：

由三个相似的单元组成，每个单元的流线及功能布置相似。屋顶采用红筒瓦以及德式烟囱。整个建筑的空间形态在街区中非常独特。

建筑价值判断：价值高　　　　建筑保护倾向：可改造修复

H15

图 2-63　I4 区内景（一）朱贝贝拍摄

图 2-64　I4 区内景（二）朱贝贝拍摄

工艺精湛度：

采用红砖铺地，屋顶采用德式烟囱和老虎窗，工艺较精致。

功能完备度：

院落较干净，有绿化景观，各项功能较完备。

建筑完好度：

建筑主体结构完好，楼梯及栏杆等建筑构件都进行过更换，墙体也进行过多次粉刷。

原貌差异度：

与原貌差异度不大，有少量加建，建筑较完好。

建筑设计特色性：

里院位于黄岛路与芝罘路交接处，依据地形设置为四边形，中间院落宽敞明亮，流线设置得当。

建筑价值判断：价值高　　　　建筑保护倾向：可改造修复

I4

图 2-65　I5 区内景 朱贝贝拍摄

图 2-66　I6 区内景 朱贝贝拍摄

工艺精湛度：

采用红砖铺地（后期铺设），屋顶采用红筒瓦、德式烟囱和老虎窗，工艺较精致。

功能完备度：

院落整洁干净，有较大冠幅的无花果树，各项功能较完备。

原貌差异度：

与原貌差异度较大，建筑加建严重，且近年来多次翻修。

建筑设计特色性：

5 号院和 6 号院各自独立，建筑风格相似，中间有相通的走廊，两个里院将芝罘路和黄岛路连在一起。

建筑价值判断：价值高　　　　建筑保护倾向：可改造修复

I5、I6

图 2-67　I7 区内景（一）朱贝贝拍摄

图 2-68　I7 区内景（二）朱贝贝拍摄

功能完备度：

里院功能一般，水、电功能完备，每层有公共厕所。一层采光无法满足。

建筑设计特色性：

建筑层高四层，形似一线天，中间天井狭长幽暗，楼梯位于天井尽端，其第一个休息平台连向芝罘路方向的路面，形成错层入口。居民在天井中晾晒衣物，成为这里的一大风景线。

建筑设计影响力：

建筑师为刘铨法，20 世纪 30 年代是刘铨法在青岛从事建筑创作的高峰期，青岛中山路 66 号的中国银行，鱼山路 27 号的世界红十字会青岛分会旧址等建筑都是他的作品。

建筑价值判断：价值高　　　　建筑保护倾向：可改造修复

I7

2.2.2 建筑的材料和颜色与建造方式

赖特曾说：“仅就材料本身而言，它仅仅是一种载体，它通过建筑师来实现其自身的价值。每一种材料都具有特有的物理性质，或粗糙或细腻，抑或是透明，种种不同，这是材料自身存在的方式。”

基地中各建筑修建年份不同，建筑材料复杂多样。最有代表性的三种材料为花岗岩、红砖和木材。

1. 花岗岩 —— 地基

青岛的地下为花岗岩构造，它也是青岛当地用途广泛、用量较高的建筑材料。据调查资料统计，我国天然花岗石的花色品种 100 多种。在青岛的花岗岩，多为灰白色和浅红色，基地部分为浅红色（图 2-69）。

以花岗岩类的硬质岩作为建筑物基础持力层，具有承载力高、稳定性好，抗震性强的特点。

有些裸露在地面的部分凹凸不平，行走在街道可以体会到它所带来的粗犷、简洁之美。

其实木、砖、石可以更多地应用在低层的构筑物上（或者说是较高建筑的下端），能贴近人的生活空间尺度，它们来自自然，加上其温暖的色调，过渡自然的色差以及特殊的外观质地，会让人产生回归自然的感觉。如果与绿树、林阴组合，可以形成更加恬静幽雅宜人的环境气氛。

基地中建筑主要为坡屋顶，以红瓦为主（图 2-72、图 2-73）。基地现存的红瓦多为上次改造翻新的瓦片，不过据资料统计来讲，翻新之前的瓦片也是属于廉价的大众的类型，保存价值不高。作为内容补充，另外一张图上的瓦片（图 2-74），青岛人称它为“牛舌瓦”，这种瓦多用于地位高一级的建筑，在基地建筑里并没有出现。瓦的背面印写着“TSINGTAU”，意思为“青岛”，这行德文表明，当年德国建筑曾使用产自青岛的牛舌瓦，而这种瓦当年大部分都是德商在大窑沟建的窑厂烧制的。

这片区域大部分外墙抹灰为混合砂浆，敲开后可以看到黄色砂砾，所以基地整体的色泽偏向于厚重的深米黄色，似乎可以向行人们阐述这里悠悠的历史（图 2-75、图 2-76）。

图 2-69　花岗岩 调研组拍摄

图 2-72　红瓦（一）调研组拍摄

2. 红砖 —— 填充和承重

红砖在此处的大量应用主要是因其廉价，此处的建筑大都是当时德国人为华人建造的居所，但并不代表红砖的材料价值低。红砖蓄热性强，导热性差，有较好的保温隔热性能，而且具有很好的耐火性和耐久性（图 2-70）。

3. 木材 —— 结构骨架

木材作为中国传统建筑材料的一种，在里院中作为主要的结构骨架使用，这也是中西合璧的体现之一。木材在此应用同样是因其划算的性价比：它可以保温隔热，密度小重量轻、易于加工、抗震性能也好。应用在室内的部分因其天然的气息，亲切的质感，可以给人以舒适感、温暖感（图 2-71）。

不过木材在此处也有一定的局限性：它单向受力，且易腐蚀、易受虫害、对火灾的免疫力极差，存在一定的安全隐患。

图 2-73　红瓦（二）调研组拍摄

图 2-74　牛舌瓦 来自网络

图 2-70　红砖 调研组拍摄

图 2-71　木构架 调研组拍摄

图 2-75　墙面抹灰（一）调研组拍摄

图 2-76　墙面抹灰（二）调研组拍摄

2.2.3 基地内建筑构件与元素

在对基地建筑宏观上的调研后，我们对基地内建筑构件和元素进行了深入了解。通过对窗户、栏杆、井盖、楼梯、烟囱、门洞、墙体、地面、柱子几个建筑构件和元素的调研作为后期建筑细节保护设计的依据。

1. 窗户

窗户大致可以分成以下八种形式（图 2-77），木结构居多，有少数窗户被住户自行改为 PVC 材料。

我们在调研中发现，半数以上窗户或多或少的都存在问题，例如木头的腐朽、通风不畅、自行的加固影响形象。所以我们建议，对损坏比较严重的，我们保持原来的结构特点进行替换，对保存状态好的，我们可以打磨后再进行涂料，恢复窗户的原貌。具体的设计内容将在后面的细节设计章节中详细体现。

2. 栏杆

栏杆在基地里分为两种：水泥栏杆、木栏杆（图 2-78）。

水泥栏杆所处位置的前身都为木栏杆，是在 80 年代整改的时候替换掉破损的旧栏杆的，时至今日，一些水泥栏杆也遭受了岁月的侵蚀。

木栏杆是朱红色的，多数也是在上次整改时换作新的了。木材使用寿命较低，客观影响条件众多，所以必须重视对木制品的保护。

3. 井盖

井盖在基地里分为两种：圆形的下水道井盖，矩形的下水道篦子。

通过图 2-79 和图 2-80 可以看出，井盖表面的图案比较杂乱，繁简不一，一些还被水泥封死。调研中我们认为井盖可以作为地面的修饰，所以可以在表明作用（供水还是污水）之外，再在井盖上做出有意思的设计。

4. 楼梯

楼梯在基地分为三种：木楼梯、水泥楼梯、石楼梯。

石楼梯年份比较久远，可以追溯到这片区域建造的时期，不过每个石楼梯都有不同程度的磨损（图 2-81）。

木楼梯（图 2-82）和水泥楼梯（图 2-83）大都为翻新时重建的。水泥楼梯内部填充材料为红砖。

5. 烟囱

烟囱由下身的方形石墩及上身的圆筒形金属烟筒组成，它的出现即是民众生活煮饭取暖最直接的表现（图 2-84）。

6. 门洞

门在基地大致分为两种：木制门，符合风貌但破损严重，不美观；现代的塑钢门以及纯铁门，坚固耐用，但不符合风貌特点（图 2-85、图 2-86）。

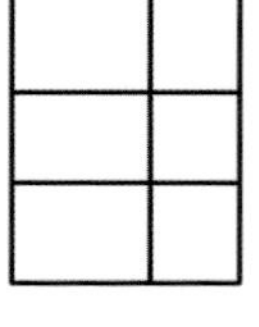

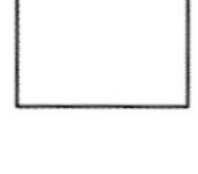
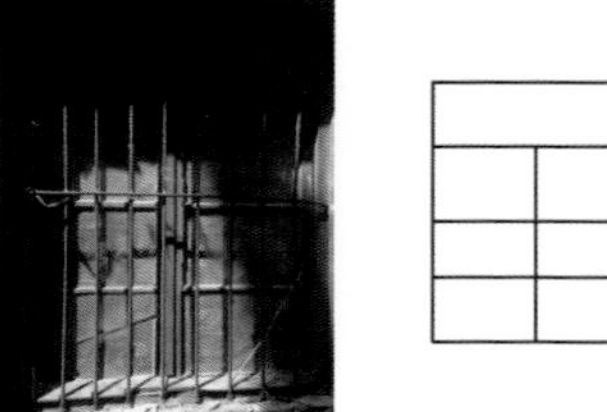
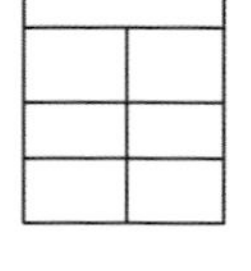
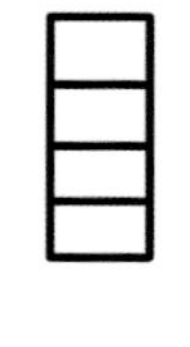

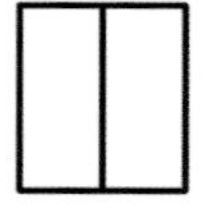

图 2-77 八种形式的窗户 马祥鑫拍摄

图 2-78 木质栏杆扶手 马祥鑫拍摄

图 2-79 圆形井盖 马祥鑫拍摄

图 2-80 方形井盖 马祥鑫拍摄

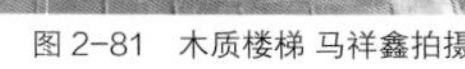

图 2-81 木质楼梯 马祥鑫拍摄

图 2-82 石质楼梯 马祥鑫拍摄

7. 墙体

墙体在基地现存在以下几种形式：

石灰砂浆抹灰（图 2-87）：这种墙损坏较严重，里面的砖都裸露出来了，不过从另外的角度看，这里却充满了年代感、时间感，所以我们建议合理的保留。

花岗岩堆砌的墙体（图 2-88）：多用于外墙，墙体风格粗犷。

现代水泥砂浆抹灰（图 2-89）：为保护墙体平整、洁净，居民自行的改造。

8. 地面

室外地面分为两种类型：水泥路面、花岗岩石板路面（图 2-90）。有的路面表皮是水泥的，但通过损坏后裸露出的情况，可以看到表皮下依然是花岗岩石板（图 2-91）。

水泥路面有它的优点：造价便宜，地面平整，易于清理。而缺点是不能及时的渗水，不及时清理地面的话水分会和泥土混合，造成湿滑且影响美观。

花岗岩石板路面的优点是：易于渗水，造型美观。而缺点是石材必须经过加工，铺设时会耗时耗力找平固定，地面卫生不便于清理。

室内地面也分为两种类型：水泥地面、木板地面。两者在室内的运用没有明显的优劣。只是木板在一定程度上的确会给人们亲切、温暖的感受。

图 2-83　水泥楼梯 马祥鑫拍摄

图 2-84　烟囱 马祥鑫拍摄

图 2-85　木门 由马祥鑫拍摄

图 2-86　铁门 马祥鑫拍摄

图 2-87　砖墙 王硕拍摄

9. 柱子

在基地里，几乎所有的里院，都有廊头柱（图 2-92），且形式统一，颜色统一为朱红色，油漆大部分已经脱落。因为柱子相对较高，所以破坏相对较轻，只有老化比较严重，所以重在保护修复。木头或多或少都会有老化，我们建议应该对所有损坏的柱子进行加固、检查，从美观角度考虑，我们还应该有选择性的对柱子进行打磨、刷漆。

图 2-88　石墙 王硕拍摄

图 2-89　水泥墙 王硕拍摄

图 2-90　花岗岩石板路 王硕拍摄

图 2-91　水泥表面路 王硕拍摄

图 2-92　柱子 马祥鑫拍摄

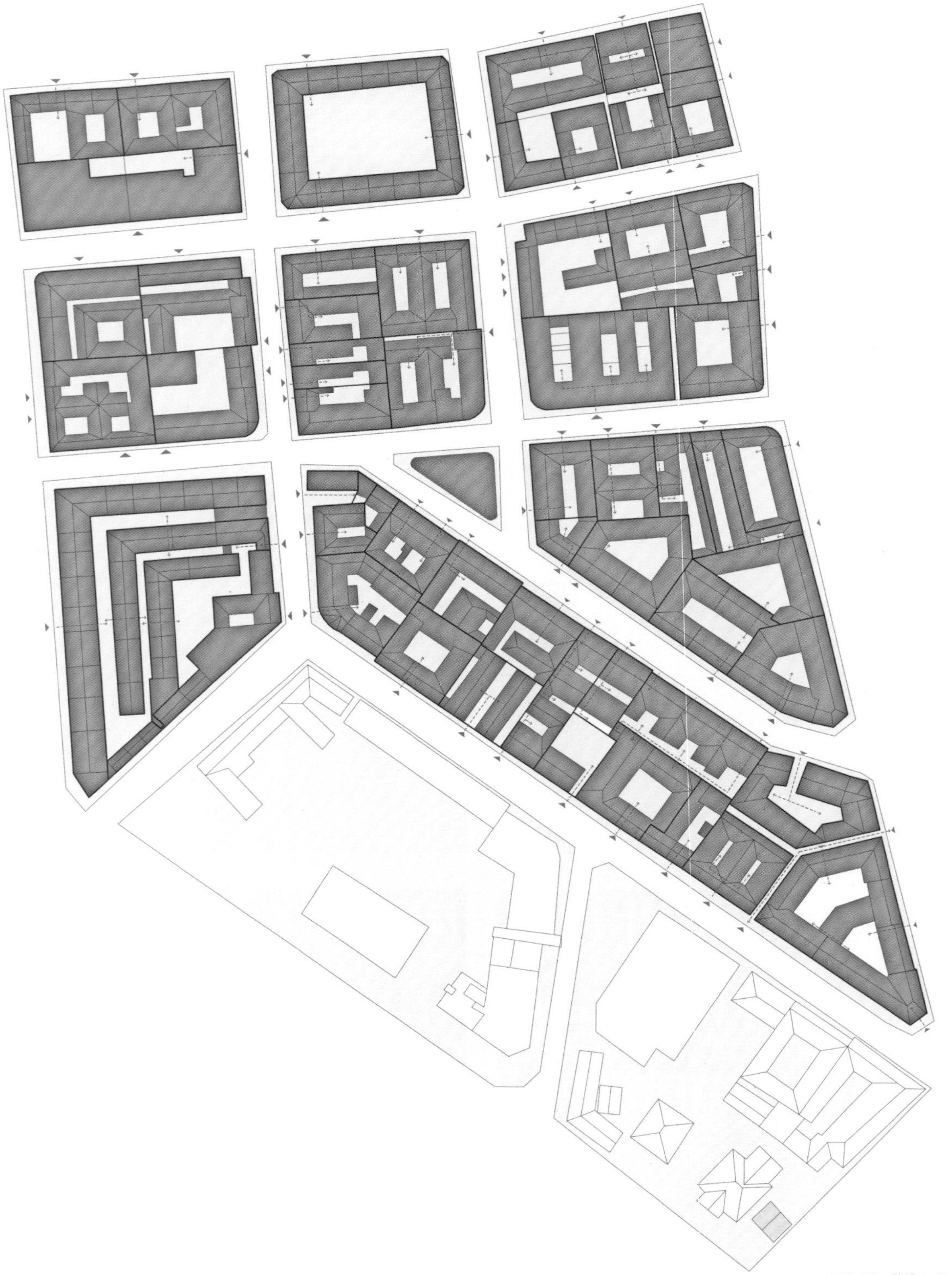

图 2-93　基地内建筑入口及里院进出流线图 庞靓绘

2.2.4 建筑内流线

为了深入了解基地内里院，我们对九个区域里院的入口、进入方式以及建筑内的交通流线进行调研并绘出。

调研建筑内流线的时间为 2015 年 9 月，基地正处于政府征收过程中，部分里院处于政府征收状态而无法进入，因此我们有部分里院的流线没有绘出。如图 2-93 所示，每个里院有一个或多个入口，有的里院从沿街商铺进入，有的里院由对外开放的门洞进入。门洞形式多种多样，里院内流线或简单直接、或复杂曲折，各有特点，我们分区进行详细的分析（图 2-94）。

图 2-94　调研工作照 朱贝贝拍摄

A、B 区里院位置

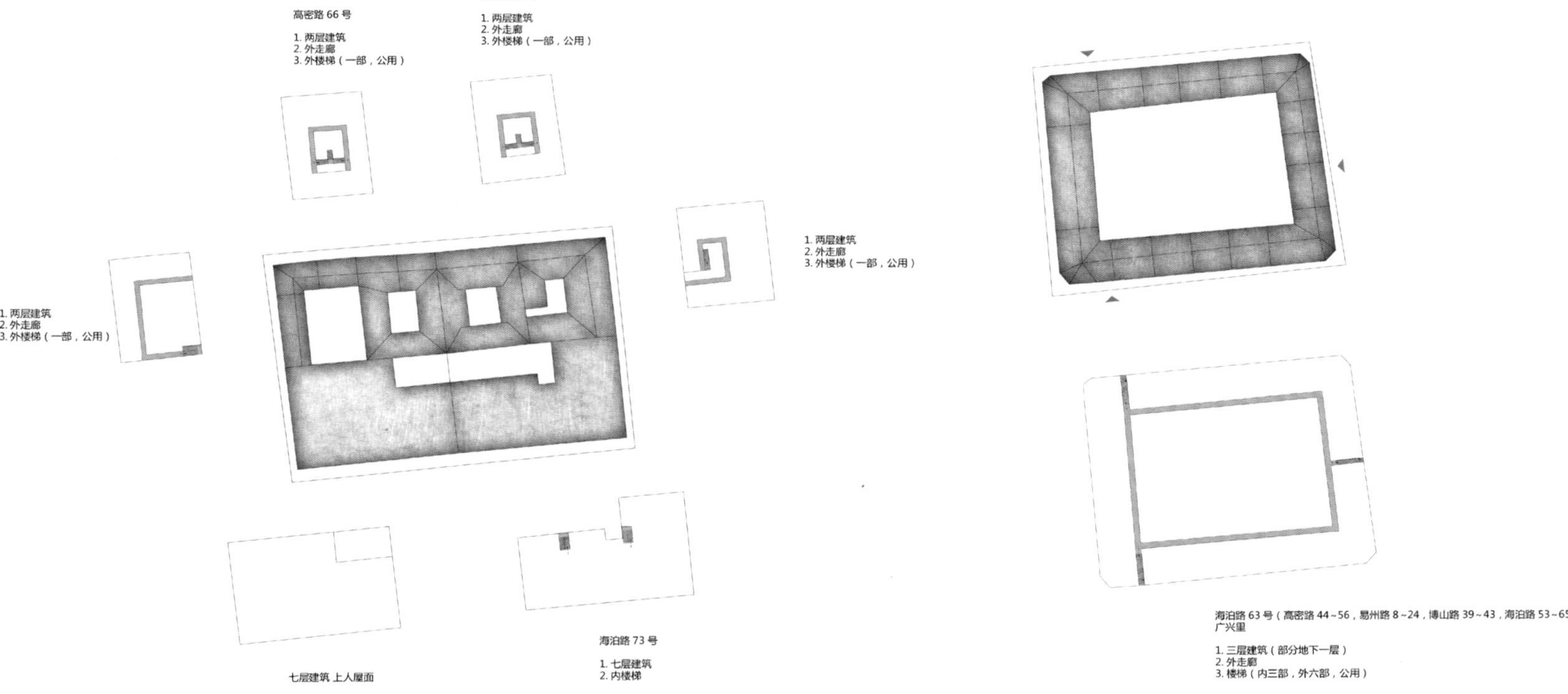

图 2-95　A、B 区里院流线分析图 孔德硕绘

C、D 区里院流线分析

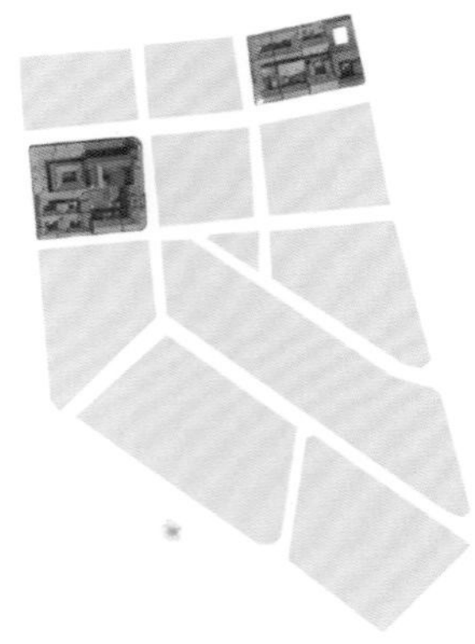

C、D 区里院位置

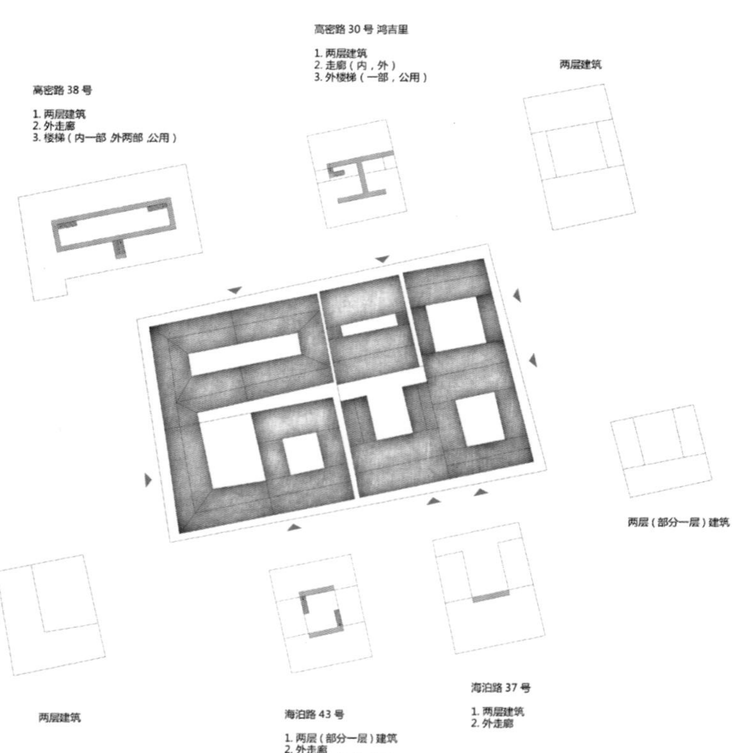

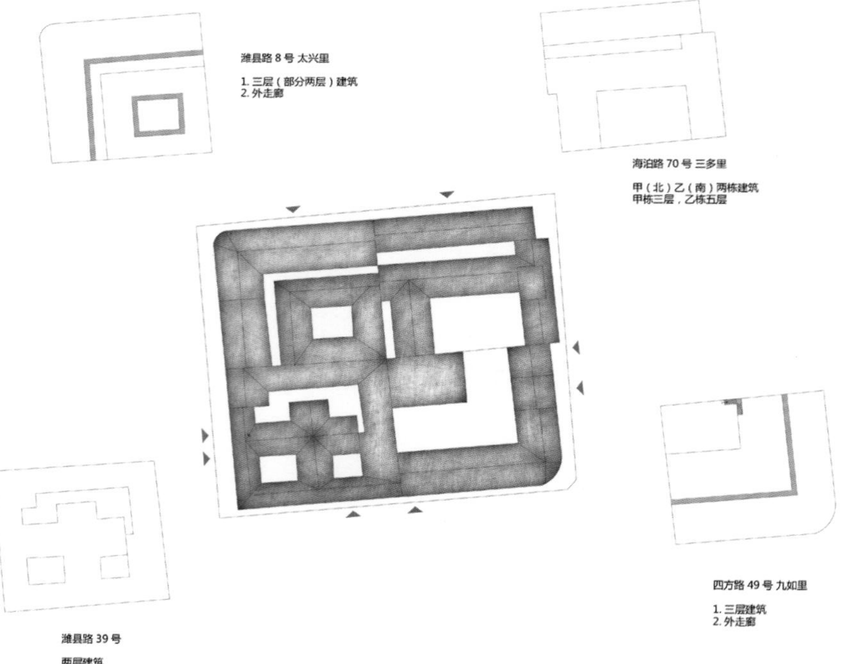

图 2-96 C、D 区里院流线分析图 孔德硕绘

E、F 区里院流线分析

E、F 区里院位置

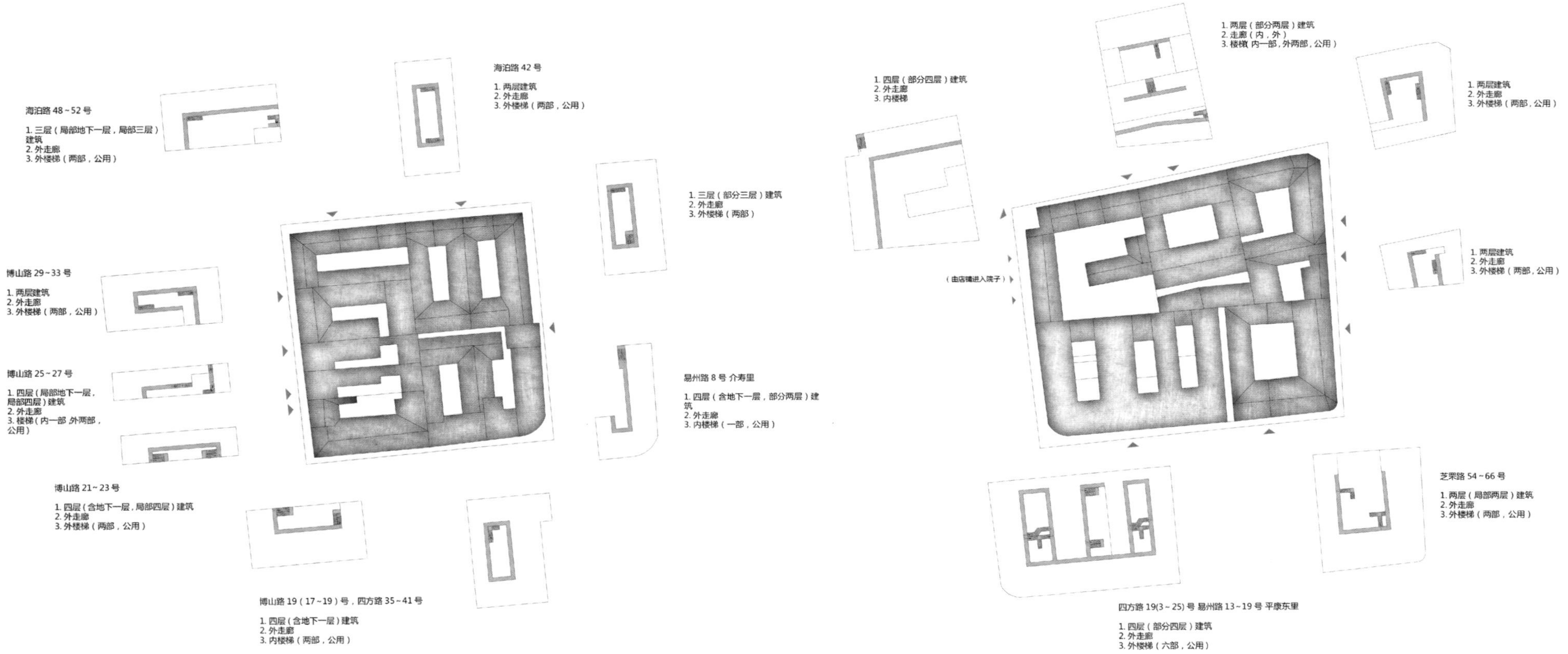

海泊路 48 ~ 52 号

1. 三层（局部地下一层，局部三层）建筑
2. 外走廊
3. 外楼梯（两部，公用）

海泊路 42 号

1. 两层建筑
2. 外走廊
3. 外楼梯（两部，公用）

1. 三层（部分三层）建筑
2. 外走廊
3. 外楼梯（两部）

博山路 29 ~ 33 号

1. 两层建筑
2. 外走廊
3. 外楼梯（两部，公用）

博山路 25 ~ 27 号

1. 四层（局部地下一层，局部四层）建筑
2. 外走廊
3. 楼梯（内一部 ,外两部，公用）

易州路 8 号 介寿里

1. 四层（含地下一层，部分两层）建筑
2. 外走廊
3. 内楼梯（一部，公用）

博山路 21 ~ 23 号

1. 四层（含地下一层，局部四层）建筑
2. 外走廊
3. 外楼梯（两部，公用）

博山路 19（17 ~ 19）号，四方路 35 ~ 41 号

1. 四层（含地下一层）建筑
2. 外走廊
3. 内楼梯（两部，公用）

1. 四层（部分四层）建筑
2. 外走廊
3. 内楼梯

1. 两层（部分两层）建筑
2. 走廊（内，外）
3. 楼梯（内一部，外两部，公用）

1. 两层建筑
2. 外走廊
3. 外楼梯（两部，公用）

（由店铺进入院子）

1. 两层建筑
2. 外走廊
3. 外楼梯（两部，公用）

芝罘路 54 ~ 66 号

1. 两层（局部两层）建筑
2. 外走廊
3. 外楼梯（两部，公用）

四方路 19(3 ~ 25) 号 易州路 13 ~ 19 号 平康东里

1. 四层（部分四层）建筑
2. 外走廊
3. 外楼梯（六部，公用）

图 2-97　E、F 区里院流线分析图 孔德硕绘

G、I 区里院流线分析

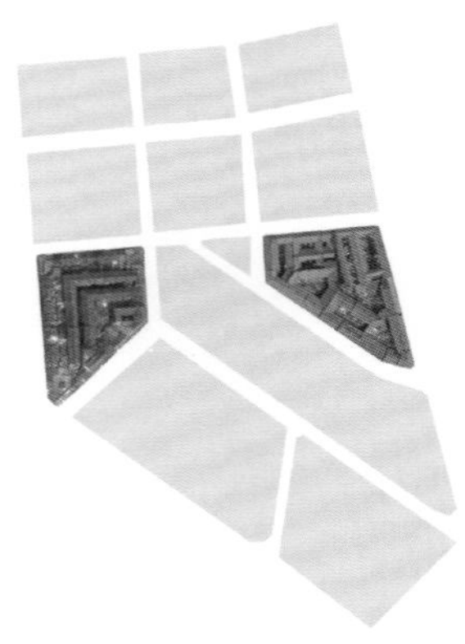

G、I 区里院位置

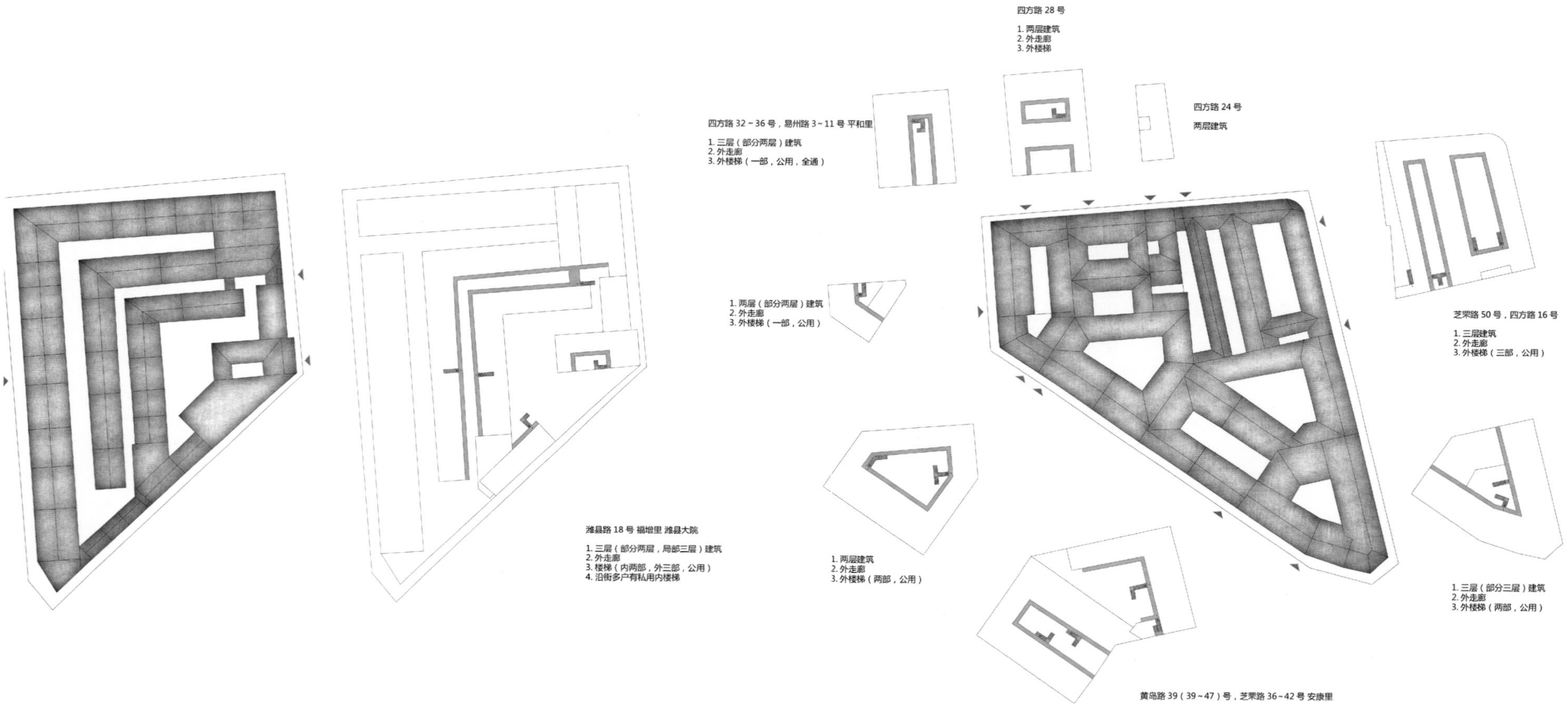

潍县路 18 号 福增里 潍县大院

1. 三层（部分两层，局部三层）建筑
2. 外走廊
3. 楼梯（内两部，外三部，公用）
4. 沿街多户有私用内楼梯

四方路 32～36 号，易州路 3～11 号 平和里

1. 三层（部分两层）建筑
2. 外走廊
3. 外楼梯（一部，公用，全通）

1. 两层（部分两层）建筑
2. 外走廊
3. 外楼梯（一部，公用）

1. 两层建筑
2. 外走廊
3. 外楼梯（两部，公用）

四方路 28 号

1. 两层建筑
2. 外走廊
3. 外楼梯

四方路 24 号

两层建筑

芝罘路 50 号，四方路 16 号

1. 三层建筑
2. 外走廊
3. 外楼梯（三部，公用）

1. 三层（部分三层）建筑
2. 外走廊
3. 外楼梯（两部，公用）

黄岛路 39（39～47）号，芝罘路 36～42 号 安康里

1. 甲（西）乙（东）两栋建筑
   甲栋三层（局部地下一层）
   乙栋三层（含地下一层，部分两层）
2. 外走廊
3. 甲栋外楼梯（两部，一部全通）
   乙栋楼梯（两部，公用）

图 2-98　G、I 区里院流线分析图 孔德硕绘

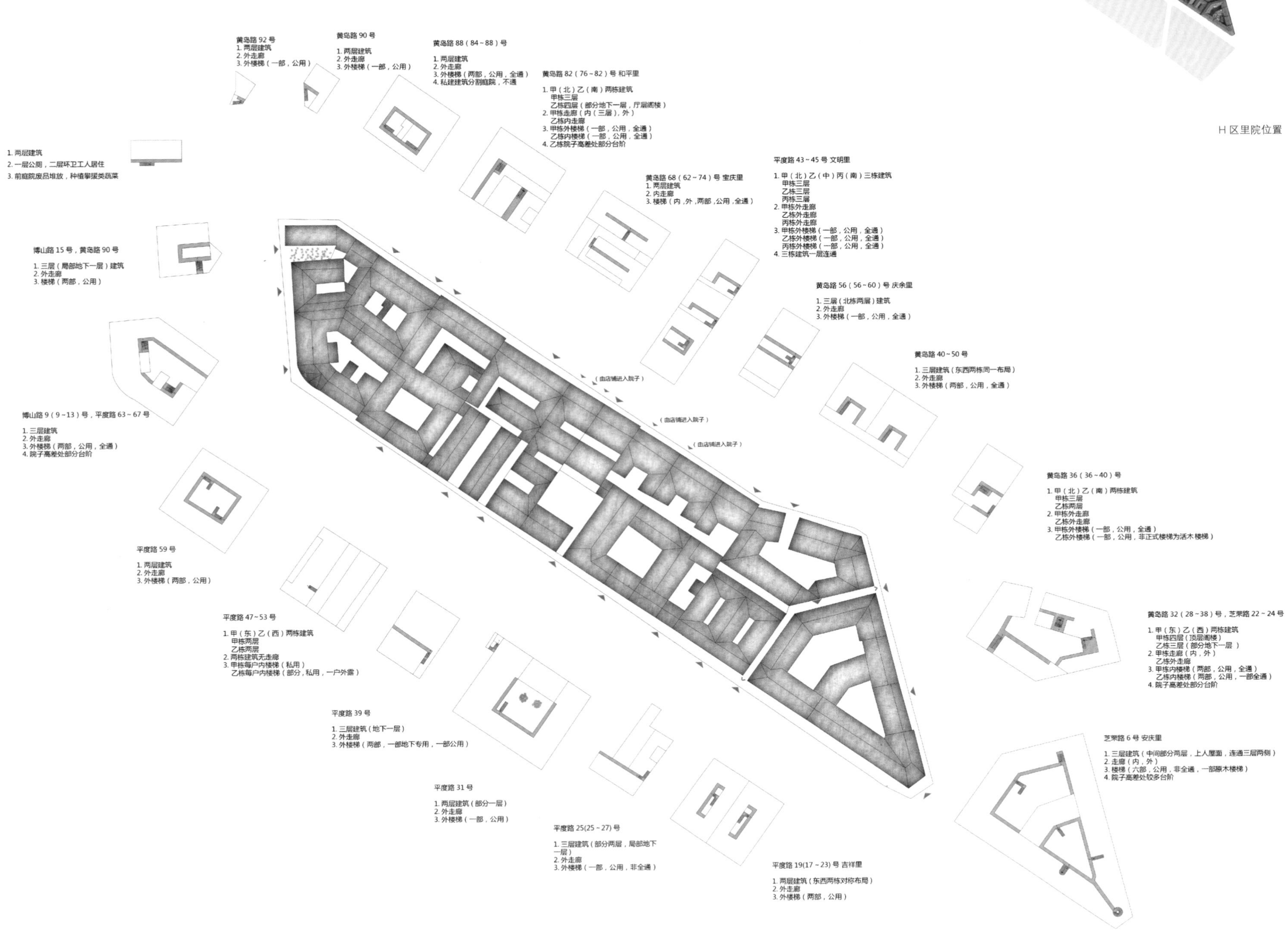

图 2-99　H 区里院流线分析图 孔德硕绘

2.3 基地人群

历史街区的保护设计主体，不仅仅是保护基地的环境和基地中的建筑，更重要的保护对象是基地人群。基地人群是一个无法控制的因素，“人”这个字有着情感、习惯、记忆等诸多含义。不同的人群、不同的人群行为和人群性格都对我们的街区产生不同程度的影响。因此我们对基地现有的居住人群和使用人群进行深入调研，在收集大量资料的基础上，通过分发调查问卷、与居民交流、在街道和里院中观察人群等方法来对基地人群进行了解，从而能对后期的方案设计起到指导作用。

2.3.1 调查问卷及结果分析

为了了解当地居民对所居住的历史街区的想法和人群的消费观念和消费潜力，我们在不同的地点分发了两份调查问卷。

调查问卷一：关于青岛中山路附近片区居民民意调查问卷

发放对象：里院中的居民以及在沿街店铺中工作的人。

调查目的：基地的人群组成；居民对历史街区的态度；居民对居住场所改造的态度及意见；居民在居住生活中所面临的问题等。

有效调查问卷数量：35 份。

调查时间：2015 年 10 月 20 日。

问卷内容及结果：如下。

1. 您是青岛本地人吗?

A．是　B．不是

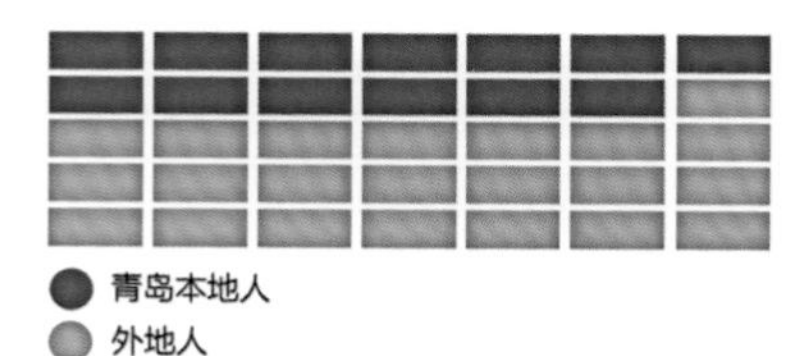

2. 您的年龄区间是?

A．18 岁以下　B．18-35 岁　C．35-50 岁　D．50-65 岁　E．65 岁以上

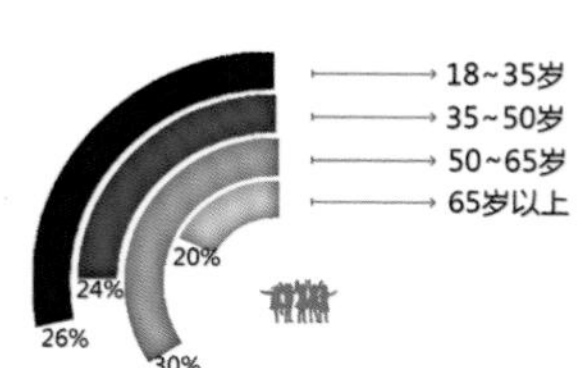

3. 您是房主还是租客?

A．房子拥有者　B．租客　C．借住

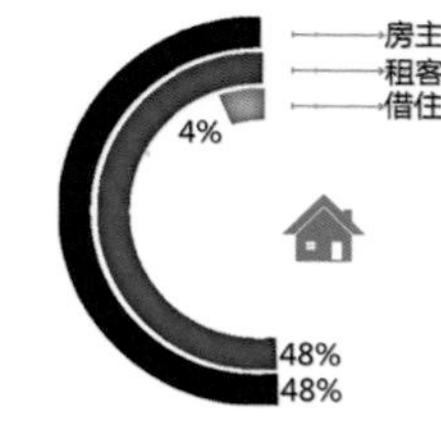

4. 您平时上班出行比较常用哪些交通方式?

A．公交车　B．私家车　C．自行车或电动车　D．摩托车　E．步行

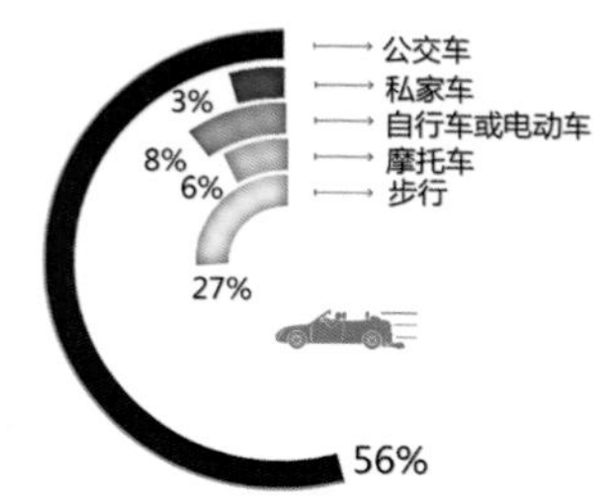

5. 在您目前的居住生活中，面临的主要问题有哪些?

A．水、电、暖等功能不方便

B．卫生条件差

C．噪音污染

D．没有独立卫生的厕所

E．难以晾晒衣物

F．房屋破败不堪

G．消防隐患

H．停车困难

I．通风不良

J．其他，如：

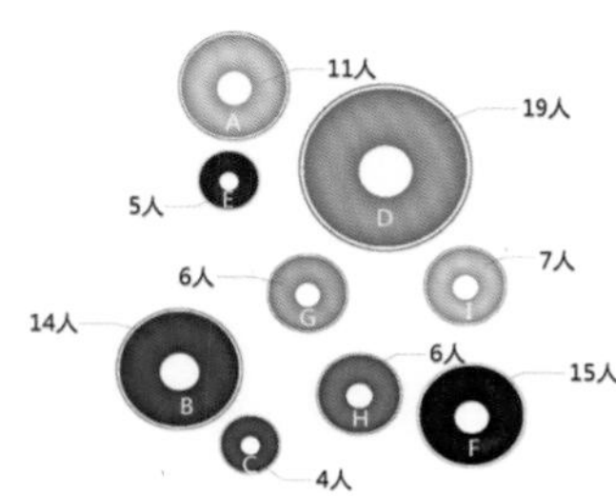

6. 在存在上述问题的情况下，您为何仍选择在这附近居住?

A．房租便宜

B．在这里居住多年

C．没有经济条件搬走

D．喜欢这里的生活方式

E．工作方便

F．地理位置优越

G．其他，如：

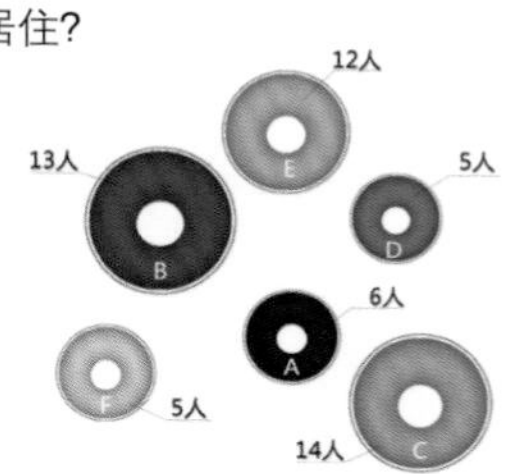

7. 政府现在征收附近区域的房屋，您是否愿意搬走?

A．愿意

B．不愿意

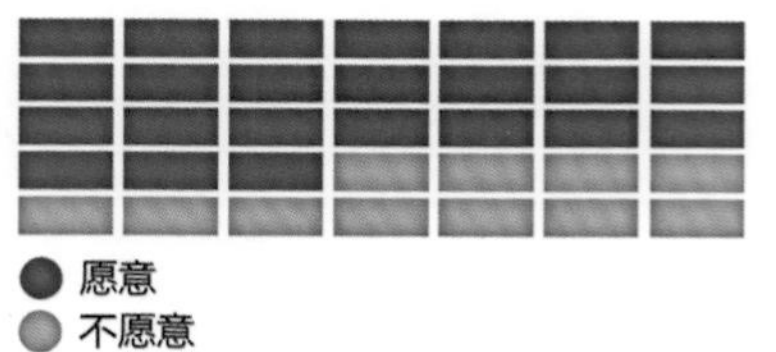

8. 如果您不愿意搬走，原因是什么?

A．政府征收给的补偿太少

B．对老房子不舍

C．未找到合适的住处

D．其他。如：

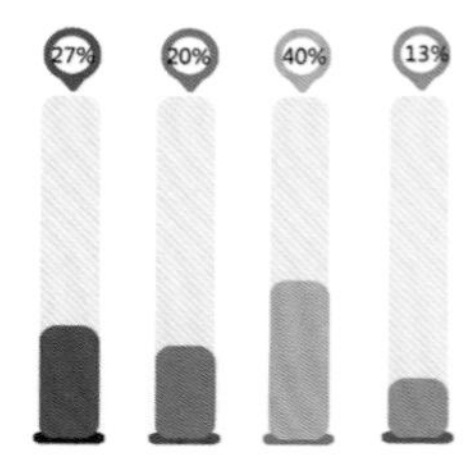

9. 您对黄岛路市场的去留有什么看法?

A．方便居民生活，需要保留菜市场

B. 影响居民生活，需要拆除

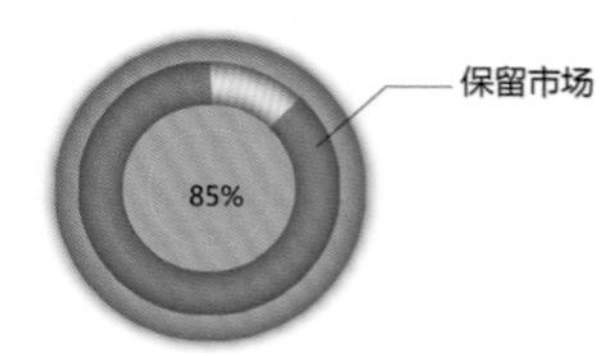

图 2-100　调查结果分析图 庞靓绘

调查结果分析：

居住在这片街区的居民普遍生活水平较差，经济能力较弱；

居民生活条件较差，与我们之前对基地环境的调研基本相符；

大部分居民对这片街区和老房子有深厚感情，对里院存在不舍；

有部分居民愿意搬走，有部分居民仍愿意居住在此；

绝大多数居民希望保留黄岛路市场；

街区的商业带给居民大量工作机会，是吸引人群在此居住的一大原因。

调查问卷二：消费观念与消费方式调查表

发放对象：60% 青岛市民和 40% 济南市民（图 2-101）。

调查目的：了解不同收入人群的消费观念和消费潜力；大致确定基地改造后的业态、店铺消费水平、服务的人群；不同消费能力的人群（特别是中产阶级人群）的消费习惯等。

有效调查问卷数量[①]：纸质 30 份；网络 197 份。

调查时间：2015 年 10 月 8 日至 2015 年 10 月 20 日。

问卷内容及结果：如图 2-102 所示。

调查结果分析：

中产阶级经济能力较好，消费能力高。在消费时更注重于质量，更偏重于高档次消费，同时中产阶级人群需要更好的居住与消费环境。这些都与基地中现有居住人群差别较大。

图 2-101　调研组在基地发放调查问卷 胡博拍摄

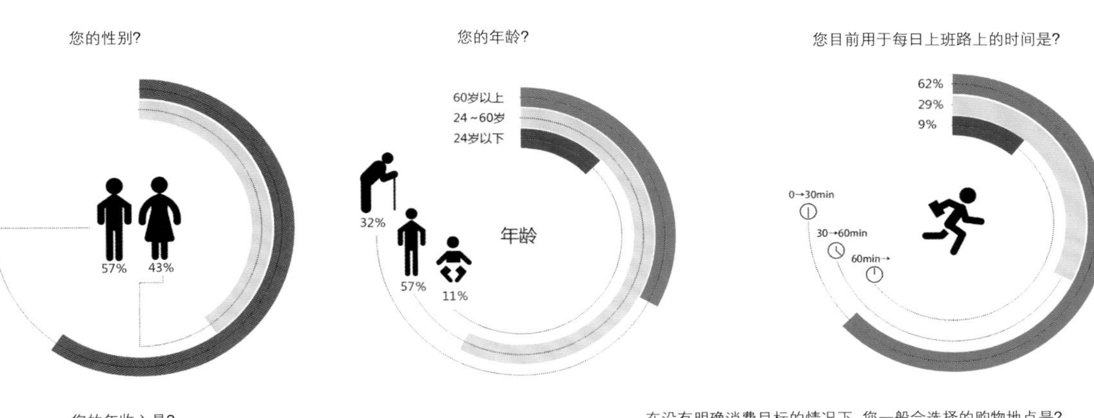

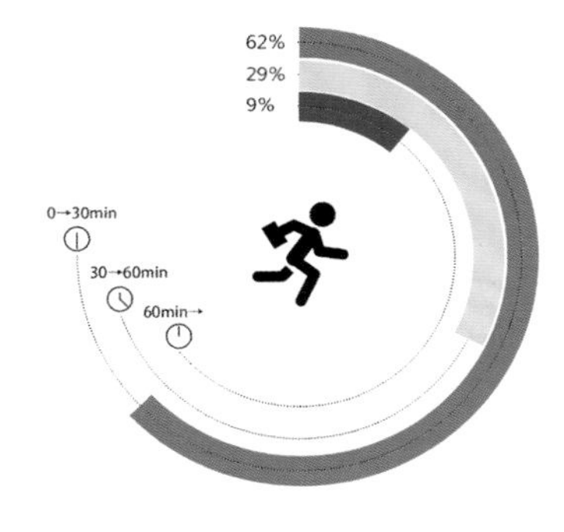

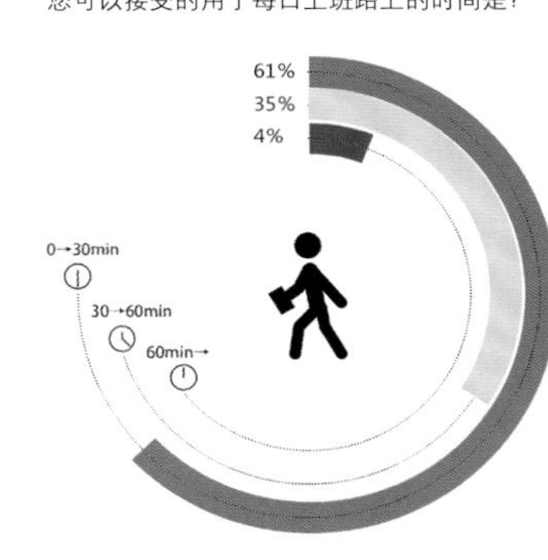

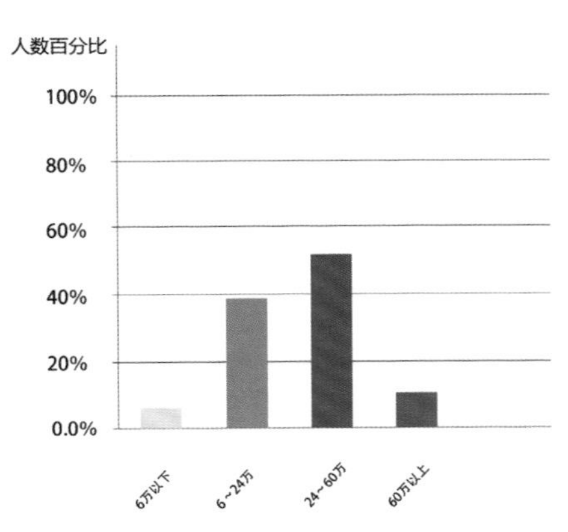

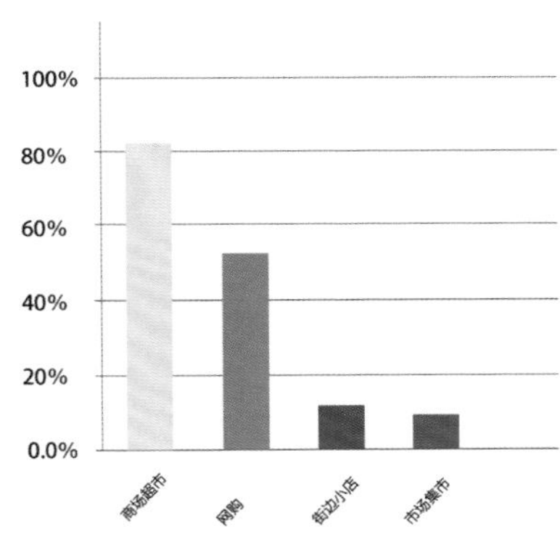

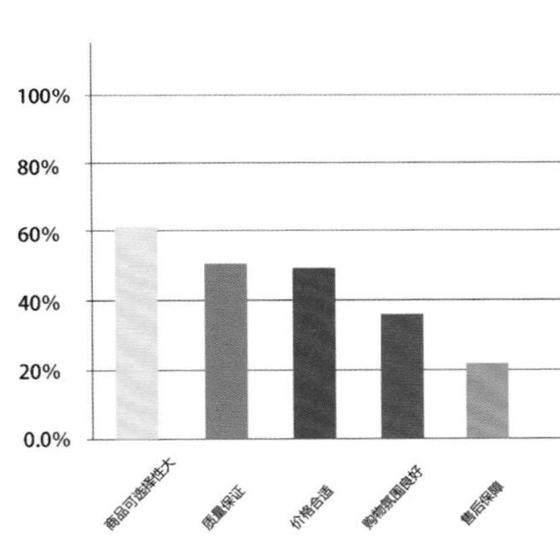

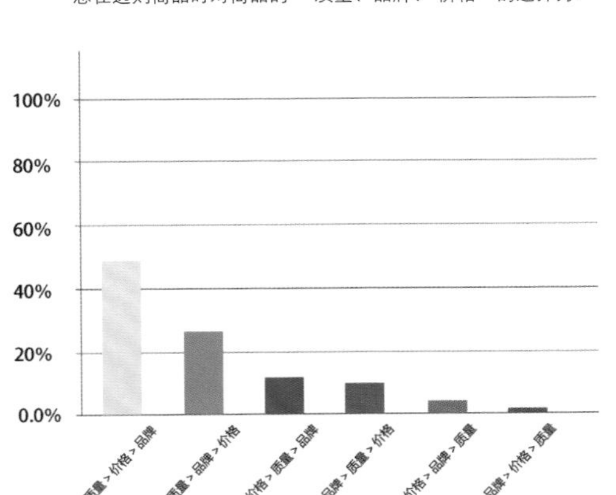

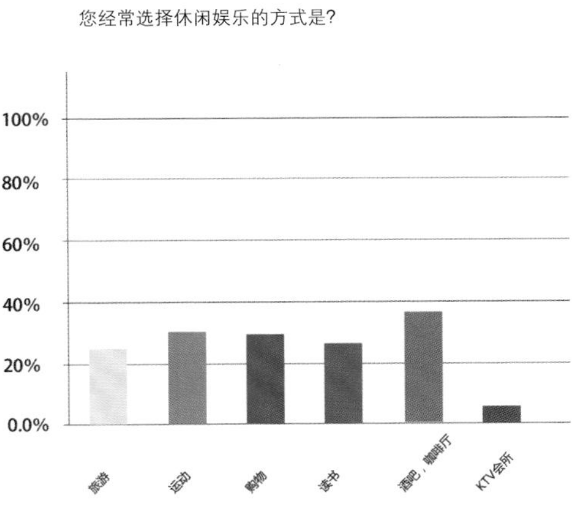

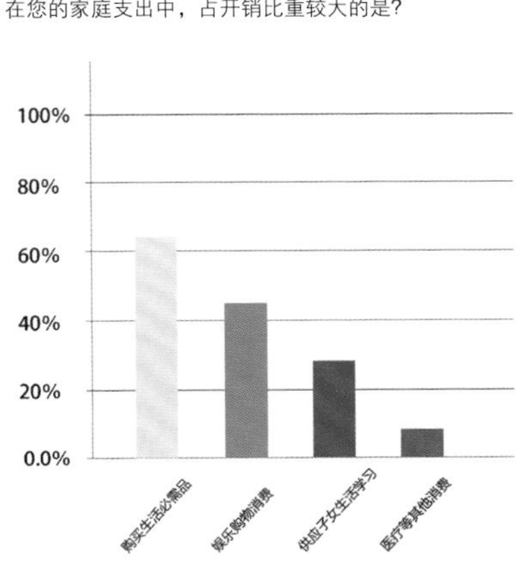

图 2-102　调查结果分析图 胡博绘

①此调查问卷是在初步方案设计进行中所发放，我们已有人群置换的意向，因此调查人群主要为中产阶级人群，具体原因与内容将在后面的整体方案设计中解释。

2.3.2 居住现况及人群类型

通过前期资料收集与实地走访，我们调研了目前基地中里院的居住状况及居住人群的类型。如图 2–103 表示了基地中的居住密度和闲置情况，调研走访时间为 2015 年 9 月 20 日，基地处于被政府征收状态中，许多里院无法进入，大量居民已经搬离，因此得到的居住现况并不能完全代表近几年的居住情况，只能对方案设计起到一定参考作用。

由图我们可以得知，在基地西北侧房屋居住率只有三分之一，空置率高达三分之二；在基地东南侧房屋居住率大约为三分之二，空置房屋约三分之一。基地东南侧（E、F、G、H、I 区）居住密度较大一些，我们猜测这可能与基地的商业活跃度有关。

基地中人群类型与比例如图 2–104 所示，我们通过调查 300 个基地居民得到一个估算数据：基地中的老年人约 19%，中年人约 43%，青年人约 30%，少儿约 8%。这个数据也与基地的居住现状有关，目前基地居民中租客约五分之四，原住民约五分之一，大量房屋处于租赁状态。中年和青年人在此租房，既价格低廉又便于工作。

图 2–103 居住密度与闲置情况

图 2–104 基地居住现况及人群类型 庞靓绘

2.3.3 活动类型及生活方式

我们通过在基地中走访、定点观察、与基地中居民交流等方式总结归纳了基地人群活动的类型与方式。图 2-105 表达了青少年人群、中年人群、老年人群的基本活动类型的可能性。由于黄岛路市场是基地中最活跃的区域，因此我们选择在这里做人流的定点观察分析。图 2-106 是在黄岛路与芝罘路交叉路口定点观察得到的数据结果，由图可知从早上七点到下午七点该路口的人流变化情况，从而体现出基地中居民的基本生活方式。基地人群的消费水平较低，生活简单平凡，当然这也是基地的独特之处。

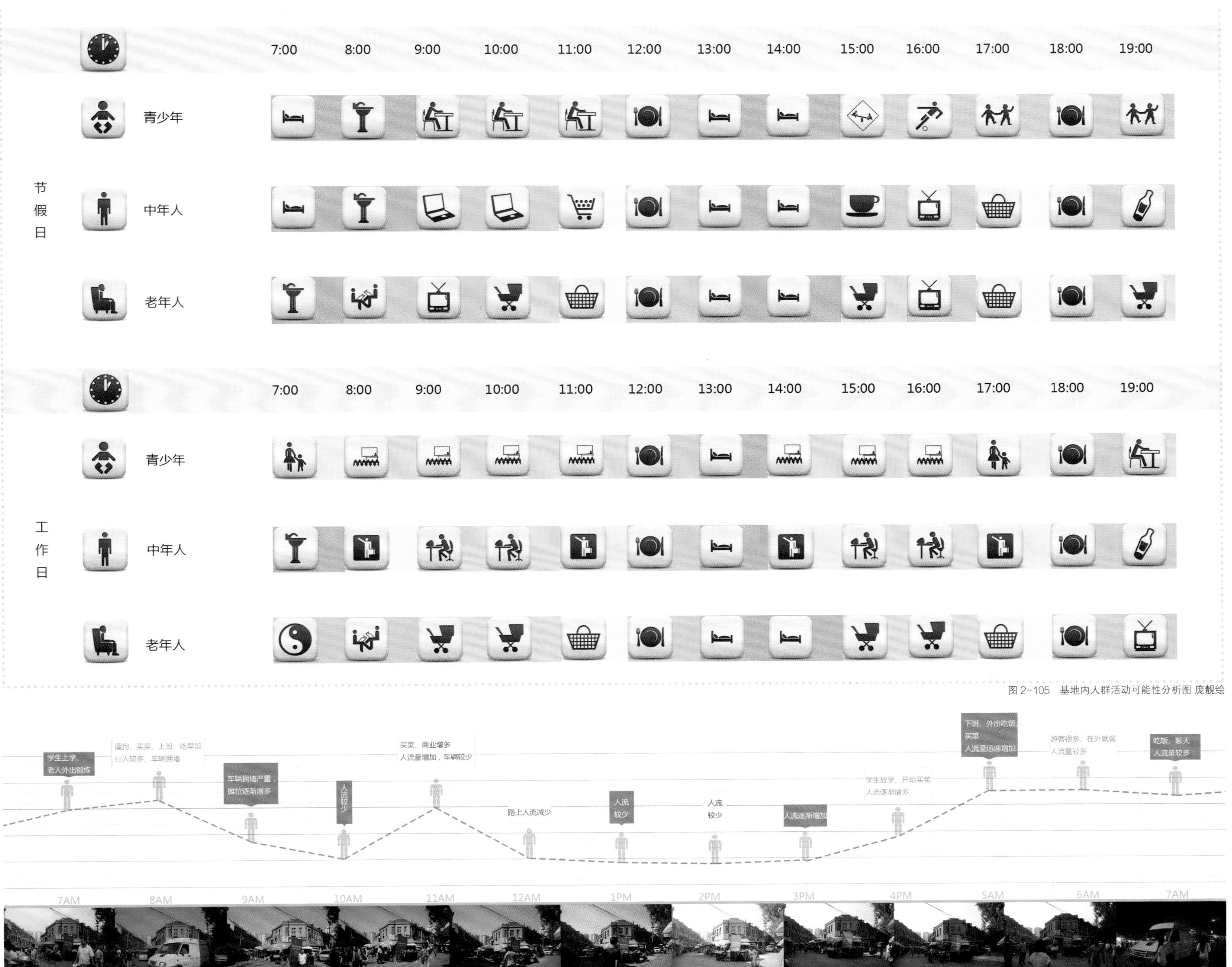

图 2-105　基地内人群活动可能性分析图 庞靓绘

图 2-106　黄岛路—芝罘路路口人群活动分析图 庞靓绘

第 3 章 设计理念和中心思想

3.1 建筑遗产保护设计的一般原则

3.1.1 国际宪章

3.1.1.1 国际古迹保护与修复运动过程

随着社会的发展，人们的认识在不断进步，依据保护对象的扩展层次，国际古迹保护与修复运动大致可以分为三个阶段，也就是由“点”（历史建筑）到“线”（历史街区）再到“面”（历史城区）的过程。

1.“点”——以历史建筑为主要保护对象（20 世纪前后到 20 世纪 60 年代）

1933 年《雅典宪章》注重对历史建筑的保护与修缮：通过定期、持久地维护体系保护古建筑；尊重过去的历史与艺术作品，在保持过去风格的前提下实施保护修缮；谨慎运用现代技术来保护纪念物的原有外观和特征：所用新材料需识别；注意对纪念物周边地区保护。1964 年《威尼斯宪章》关注的重点仍在纪念物的保护方面，但是扩大了纪念物的范围，并且尤其强调了历史纪念物保护的原真性和整体性。

（1）指出文化遗产保护“不仅包括单体建筑物，而且包括能从中找出一种独特的文明、一种有意义的发展或一个历史事件见证的城市或乡村环境。这适用于伟大的艺术作品，而且亦适用于随时光流逝而获得文化意义的过去一些较为朴实的作品。”

（2）认为：“任何添加均不允许，除非它们不至于贬低该建筑物的有趣部分、传统环境、布局平衡及其与周围环境的关系”“古迹的保护意味着对一定范围环境的保护。”

2.“线”——以历史地段为主要保护对象（20 世纪 60 年代到 20 世纪 80 年代）

20 世纪 60 年代之后，涉及历史地段、历史园林、历史城市的保护宪章、宣言渐次出现。

1976 年联合国教科文组织又通过了以历史地段为保护对象的《内罗毕建议》。建议首先指明了历史地段保护的价值与意义：“历史地区是各地人类日常环境的组成部分，代表着形成其过去的生动见证，提供了与社会多样化相对应所需的生活背景的多样化，并且基于以上各点，它们获得了自身的价值，又得到了人性的一面”“历史地区为文化、宗教及社会活动的多样化和财富提供了最确切的见证”。

1981 年《佛罗伦萨宪章》。宪章认为“作为古迹，历史园林必须根据《威尼斯宪章》的精神予以保存。然而，它既然是一个活的古迹，其保存必须根据特定的规则进行”。宪章规定对历史园林需要持续维护，可以定期更换植物，但要对构成历史园林整体组成部分的永久性建筑及自然环境一并保护。

3.“面”——以历史城市为主要保护对象（20 世纪 80 年代到现在）

1987 年，国际古迹遗址理事会通过《华盛顿宪章》详细规定了保护历史城镇和城区的原则、目标和方法。例如，“对历史城镇和其他历史城区保护应成为经济与社会发展政策的完整组成部分，并应当列入各级城市和地区规划”“居民的参与对保护计划的成功起着重大的作用，应加以鼓励”“住宅的改善应是保护的基本目标之一”。

《华盛顿宪章》不仅对历史城市保护有着重要的指导意义，而且也标志着国际社会对城市遗产实施历史建筑、历史地段、历史城市多层次保护体系的基本建立。

1994 年，世界遗产委员会通过的《关于真实性的奈良文件》扩展了真实性的评定标准，即“原真性的判别会与大量信息源中有价值的部分有关联。信息源的各方面包括形式与设计、材料与物质、使用与功能、传统与技术、位置与环境、精神与感受以及其他内在的外部的因素。”

20 世纪与 21 世纪交汇之时，国际建协和国际古迹遗址理事会相继在中国召开大会，两次会议分别诞生了《北京宪章》和《西安宣言》。

《北京宪章》对文化遗产保护有三个突出观点：

（1）将保护历史性城市和地区纳入动态的人居环境循环体系之中，从生态、经济、科技、社会、文化的综合视角来重新审视遗产保护活动；

（2）将遗产保护活动纳入可持续发展的战略轨道；

（3）通过城市设计的内涵作用，从观念上和理论基础上把建筑、地景和城市规划学的精髓整合为一体，为遗产保护提供广泛有效的策略。宣言尤其关注现代化进程中乡土建筑的保护状况。

3.1.1.2 国际宪章参照

国际宪章对我们的工作具有明确的指导意义，我们在整个工作过程中主要参考了以下宪章的条例：

1.《威尼斯宪章》

第七条：古迹不能与其所见证的历史和其产生的环境分离。除非出于保护古迹之需要，或因国家或国际之极为重要利益而证明有其必要，否则不得全部或局部搬迁该古迹。

第九条：修复过程是一个高度专业性的工作，其目的旨在保存和展示古迹的美学与历史价值，并以尊重原始材料和确凿文献为依据。一旦出现臆测，必须立即予以停止。此外，即使如此，任何不可避免的添加都必须与该建筑的构成有所区别，并且必须要有现代标记。无论在任何情况下，修复之前及之后必须对古迹进行考古及历史研究。

第十一条：各个时代为一古迹之建筑物所做的正当贡献必须予以尊重，因为修复的目的不是追求风格的统一。当一座建筑物含有不同时期的重叠作品时，揭示底层只有在特殊情况下，在被去掉的东西价值甚微，而被显示的东西具有很高的历史、考古或美学价值，并且保存完好足以说明这么做的理由时才能证明其具有正当理由。评估由此涉及的各部分的重要性以及决定毁掉什么内容，不能仅仅依赖于负责此项工作的个人。

第十二条：缺失部分的修补必须与整体保持和谐，但同时须区别于原作，以使修复不歪曲其艺术或历史见证。

第十三条：任何添加均不允许，除非它们不致于贬低该建筑物的有趣部分、传统环境、布局平衡及其与周围环境的关系。

第十五条：发掘应按照科学标准和联合国教育、科学及文化组织 1956 年通过的适用于考古发掘国际原则的建议予以进行。

然而对任何重建都应事先予以制止，只允许重修，也就是说，把现存但已解体的部分重新组合。所用黏结材料应永远可以辨别，并应尽量少用，只需确保古迹的保护和其形状的恢复之用便可。

第十六条：一切保护、修复或发掘工作永远应有用配以插图和照片的分析及评论报告这一形式所做的准确的记录。

2.《华盛顿宪章》

第二条：所要保存的特性包括历史城镇和城区的特征，以及表明这种特征的一切物质的和精神的组成部分，特别是：

（1）用地段和街道说明的城市的形制；

（2）建筑物与绿地和空地的关系；

（3）用规模、大小、风格、建筑、材料、色彩以及装饰说明的建筑物的外貌，包括内部的和外部的；

（4）该城镇和城区与周围环境的关系，包括自然的和人工的；

（5）长期以来该城镇和城区所获得的各种作用。任何危及上述特性的威胁，都将损害历史城镇和城区的真实性。

第三条：居民的参与对保护计划的成功起着重大的作用，应加以鼓励。历史城镇和城区的保护首先涉及它们周围的居民。

第五条：在作出保护历史城镇和城区规划之前必须进行多学科的研究。保护规划必须反映所有相关因素，包括考古学、历史学、建筑学、工艺学、社会学以及经济学。

保护规划的主要目标应该明确说明达到上述目标所需的法律、行政和财政手段。

保护规划的目的应旨在确保历史城镇和城区作为一个整体的和谐关系。

保护规划应该决定哪些建筑物必须保存，哪些在一定条件下应该保存以及哪些在极其例外的情况下可以拆毁。在进行任何治理之前，应对该地区的现状作出全面的记录。

保护规划应得到该历史地区居民的支持。

第十二条：历史城镇和城区内的交通必须加以控制，必须划定停车场，以免损坏其历史建筑物及其环境。

第十五条：为了鼓励全体居民参与保护，应为他们制定一项普通信息计划，从学龄儿童开始。与遗产保护相关的行为亦应得到鼓励，并应采取有利于保护和修复的财政措施。

3.《关于真实性的奈良文件》

价值与真实性

（1）对文化遗产的所有形式与历史时期加以保护是遗产价值的根本。我们了解这些价值的能力部分取决于这些价值的信息来源是否真实可靠。对这些与文化遗产的最初与后续特征有关的信息来源及其意义的认识与了解是全面评估真实性的必备基础。

（2）《威尼斯宪章》所探讨及认可的真实性是有关价值的基本要素。对于真实性的了解在所有有关文化遗产的科学研究、保护与修复规划以及《世界遗产公约》与其他遗产名单收录程序中都起着至关重要的作用。

《威尼斯宪章》集中体现了西方国家文化遗产保护的理念与做法，是目前国际上公认的文化遗产保护的权威性文件之一。

《威尼斯宪章》集中反映了西方遗产保护的理念，而《关于真实性的奈良文件》则代表了东方国家遗产保护的思维。

如果说《雅典宪章》和《马丘比丘宪章》的签署分别以希腊文化和印加文化、西方文化与拉美文化的摇篮为背景，那么，《北京宪章》则有着东方文化的底蕴，突出强调发展中国家的声音。

（3）一切有关文化项目价值以及相关信息来源可信度的判断都可能存在文化差异，即使在相同的文化背景内，也可能出现不同。因此不可能基于固定的标准来进行价值性和真实性评判。反之，出于对所有文化的尊重，必须在相关文化背景之下来对遗产项目加以考虑和评判。

（4）因此，在每一种文化内部就其遗产价值的具体性质以及相关信息来源的真实性和可靠性达成共识就变得极其重要和迫切。

（5）取决于文化遗产的性质、文化语境、时间演进，真实性评判可能会与很多信息来源的价值有关。这些来源可包括很多方面，譬如形式与设计、材料与物质、用途与功能、传统与技术、地点与背景、精神与感情以及其他内在或外在因素。使用这些来源可对文化遗产的特定艺术、历史、社会和科学维度加以详尽考察。

3.1.2 当代保护理论

3.1.2.1 以建筑见证历史

人类的历史始终伴随着建筑物的发展，从最原始的搭建，到如今繁复的各类建筑。一栋建筑可以展现其所处时代的历史风貌、文化底蕴及人文情怀。正如雨果所说：“最伟大的建筑物大半是社会的产物而不是个人的产物，与其说它们是天才的创作，不如说它们是劳苦大众的艺术结晶。它们是民族的宝藏、世纪的积累，是人类社会才华不断升华所留下的结晶。”建筑物作为历史最沉默而忠实的观众，历经各个时代的洗礼，是历史最好的见证者。

3.1.2.2 原真性

阮仪三在其著作《文化遗产保护的原真性原则》中谈到：“文化遗产保护面临的最大敌人不是风霜雨雪等不可抗拒的自然力量，也不是完全缺乏相应的保护技术，而是各种片面和错误的认识观念，这是当今中国文化遗产保护发展要解决的首要问题。”

尽管在建筑遗产保护实践中人们已经厘清了原真性原则的内在价值体系，但是在具体的建筑遗产保护实践中还存在理念分歧：一些专家认为坚持原真性意味着尊重各个时代的历史印记，体现建筑遗产历经沧桑受到侵蚀的状态；另一些专家认为诞生于西方的原真性概念和《威尼斯宪章》并不适合于中国，他们更希望修复后的建筑遗产保持艺术的完整性，而不是残损的状态。我国建筑遗产保护理念的理论研究相对滞后，同时在现阶段的建筑遗产保护中，尚有众多“破坏性保护”案例，这不仅给建筑遗产内在价值的发掘带来了各种难题，而且造成了建筑遗产所蕴藏历史信息不可挽回的损失。

在我国建筑遗产保护实践中，许多建筑遗产被修复成完整的状态，从原真性的内在价值体系出发，建筑遗产的修复不能为了艺术的完整性而牺牲其蕴含于建筑本体的历史真实性。在东南亚地区，有众多的木构架建筑遗产需要保护，在频繁的维修、加固、更换建筑构件等几种修缮措施中，更换建筑构件是最省时、省力、省钱，但最不符合原真性要求的修缮措施；而采取维修、加固的修缮手段，修缮成本最高，也是最接近原真性的修缮措施。针对这些问题，中国的建筑遗产保护实践中，修旧如旧怎样实现，建筑本体是否要保留历史的痕迹，用沧桑感去迎合大众的心理期待。

1. 原真性困惑的起因

1964 年 5 月 31 日，从事历史文物建筑工作的建筑师和技术员国际会议第二次会议在威尼斯通过决议，发表了《威尼斯宪章》，指出“历史文物建筑的概念，不仅包含个别的建筑作品而且包含能够见证某种文明、某种有意义的发展或某种历史事件的城市或乡村环境，这不仅适用于伟大的艺术品，也适用于由于时光流逝而获得文化意义的在过去比较不重要的作品。”

建筑遗产的信息、价值都蕴含于建筑本体内，材料质感、构造工艺、施工手法都是这些历史信息的载体。在这种观点的指导下，建筑遗产保护实践看似简单，只需要将载体保护好，将材料、构造、手法传承，但在保护实践的过程中，这些都难以实现。“修旧如旧”与“修葺一新”是截然相反的两种修缮理念，在建筑遗产保护实践中，“修旧如旧”理念本身也值得去质疑，“旧”的修缮标准，历史沧桑感的现实价值，残破艺术美感的公众接受力，残败建筑现状的历史魅力等诸多要素，都制约着建筑遗产保护实践方案的确定。

建筑遗产保护实践的方案如何确定，商榷维护什么、去除什么、修复什么，原真性的困惑就存在于此。

2. 国际、国内不同语境下的原真性概念界定与拓展

18 世纪欧洲的启蒙运动带来了全新的文化意识形态，引发了考古与艺术史学研究，这些因素直接催生了现代意义上的建筑遗产保护观念与实践。

西方社会对于原真性的理解基于对艺术的理解，艺术品是唯一的，不是可以重复生产的，每一个独立的艺术品都具有自己独特的价值，其本体蕴含的历史价值、文化价值、艺术技艺价值都是独一无二的，其注重的是有形的物质特征。

与西方社会原真性观点产生不同的是，东方社会原真性观点的产生是一个漫长与传统的过程。中国的传统是“无形价值”，《易·系辞》（上）中写到，“形而上者谓之道，形而下者谓之器”，在中国传统的古物保护思想中有明显的重道轻器倾向。

3. 原真性的原真标准：《威尼斯宪章》与《奈良宣言》

西方古建筑作为刚性结构的石建构与东方建筑作为榫铆式柔性结构的木建构本身历久性就有很大区别。例如，东方对于木构架建筑的修缮方法中，有落架大修的做法，尤其日本伊势神宫还依旧保持了“式年造替”的传统祭祀惯例，重新建造 62 次，虽然保持了奈良时代的传统式样和施工技法，但是按照《威尼斯宪章》提出的原真性原则，这种修缮措施应被制止。

《威尼斯宪章》第 9 条中指出“任何不可避免的添加都必须与该建筑的构成有所区别，并且必须要能识别是当代的东西。无论在任何情况下，修复之前及之后必须对古迹进行考古及历史研究。”《威尼斯宪章》中明确强调历史遗产原始特征的重要性，任何特征都应稳妥的处理，任何重建都应制止，只允许原物归位。

《关于原真性的奈良文件》在价值与原真性这一节中指出“在不同文化、甚至在同一文化中，对文化遗产的价值特征及其相关信息源可信性的评判标准可能会不一致。因此，将文化遗产的价值和原真性置于固定的评价标准之中来评判是不可能的；相反，对所有文化的尊重，要求充分考虑文化遗产的文脉关系。”

4. 历史街区生活的原真性保留

历史街区虽然拥有别具一格的风貌及珍贵的历史遗存，但在本质上，它依然是城市的生活街区，用以承载市民的日常生活，这是它最基本的身份。历史街区随时间变迁一路演变至今，形成了独有的地域性文化习俗、聚居形式、生活方式甚至是人文精神。没有“居民生活”这一重要组成部分，便不存在历史街区，只能算作历史遗留建筑群。人们千百年来传承下来的除却这些见证历史的房子，更重要的是代代相传的生活氛围、地域气息。

何为居民的原真生活，并不是像国内诸多的旅游景点内每天按时上演的群众演员“生活秀”，而是真实的生活，将这座城市、这条街的原真性地域文化、民风民俗同现代气息的社会生活糅合在一起的真正的生活，这才是其独特的所在。历史街区的生活是非物质的，依托于居民来实现，时时处于发展之中。

历史街区的原真性可以反映当下生活现状与当地特色文化的统一程度，也可以反映居民生活社会关系构架的保存状态，是延续历史街区活力的不可或缺的一部分。历史街区的生活原真性保存，并不是单纯的建造一个死板的博物馆，保留街道内历史遗留的老建筑物；也不是单将民俗、曲艺、工艺等非物质层面的遗产保护起来，而是以居民为载体、以生活为媒介将两者升华成一个整体。所以真正需要被保护的，其实是特色的生活氛围。强调历史街区的生活原真性，是为让居民或外来人员既享受到当代生活的便利，又能体味历史的气息和传统的人文情怀，这样的街区是“活的”。

3.1.2.3 可逆性

在《建筑遗产分析、保护与修复原则》中，通用标准第七条中指出：“干预的可行性及对建筑遗产可能的损坏不能确定时，任何干预措施都不能进行，为了避免即将毁坏的结构，采取紧急保护措施是必要的。这些措施对于构件的修复应该是具有可逆性的。”

在某些特殊条件下，受技术条件的限制，很多保护工作或许只是临时性的，因而要求所有的操作（如修补、添加）对原建筑没有破坏性，同时又是容易识别且便于复原的。这样的方法为今后更好地保护留有余地。可逆性的保护方法，可以有效保护遗产的历史价值和艺术价值。

3.1.2.4 可识别性

可识别性原则的主要目的是为了维护遗产的历史真实价值，避免在修复过程中后加的措施改变、干扰或掩盖了原来的历史信息，所以任何不可避免的添加和更换都必须与该建筑的现状构成有所区别，不可乱真。

在具体措施方面，通常采用“差异法”获得实现。即通过材料、质感、色彩、工艺等多方面的新旧区别达到新与旧均可被辨识，包括隐形差异法和细微差异法。对可识别性原则运用比较彻底的国家是意大利，它们采用了各种方法实现对历史信息“时阶式”表达。在文物古迹的若干次修复工程中，采用不同的修复材料和色彩，做到对各个时期历史信息的完整展示。

3.1.2.5 最小干预性

“新的作用和活动应该与历史城镇和城区的特征相适应。使这些地区适应现

代生活需要认真仔细地安装或改进公共服务设施。”（《华盛顿宪章》）

尽可能减少干预，凡是近期没有重大危险的部分，除日常保养外不应进行更多的干预。必须干预时，附加的手段只用在最必要的部分，并减少到最低限度。采用的保护措施，应以延续现状，缓解损伤为主要目标（《中国文物古迹保护准则》）。

3.1.2.6 把握旧的分寸感与价值

历史建筑遗产的珍贵并不完全在于建筑本身的价值或建造者赋予其的附加价值，更重要的是时间留在建筑身上的印记。简而言之，历史建筑的价值在于它的“旧”。在建筑遗产保护的过程中，“旧”的分寸感的把握是至关重要的，既要保护它的健康状态，又要保存时间附加在建筑身上的信息。

3.1.2.7 保护历史环境

作为《威尼斯宪章》的补充，1987 年在华盛顿通过的《保护历史城镇与城区宪章》（《华盛顿宪章》）提到“当需要修建新建筑物或对现有建筑物改建时，应该尊重现有的空间布局，特别是在规模和地段大小方面。与周围环境和谐的现代因素的引入不应受到打击，因为，这些特征能为这一地区增添光彩”。

环境设计是历史街区保护中非常重要的一部分，并不是锦上添花，而是必要的保护步骤。环境的好坏对历史街区的状态有决定性作用。居民的日常活动和生活行为会潜移默化的影响环境的形成或变化，反之，环境的构成和变化又会对其中的居民和建筑形成一定的影响，双方相互关联、不可分割。从这个角度，环境也属于历史街区非物质组成的一部分。另外，好的环境给历史街区提供一个好的“气场”，像街区内别具风格的建筑物一样，可以吸引人气。综上，环境的保护其实是历史街区保护中不可分割的组成部分，无论是在物质层面还是非物质层面。

3.2 确定保护和修复的类别

《华盛顿宪章》对此有相关规定“保护规划的目的应旨在确保历史城镇和城区作为一个整体的和谐关系。保护规划应该决定哪些建筑物必须保存，哪些在一定条件下应该保存以及哪些在极其例外的情况下可以拆毁。在进行任何治理之前，应对该地区的现状作出全面的记录。保护规划应得到该历史地区居民的支持。”

3.2.1 保护

适用于健康状况良好的各种类型的建筑遗产，通常使用普通的加固及日常维护措施，包括加固、稳定、支撑、防护、补强。将干预程度降到最低，使其基本保持原有历史状态。

3.2.2 更新（修复）

针对于发生破坏的建筑遗产，主要处理手段包括局部维修、修补、更换、添补、重新制作及清理等。此种修复干预程度较高，目的是使发生破坏的建筑遗产恢复完整状态。

3.2.3 拆除

当建筑遗产损毁严重，只余留基址或残迹，无法修复时，考虑将其拆除或重建。

3.3 核心理念的提出

3.3.1 预期目标

避免具象的或为了商业而商业的思维模式。应当尊重当地的生活氛围，并将设计重点置于生活气氛的塑造之中，用生活去主导商业。应当设法保留生活氛围，鼓励由生活而引发的商业模式，让其呈现出自然存在的状态，而非刻意设计。

我们要找到基地从最初的富人聚集地变成现状的原因，而不是简简单单的去搞清这里缺什么。我们判断这种演变是螺旋向下的，由于历史的原因，使原本富有的人慢慢迁出了这个地方，平民逐渐替换这儿的富人，导致当地经济以及环境越来越差，进而许多平民也越来越接受不了这儿的环境，逐渐新的经济能力相较更加薄弱的居民替换进来，一点点的恶性循环，导致今天这个局面。例如，也许这里原来是一个里院一户人家或者是一个里院几户人家，由于种种原因导致这最后变成一个大杂院。

所以我们不是保护人，我们应该从他们原有生活方式通过某一个点切进去，寻找一个可能性，让螺旋慢慢往上走。即使是现在人群、业态已经基本形成了一个完整的链条，不容易被打破，我们应该通过对空间的改造，改变整体氛围和品质，使地区内的人逐步更替，最后实现社区的营造。应该吸引对街区有深厚感情和美好愿景的人来这里居住，所以一定要使居住比例保持在一定的水平，才能保证这些人能帮助活化片区，进而使业态针对于新来人群发生改变。简言之，人群改变业态而非业态改变人群。最终实现以基地为核心，带动中山路，使之整体更有历史文化价值。

在这里需要注意的是吸引更多的中产阶级来这里生活虽然有利于形成里院形制居住的社区文化，但不应该无限地发掘基地的商业价值，使生活方式变成一纸空谈。

（1）以保留街区精神而非实现地方推销为目的，保留并活化历史街区。

（2）保留历史街区的历史价值、文化价值、情感价值等，并最大努力地尝试保留人文价值。

3.3.2 经营模式

（1）整个街区的经营模式常规来说应该为企业经营模式，但是建议可以尝试集体社区经营模式，这样有利于发动街区居民对街区营造的主动性，同时增强对自己生活环境的归属感。毕竟是街区的使用者而非管理者在每时每刻与街区发生着各种联系。

（2）个体经营模式为企业或集体经营模式下的二级经营模式，个体对商铺的产权通过买卖或租赁的方式获得。

3.3.3 生活模式

对于这些在这里居住了很多年的人来说，相比于国家大义抑或学术层面上的历史文化、历史建筑保护而言，他们更想解决的是生存问题，是居住舒适的问题。而这里的舒适不仅仅指物理层面的条件，也包含了精神层面的内容。

（1）功能复合模式。商铺、办公楼、公寓、住宅、娱乐、教育设施混合在一起，里院、街道和建筑功能复合。城市保护设计的出发点最重要的是人，所以要分析人与建筑环境共生出的一种氛围，一种生活习惯，在这种气氛与习惯共同影响下，最直接的现象就是不同人群从各自的需求出发所产生的功能复合型的生活方式。尽可能在功能上和人群上复合，功能复合加上人群复合是产生新的社区生活的两大要素。同时可以增加原有历史街区的“场所黏度”，使人们能够长时间在此停留。

（2）街区模式。因功能复合模式而实现的 24 小时街区模式。功能按时间均匀分布：区别于经典城市设计理论，不划分功能区，避免交通拥堵与某时段无人区。如黄岛路市场，白天人流量十分大，所以运货十分麻烦，影响正常生活，因此我们可以通过规定时间来解决货车送货问题，使区域在一天大部分时间都有活动发生。

3.3.4 产权模式

（1）基本产权模式：在政府的推动下，开发商低补偿金的方式购买下历史街区的全部产权，居民整体搬迁，离开历史街区。由于补偿金较低，使原本居住在这里的居民很难再迁回本地，大规模的人员更迭将斩断街区的历史情感。

（2）抛弃传统经营模式：由于房屋产权不归属于房屋的使用者，人们不会情愿投入资金去维护和保护房屋，因此产生了恶性循环的“破车效应”，直接导致了生活水平得不到进一步发展与进化。因此，我们应该选择一种合适的经营模式，使人对建筑产生感情，主动地去发展里院建筑，使整个基地能够可持续的有机的发展。例如在政府各种优惠政策的鼓励下，开发商通过产权置换或补偿金等方式置换出愿意搬出历史街区的部分居民，开发商只能获得部分产权，剩下部分的产权依然由不愿搬走的原有居民所有。这样一来，以新城市主义的模式让政府、开发商和居民可以坐在一张桌子前共同探讨街区的下一步规划，既避免了野蛮粗暴的大拆大建，又使民间的声音可以发声。

3.3.5 服务人群

我们需要一个标准，以此来将许多看似矛盾的问题，通过一个宏观的思想来整体把握，应该是在既定于满足已有社会或未来社会人的定位，以及对事物艺术品味、人群的需要等。而且就城市范围而言，我们不可能以所有个体的个人需求为准则，我们能做的要满足“同一层面上”的人的价值需求，这类似于记忆范围的问题，我们不可能满足于所有人的个别记忆，所以我们应该根据“不同层面”的诉求而进行“不同层面”的改造，因此我们应该做的是通过我们满足不同层面人的需求，进行针灸式的对基地改造，实现基地整体品味的提升。

所以我们把服务的人群分成了三个不同的层面：第一层面是将来生活在里院中的所有人，由于他们将和里院发生最为紧密的关系，所以这一层面的诉求将是首要被考虑的；第二层面则为青岛市市民，里院作为青岛历史城市文化的重要代表，承载大部分青岛市民的集体记忆，也寄托着大部分青岛市民的情感诉求，所以里院的改造在第二层面必须要服务于青岛市民；最后，或许通过里院街区的复兴，可以带动以历史文化为内涵的旅游诉求，那么游客将成为历史街区中的第三类人群，对此我们的观点非常坚决，即绝不以旅游为目的来牺牲街区内的任何上述两类人群的基本诉求，绝不为了旅游而复兴街区。

3.3.6 交通模式（慢行交通体系）

最后，所谓的保留原有的生活方式，保留历史街区的场所氛围究竟是保留什么？作为建筑师对历史街区的遗产保护工作能做的只能从建筑领域尽最大努力，保留原有的建筑风貌和建筑的历史价值等等，而针对原住民的保护工作应该与文化保育工作者协同合作。社工组织目前的工作可以概括为从“德育”的角度实施，而建筑师的任务更多的则是从“美育”的角度实施，因此我们认为：

（1）社区复兴与遗产保护密不可分；

（2）人和建筑对于一个文化的传承同样重要的作用；

（3）我们应该通过交流合作使整个街区自下而上的产生慢慢的变化，通过人延续文化，通过建筑承载历史，最终使其活化，实现历史街区复兴。

所以一项完整的历史街区保育和活化复兴的工作，应该是建筑师和文化保育社工一起开展的合作。

第 4 章 方案设计

交通流线设计

走进层层院落，你会发现这里似乎比外街还要热闹，熙熙攘攘的人群，纵横交错的巷子，放慢脚步，享受生活，储存些美好的回忆吧。

节点设计

分析现状，确定现有重要节点，根据重新置入的业态和视线轴判断节点位置是否合理，并进行合理调整。

功能设计

未来人们可以非常便利的生活在这片老街区，各式各样的功能混合却井然有序，整片街区热闹而祥和。外地人来此参观，他们可以真真切切地融入到这片老街区的生活中，充分体验青岛里院文化。

街道设计

通过对基地内的每条道路 *d/h* 的计算和历史资料确定道路的基本空间感受，结合现状判断道路可识别性、连续性是否遭到破坏，后期结合改造后的道路设计以绿化、拆除等措施进行改造，营造各具特色的街区。

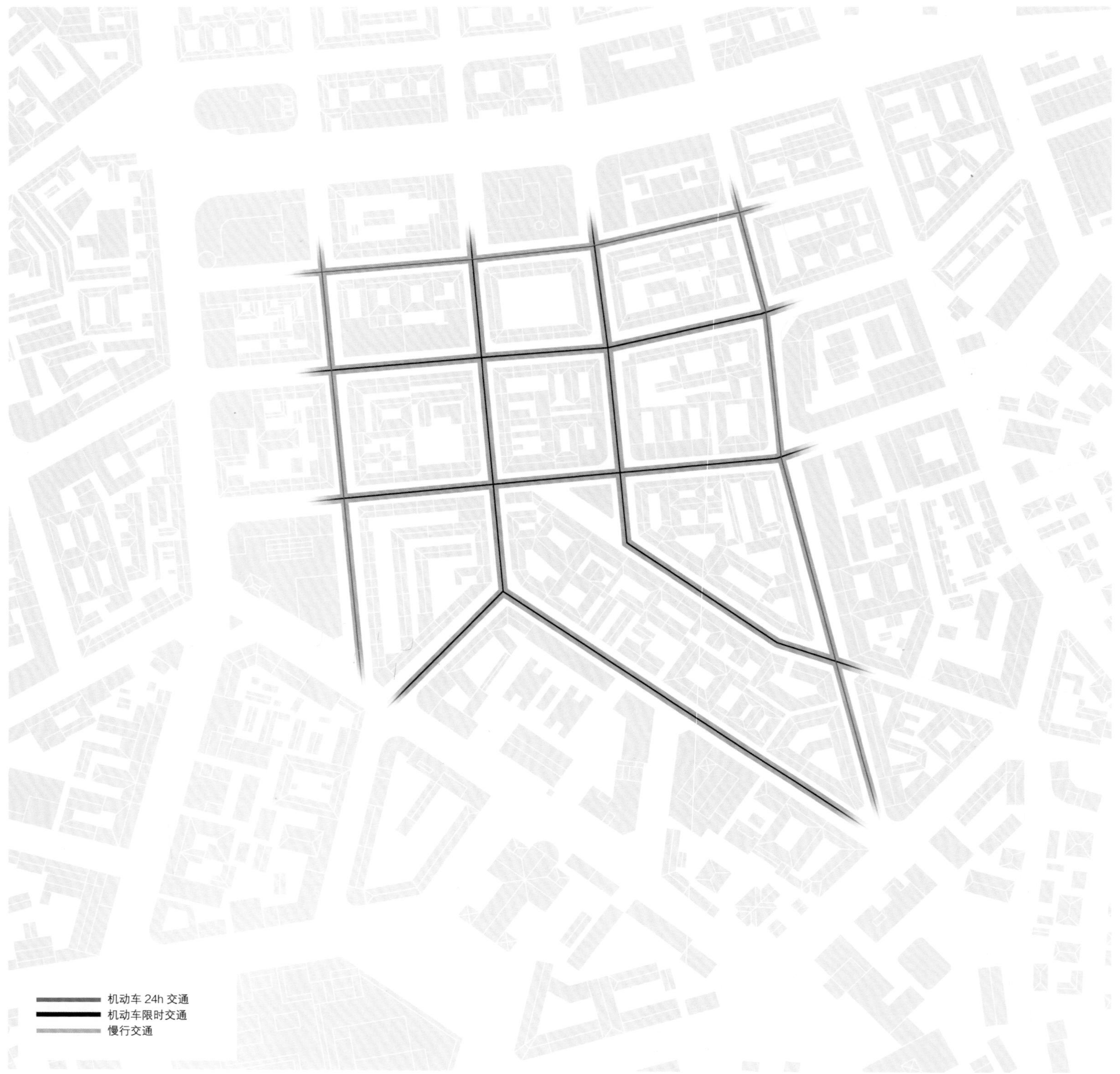

图 4-1　慢行交通体系规划图 孔德硕 绘

4.1. 保护设计

保护设计主要包含道路与交通、公共空间、功能定位和与社工协同合作四个方面进行整体规划设计。

4.1.1 道路与交通

4.1.1.1 慢行交通体系

（1）人车分流，机动车（专指私家车，特殊车辆除外）过基地外围道路通行，基地内部分道路车辆限行。内部道路建立慢行交通体系（自行车、电动车、步行等）和步行街，优化区域步行环境，放慢街区生活节奏，增加街区黏性（图 4-1）。

（2）规定垃圾车行驶时间：凌晨 1:30 ~ 2:00，其他时间禁止垃圾车驶入。

（3）规定货车送货时间：凌晨 3:30 ~ 5:00，其他时间禁止货车送货。

图 4–2　设计后停车位置图 孔德硕 绘

《保护历史城镇与城区宪章（华盛顿宪章）》中第十二条规定：历史城镇和城区内的交通必须加以控制，必须划定停车场，以免损坏其历史建筑物及其环境。

4.1.1.2 停车

（1）基地外围道路（高密路、潍县路、平度路、博山路南段和芝罘路北段）全天 24 小时单 / 双侧停车。

（2）部分道路（海泊路）限时单侧停车（夜晚 23:00 ~次日 8:00）。

（3）利用基地周边大型公共停车场解决停车问题。

（4）拆除基地 A 区南侧两栋高层建筑，考虑在该区域建设地下（或局部地上）停车场的可能性。

（5）适量布置非机动车位（居住区 > 黄岛路市场 > 商业区）（图 4–2）。

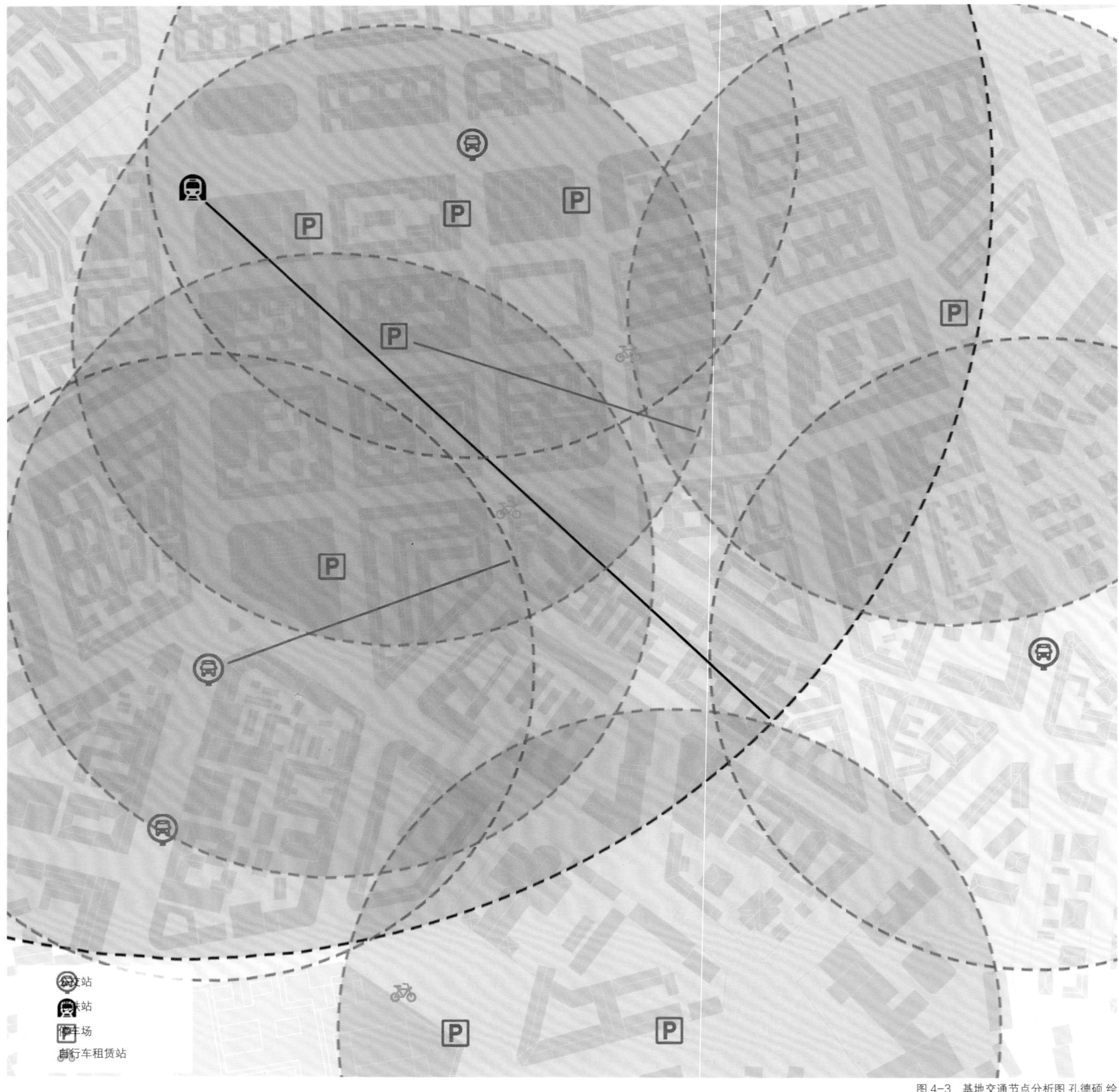

图 4-3　基地交通节点分析图 孔德硕 绘

4.1.1.3 交通节点

基地内的交通节点如图 4-3 所示，圆圈表示自该节点步行两（四）分钟能到达的区域范围。黑色表示地铁站正在建设中，区域内设置了几处自行车租赁站，街区内倡导绿色的交通方式。

图 4-4　主要步行街示意图 孔德硕 绘

4.1.1.4 主要步行街

（1）基地内设置了四条商业步行街，分别是博山路，易州路，四方路和黄岛路（图 4-4）。

（2）博山路与该片区整体规划中的主轴线——中山路商业街平行，并且直接对景南侧的天主教堂，作为基地内的主要商业步行街。

（3）黄岛路长期作为居民自发形成的马路市场一直在被使用，成为了青岛老城区市井生活的重要缩影。

（4）四方路作为西侧中山路大量人流进入基地的必经之路，同时分割了基地南北两侧各以商业和居住为主的两大功能片区。

加建建筑

图 4-5 里院院落空间原貌图（恢复前）孔德硕 绘

图 4-6 黄岛路 32 号院落 2015/09/17 孔德硕 摄

院落空间被杂物占据，拥挤不堪，居民没有公共交流空间。

4.1.2 公共空间

街道的步行空间被侵占及不合理利用使街道成为了通过式道路，不再具备供人们停驻、交流和活动的特性。街道缺乏必要的活动休憩设施使得街区内的居民交流和活动空间较少（图 4-5、图 4-6）。

将提高公共空间利用率作为重拾空间活力的主要措施。

4.1.2.1 街区肌理恢复

拆除里院院落中住户后期私自搭建的建筑，还原原有院落的空间格局和尺度，将院落重新作为公共空间使用（图 4-7、图 4-8）。

图 4-7　黄岛路 32 号院落 2015/10/22 王硕 摄

部分杂物被移除，院落空间恢复，居民开始自发聚集交流起来。

图 4-8　里院院落空间原貌图（恢复后）孔德硕 绘

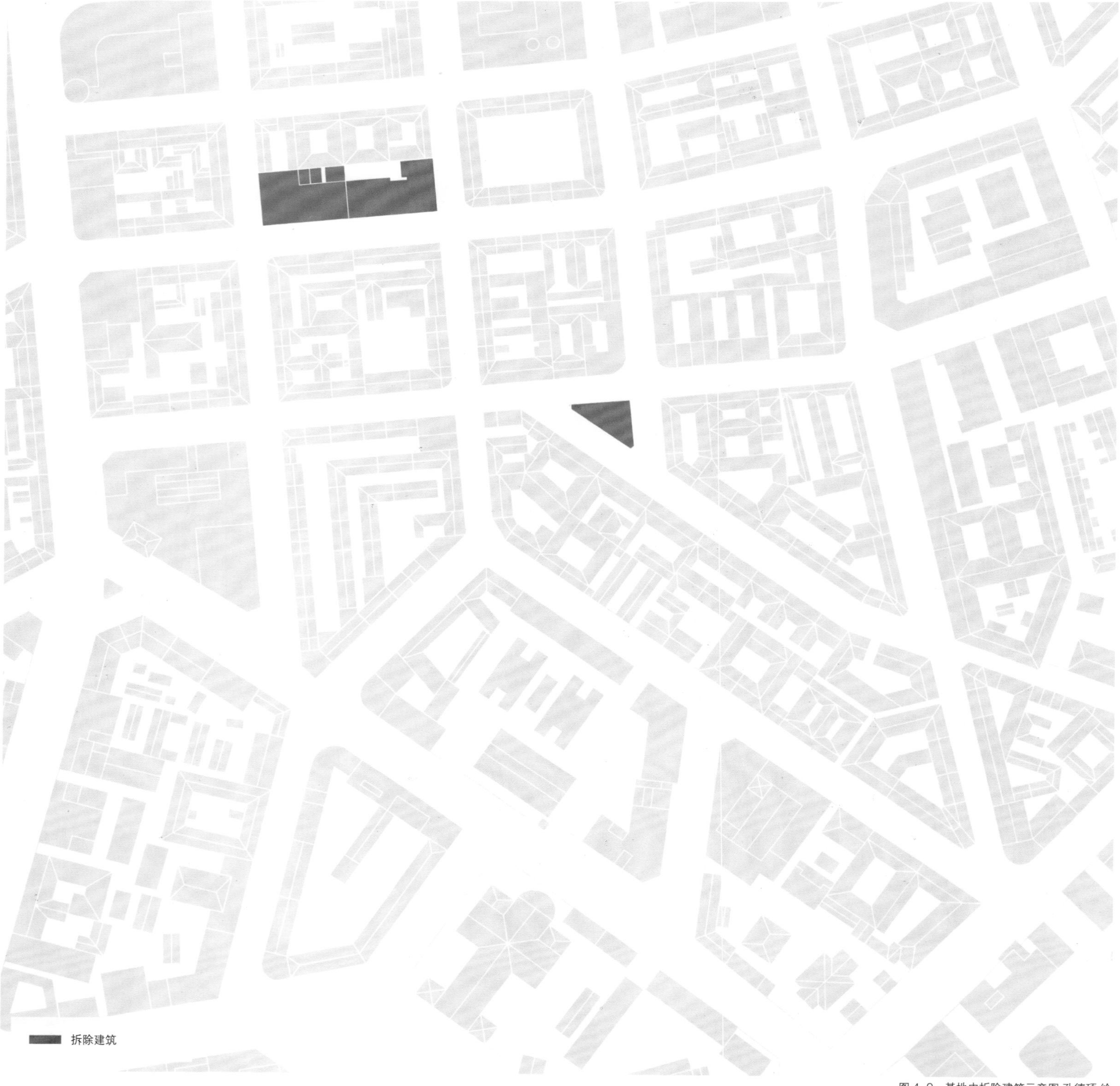

图 4-9　基地中拆除建筑示意图 孔德硕 绘

4.1.2.2 街区形态恢复

传统的“里院”街区建筑密度较大，给人的印象是连续的街区形态，基地中部分后建的高层建筑破坏了原有连续街区的形态（图 4-9）。

（1）拆除 A 区南侧两栋七层建筑，重建建筑，保持街区完整性与协调性。

（2）拆除基地中水龙池子三角地建筑，将该区域作为多功能性广场使用。

场景 1: 夜间限时停车（23:00 ~ 8:00）

场景 2：早餐售卖（9:00）

场景 3：休息餐饮（12:00）

场景 4：夜市小贩（21:00 ~ 23:00）

图 4-10　海泊路功能可变性分析图 孔德硕 绘

4.1.2.3 重现街道活力

实现 24h 街区模式，让街道在不同时间段有不同的使用人群，不同功能业态的街道对应发生不同的人群活动，丰富街道的多样性，使街道在一天中大部分时间都有人群活动发生。

选取周边以居住为主的海泊路和以商业为主的黄岛路进行不同时间段发生活动的场景分析（图 4-10、图 4-11）。

图 4-19　设计后总体里院流线图 孔德硕 绘

4.3.1 交通流线设计

通过打通墙体，连通院落，增设里院出入口，加强地块之间交通联系和街区交通可达性，增加人群在每个里院、每个街区中不同的走动流线，达到增强整个街区“黏度”的目的（图 4-19）。

图 4-20　E 区鸟瞰 孔德硕 摄

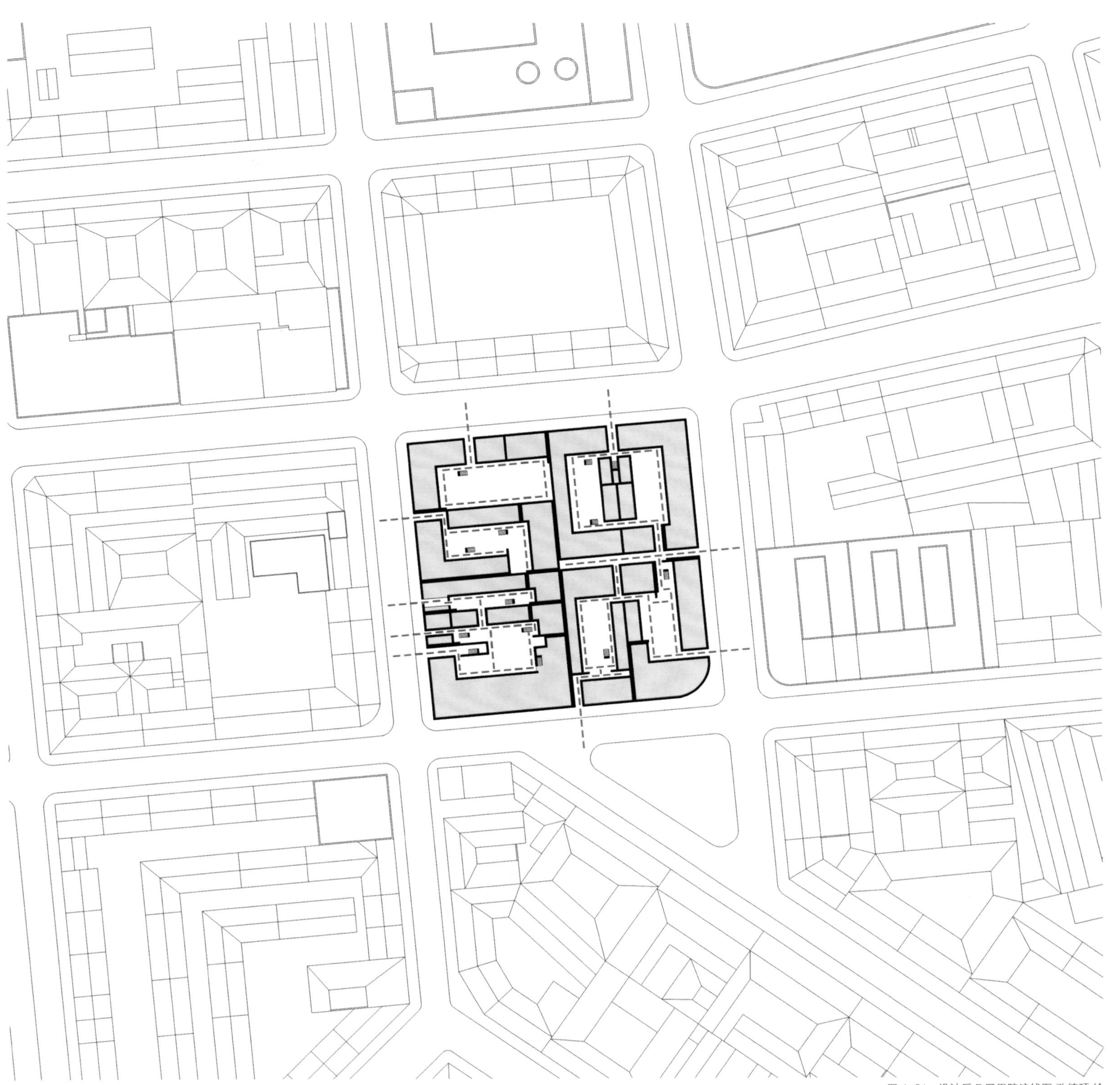

图 4-21　设计后 E 区里院流线图 孔德硕 绘

由于基地中 A 区、B 区、C 区和 D 区里院流线基本不存在改造可能性，以下只对 E 区、F 区、G 区、H 区和 I 区进行流线重新设计。

4.3.1.1 E 区交通流线设计

E 区主要通过拆除部分院落隔墙，打通墙体连通里院及增设里院出入口，加强里院间交通联系（图 4-21 ~图 4-23）。

图 4-22　E 区里院流线改造节点前后对比图 孔德硕 绘

节点 1：拆除并打通墙体，连通相邻里院。
节点 2：打通墙体，增设里院出入口。

节点 1 改造前　节点 1 改造后　节点 2 改造前　节点 2 改造后

节点 3：打通墙体，增设里院出入口。
节点 4：打通墙体，增设里院出入口。

节点 3 改造前　节点 3 改造后　节点 4 改造前　节点 4 改造后

节点 5：打通墙体，增设里院出入口。
节点 6：打通墙体，加强里院内部院落间的交通联系。

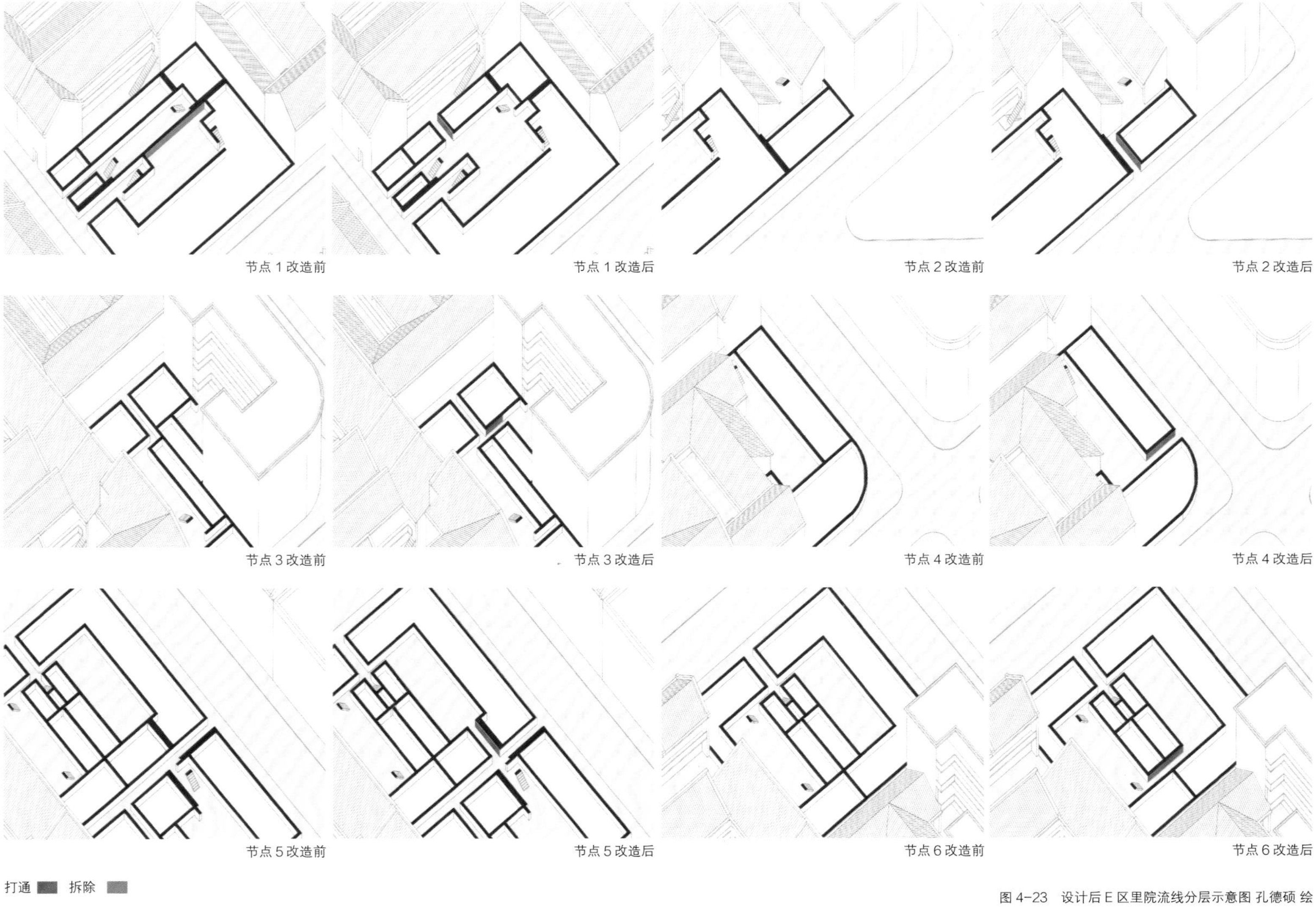

节点 5 改造前　节点 5 改造后　节点 6 改造前　节点 6 改造后

打通　拆除

图 4-23　设计后 E 区里院流线分层示意图 孔德硕 绘

图 4-24　F 区鸟瞰 孔德硕 摄

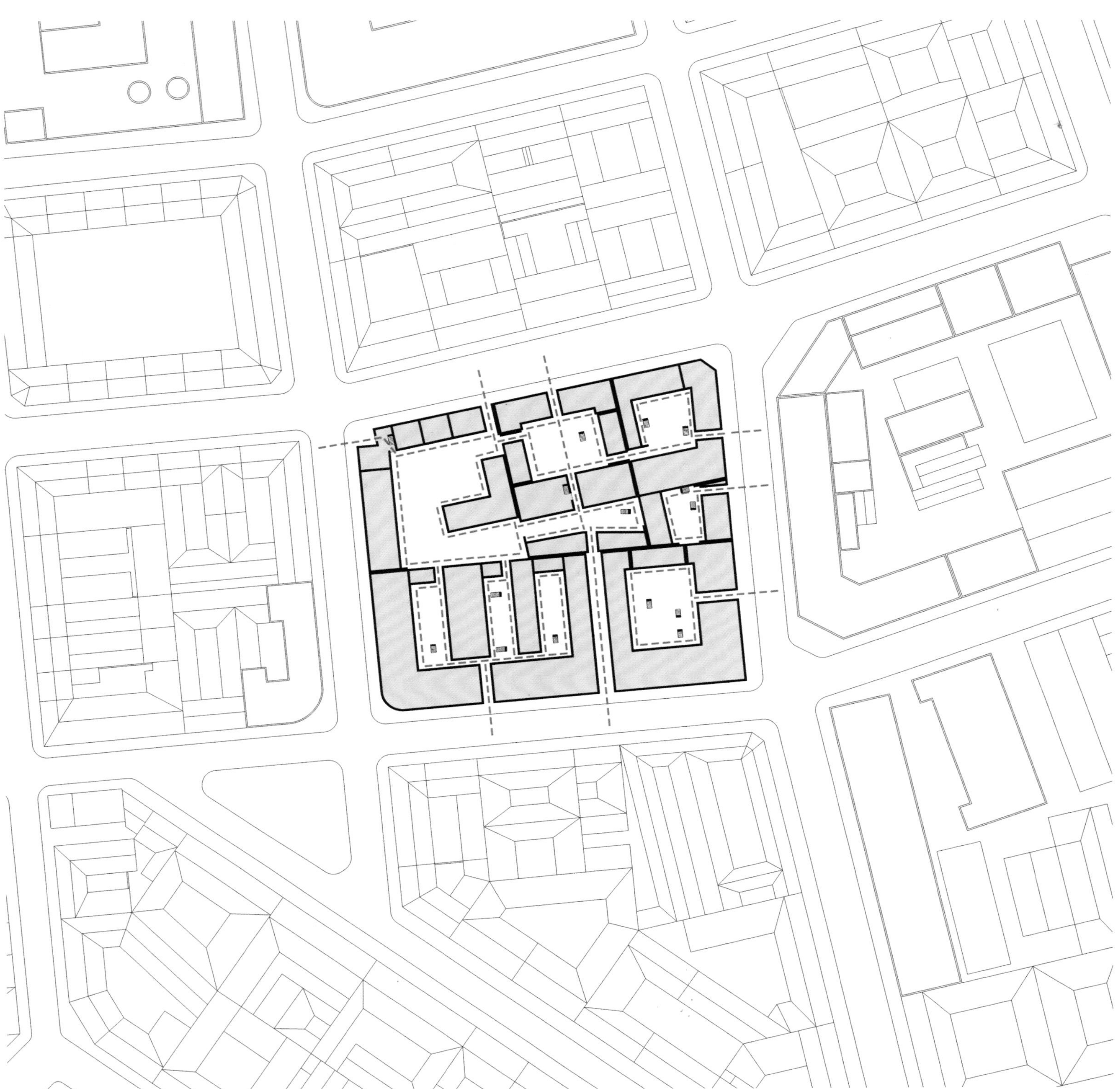

图 4-25　设计后 F 区里院流线图 孔德硕 绘

4.3.1.2 F 区交通流线设计

F 区主要通过打通里院部分墙体连通两个院落，加强里院间交通联系以及对院落公共空间的使用（图 4-25 ~图 4-27）。

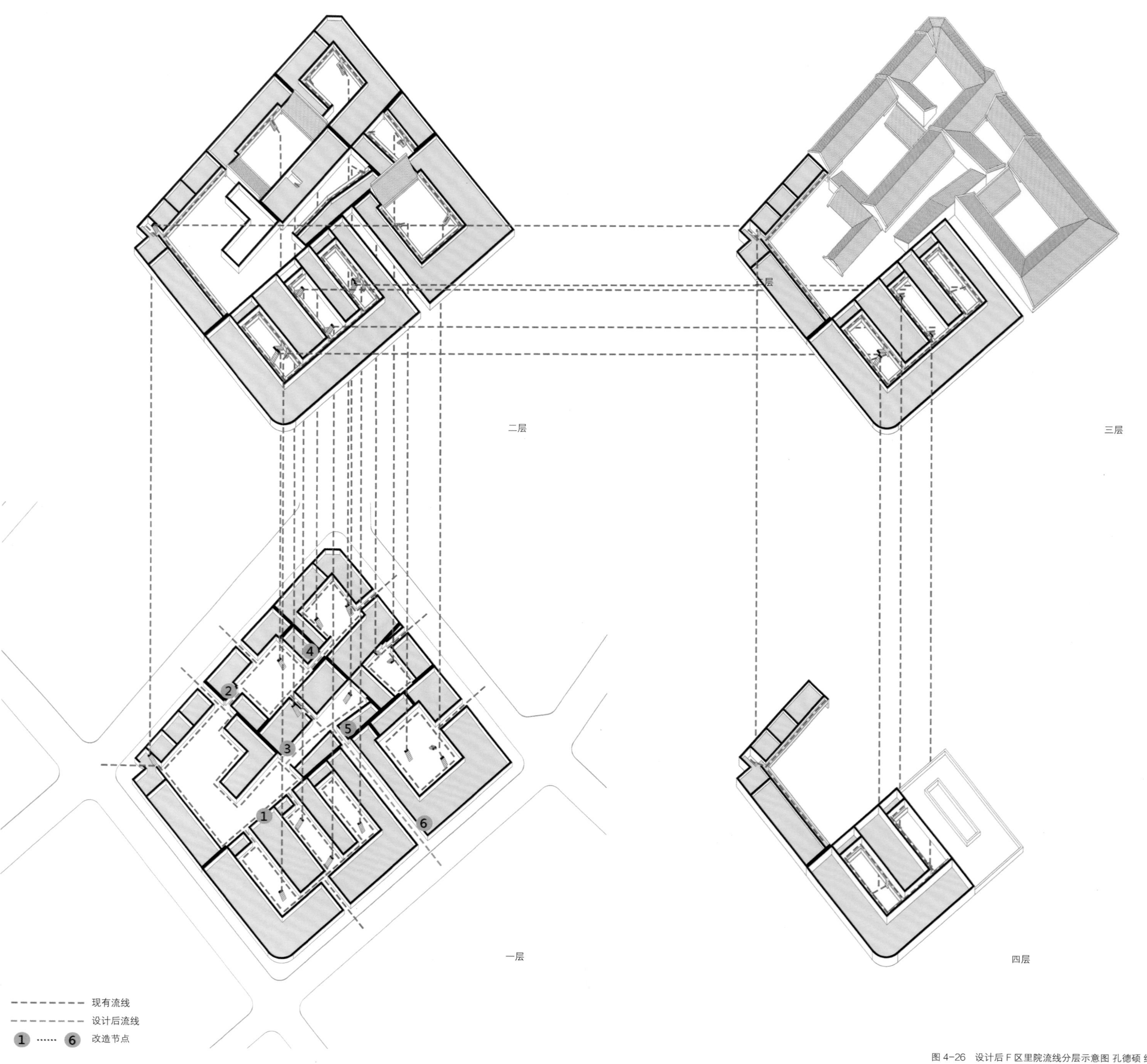

图 4-26　设计后 F 区里院流线分层示意图 孔德硕 绘

节点 1：拆除并打通墙体，连通相邻里院。
节点 2：拆除并打通墙体，连通相邻里院。

节点 1 改造前　节点 1 改造后　节点 2 改造前　节点 2 改造后

节点 3：拆除墙体，连通相邻里院。
节点 4：拆除并打通墙体，连通相邻里院。

节点 3 改造前　节点 3 改造后　节点 4 改造前　节点 4 改造后

节点 5：拆除并打通墙体，连通相邻里院。
节点 6：拆除加建建筑，还原交通空间。

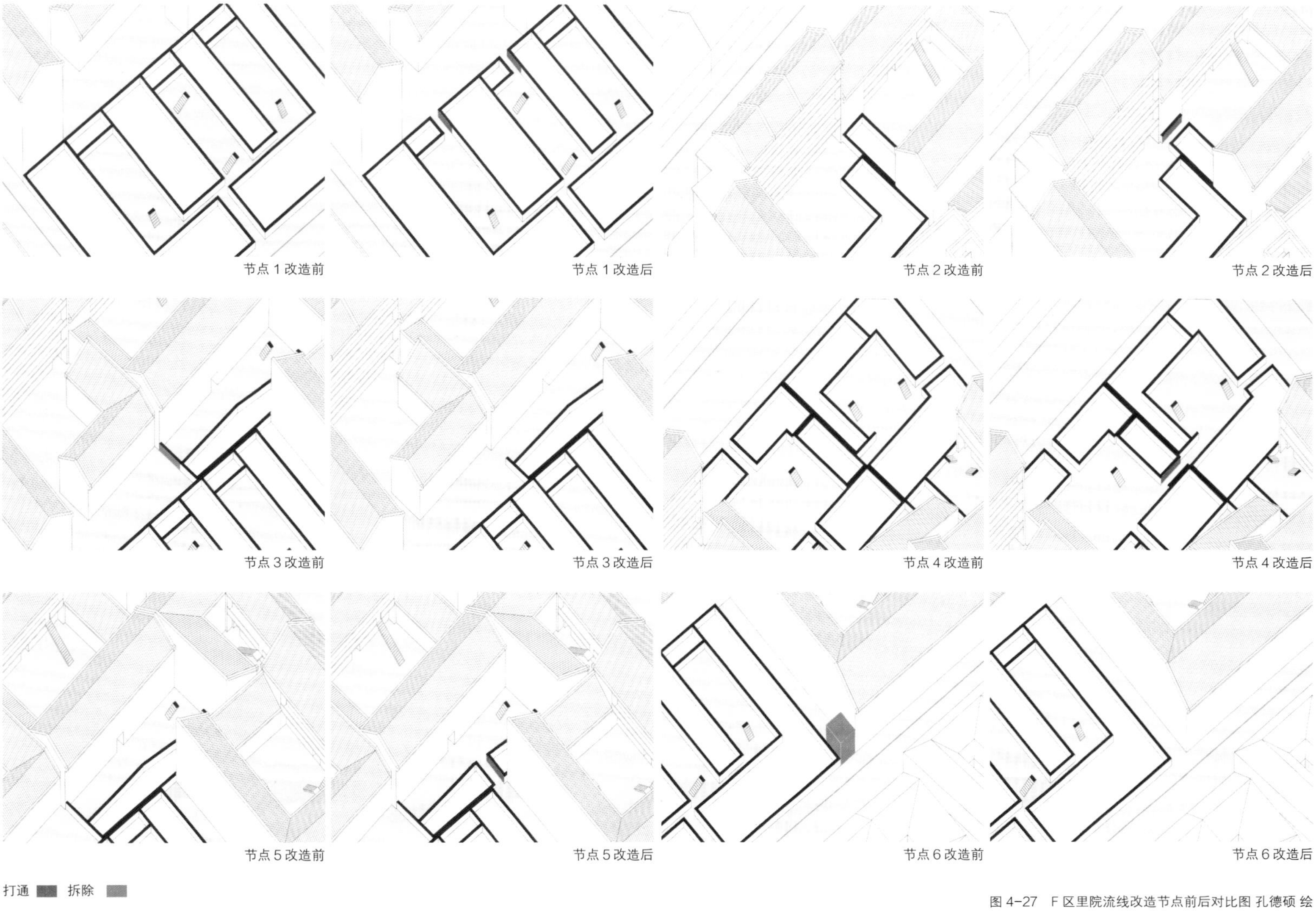

节点 5 改造前　节点 5 改造后　节点 6 改造前　节点 6 改造后

打通　拆除

图 4-27　F 区里院流线改造节点前后对比图 孔德硕 绘

节点 1：打通墙体，连通两侧里院。
节点 2：打通墙体，连通两侧里院。

节点 3：打通墙体，连通两侧里院。
节点 4：拆除部分墙体并打通，连通两侧里院。

节点 5：拆除墙体，连通两侧里院。
节点 6：拆除部分建筑及打通墙体，产生交通联系，增强对院落的使用。

节点 7：拆除墙体，形成 H 区商业内街主入口，吸引人流。
节点 8：减少楼梯数量，让出院落。

节点 9：拆除加建墙体，还原交通空间。
节点 10：打通墙体，增设里院出入口，对外产生交通联系。

节点 11：打通墙体，增强院落内部交通及对中间建筑的使用。
节点 12：添加平台，增强两侧建筑交通联系。

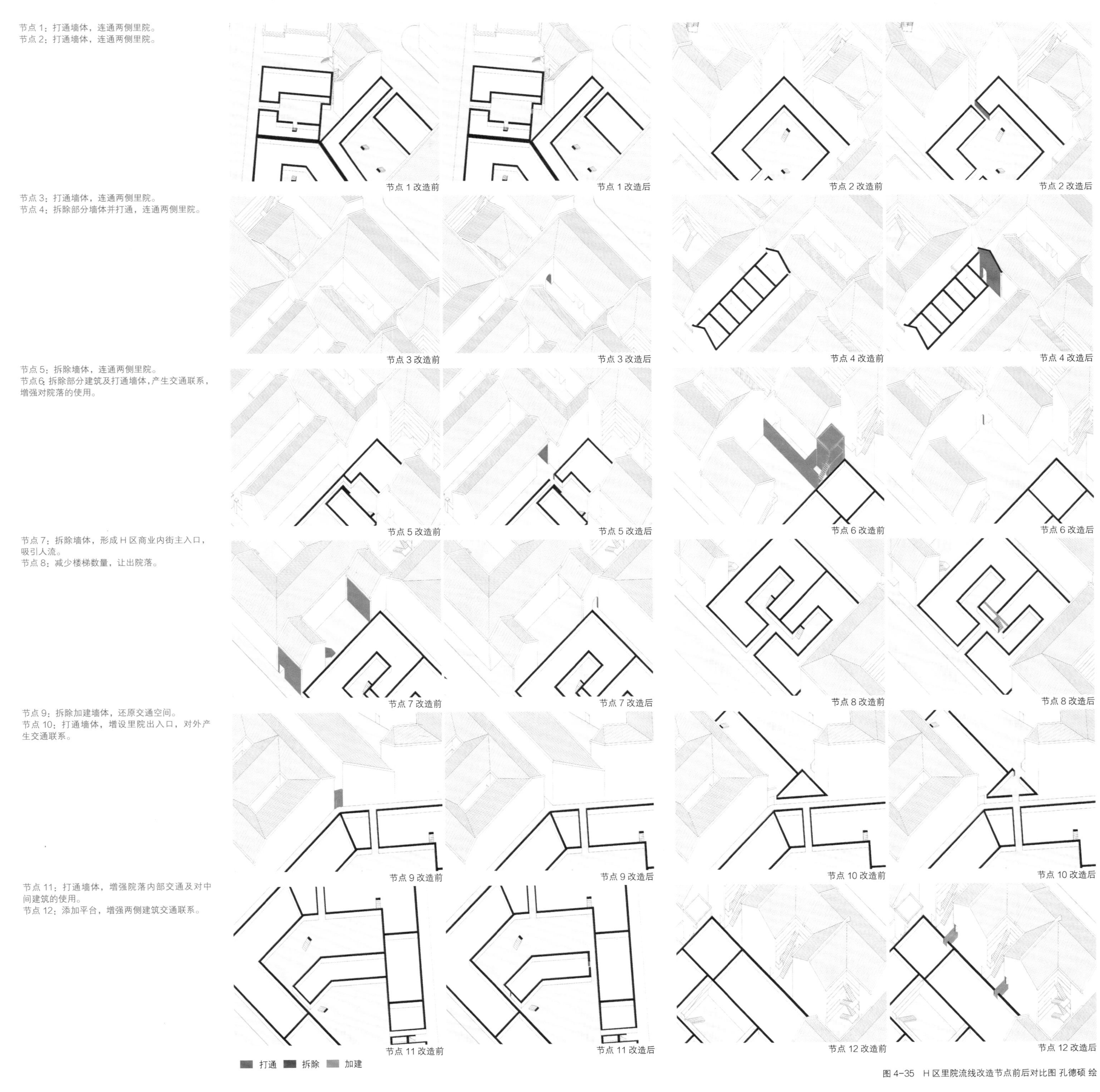

图 4-35　H 区里院流线改造节点前后对比图 孔德硕 绘

图 4-36　I 区鸟瞰 孔德硕 摄

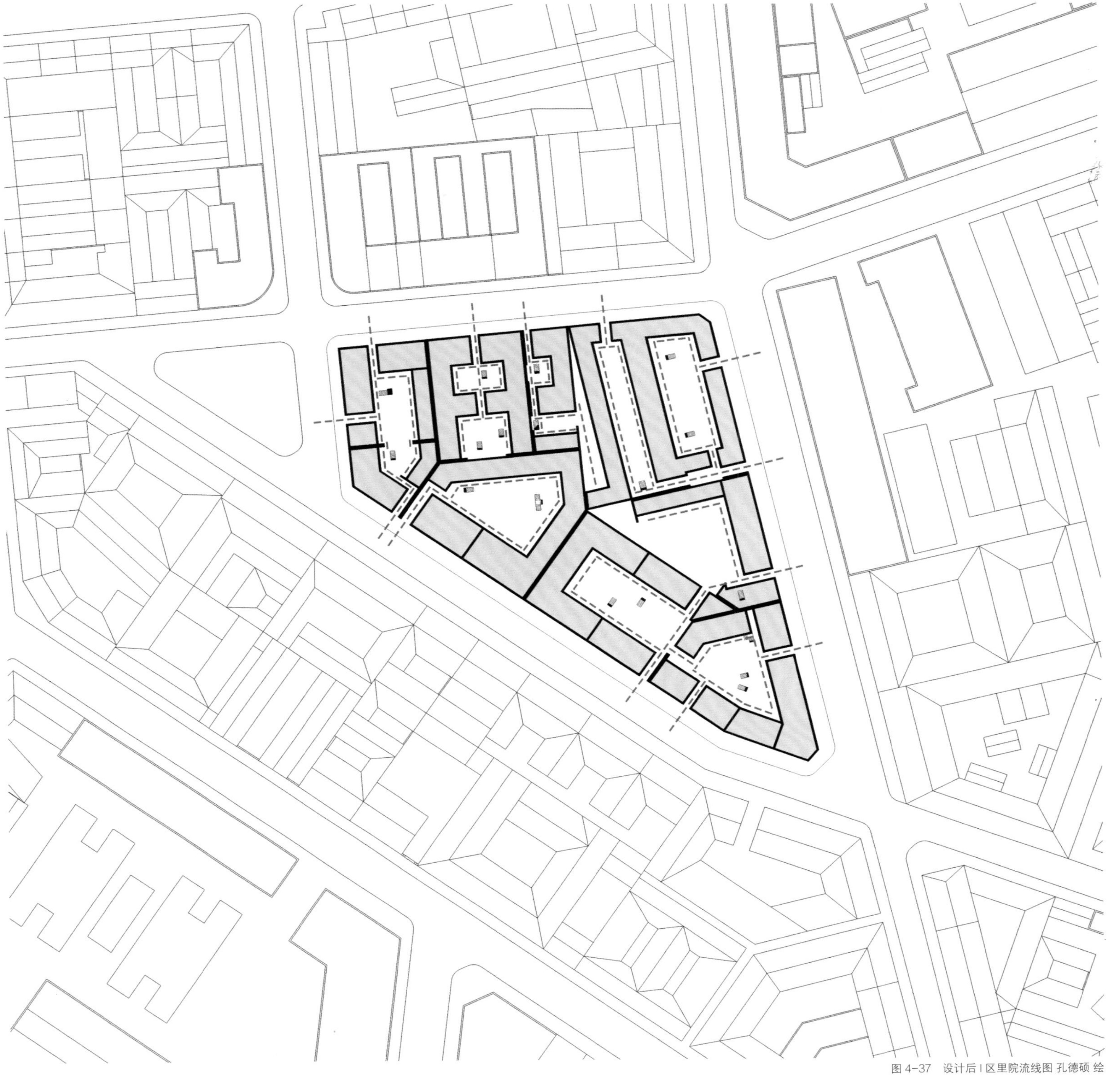

图 4-37　设计后 I 区里院流线图 孔德硕 绘

4.3.1.5 I 区交通流线设计

I 区主要通过拆除院落外隔墙或增添平台连通两个里院院落，加强里院间交通联系以及对院落公共空间的使用（图 4-37 ~ 图 4-39）。

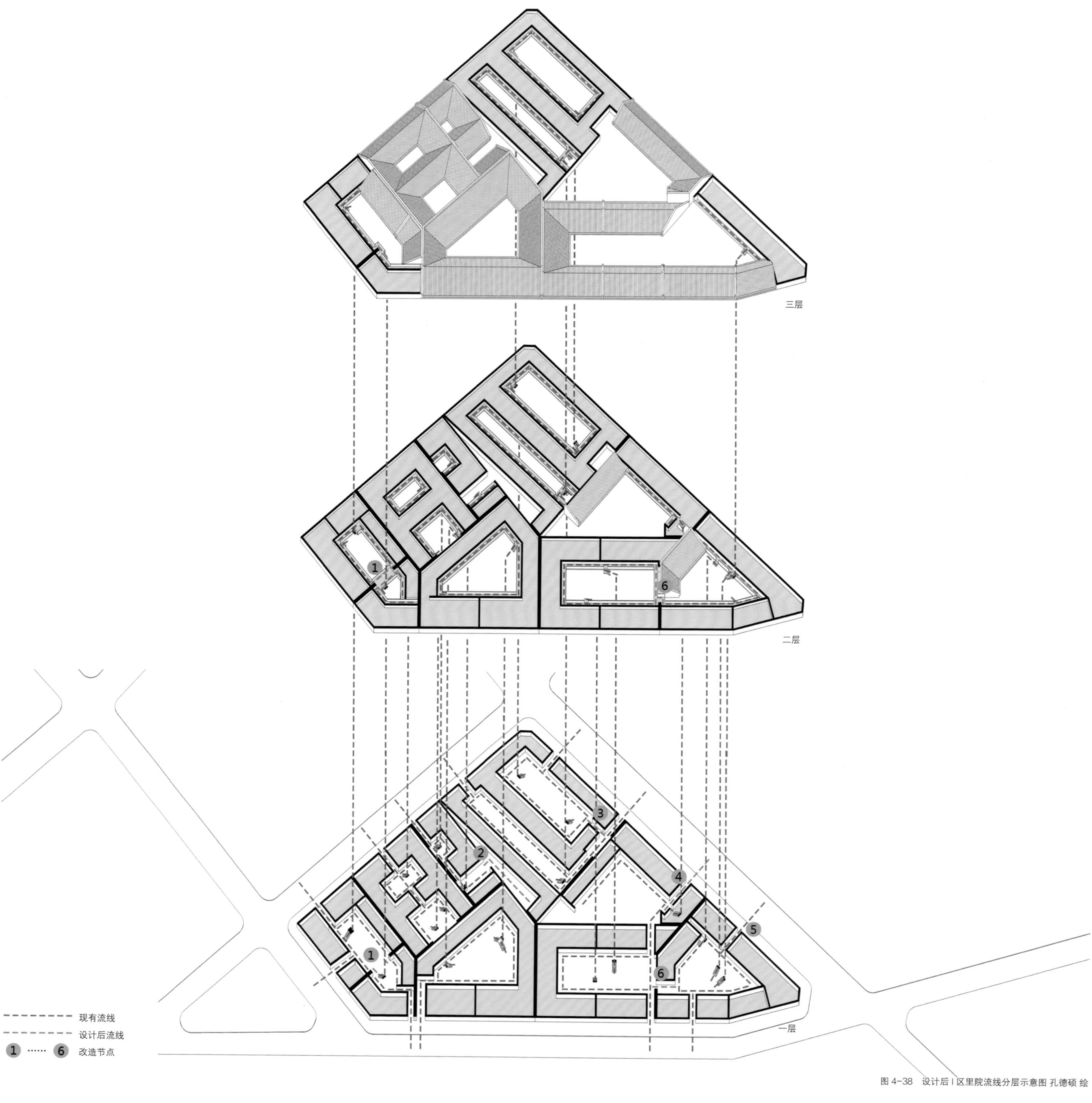

图 4-38　设计后 I 区里院流线分层示意图 孔德硕 绘

节点 1：拆除院落隔墙，修改楼梯形制，添加平台，连通两侧里院。
节点 2：拆除隔墙，连通利用废弃空间。

节点 1 改造前

节点 1 改造后

节点 2 改造前

节点 2 改造后

节点 3：打通墙体，增设里院出入口。
节点 4：打通墙体，增设里院出入口。

节点 3 改造前

节点 3 改造后

节点 4 改造前

节点 4 改造后

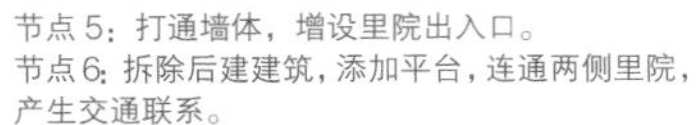

节点 5：打通墙体，增设里院出入口。
节点 6：拆除后建建筑，添加平台，连通两侧里院，产生交通联系。

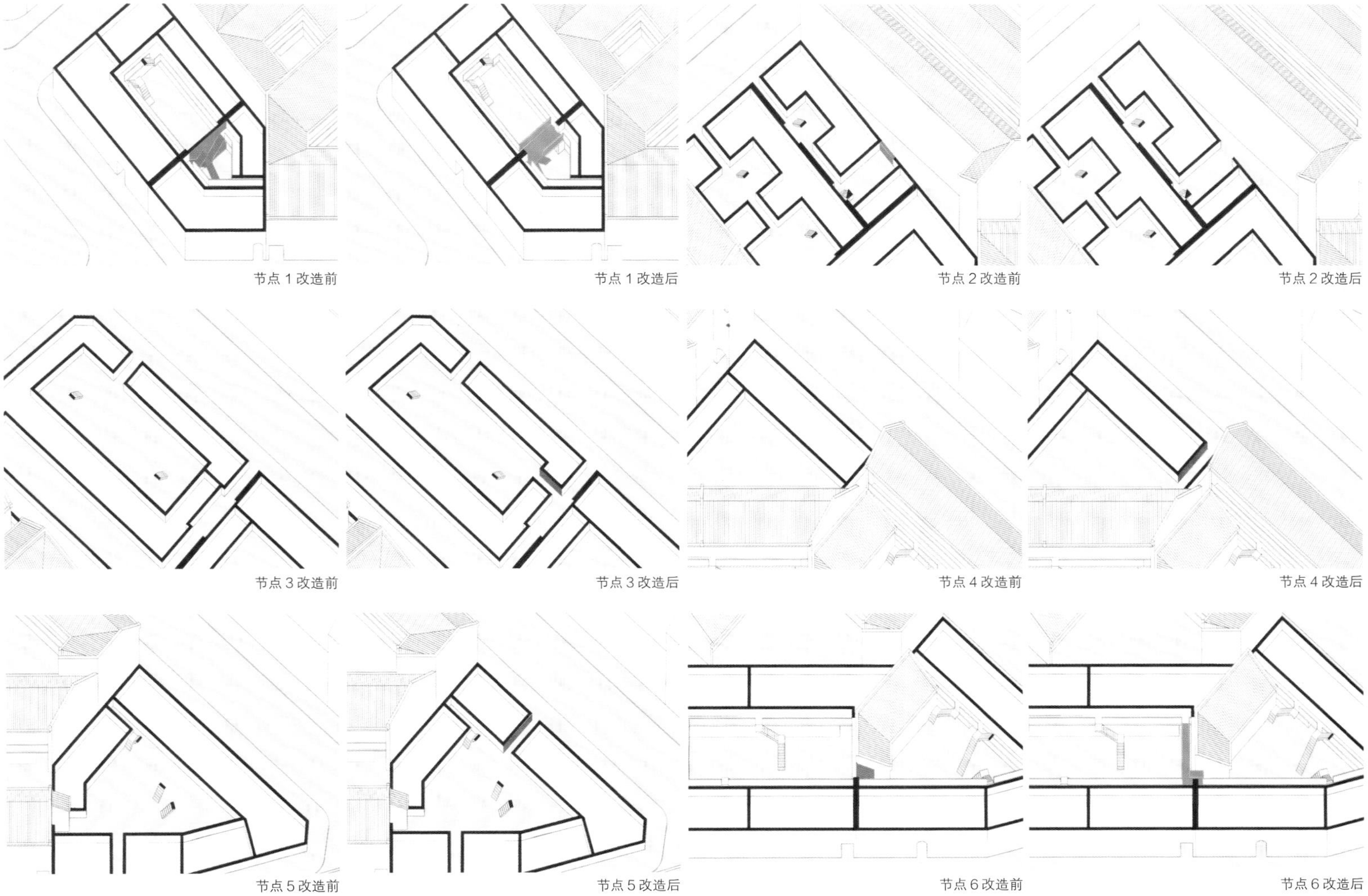

节点 5 改造前

节点 5 改造后

节点 6 改造前

节点 6 改造后

打通　拆除　加建

图 4-39　I 区里院流线改造节点前后对比图 孔德硕 绘

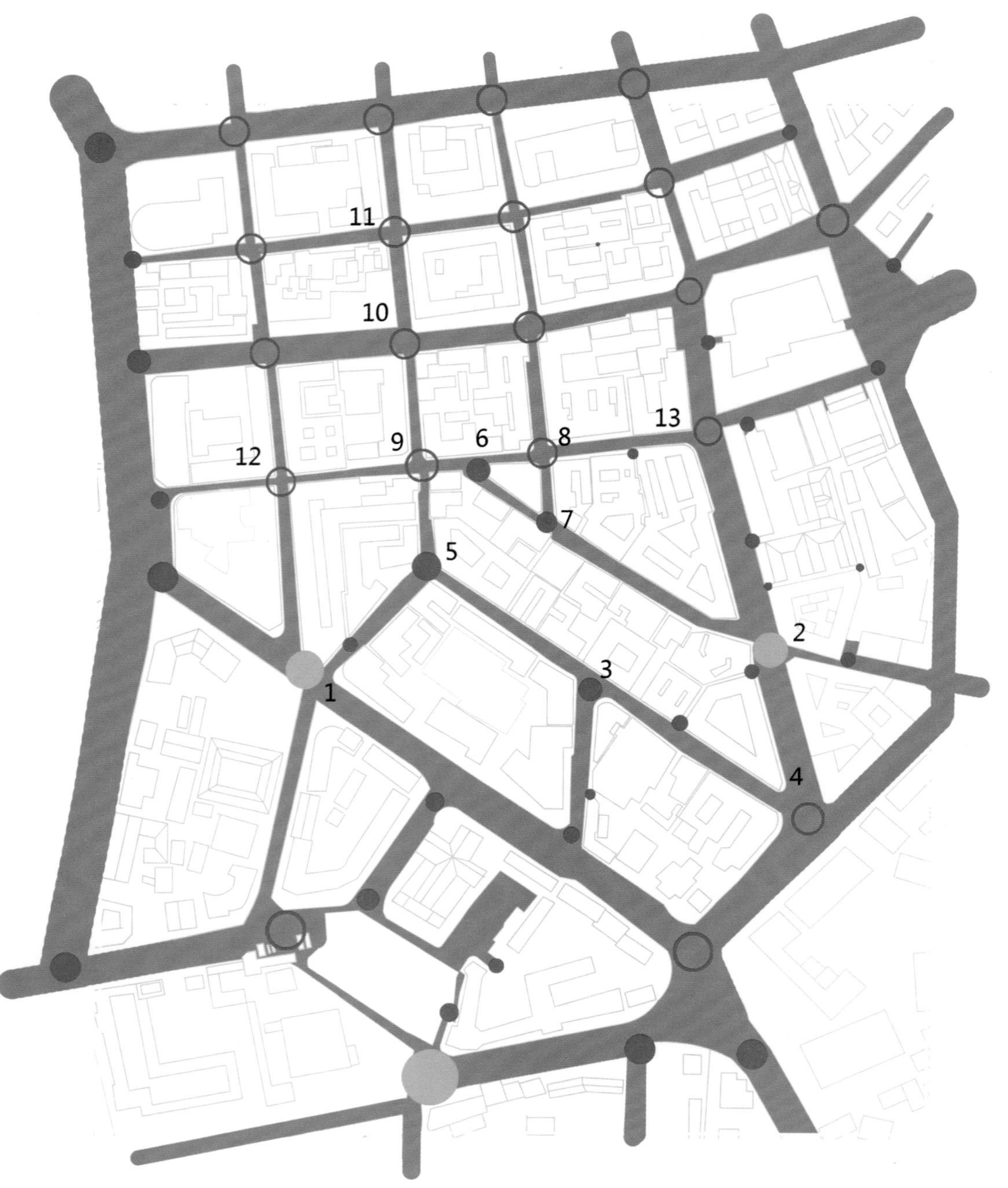

图 4-40　道路节点类型极其分布图 刘婉婷 绘

基地内的道路以方格网状为主，空间格局比较均质统一，道路格局的相似性会导致辨识性较差，应强调重要节点凸显道路特色，明确其方向性和可识别性。根据节点的等级和位置，选择出重要的交通节点。

4.3.2 节点设计

4.3.2.1 交通节点

将基地交通路网的交叉分成十字道路节点、丁字交通节点、放射型交通节点。由于基地的路网以棋盘状的网格路网为主，十字形道路节点是其主要的道路形式，应注意在道路设计中加强十字节点的辨识性。放射型道路节点的等级最高，出现放射状道路节点的位置是空间的重点，应在此布置重要建筑和业态，起到交通核心的作用（图 4-40）。

原有绿化主要以散布在街道两侧的行道树为主，绿化率低于 40%，分布呈点状，无法形成大面积的带状或块状绿化。

规划后的绿化布置主要包括：

1. 街道两侧

（1）四方路原有两侧种植梧桐树或杨树，以绿化作为天然屏障隔绝来自市场和商业区的噪音。

（2）海泊路作为重要轴线，南侧地段绿化率较低，需要规划种植，需要考虑树木的高度对天主教堂视线的影响。

2. 绿化节点

主要分布于一些较大的里院内部（居住型里院为主），如种植藤本类植物（如葡萄、爬墙虎等）和低矮的落叶灌木（如石榴、银杏等），体现当地的生活为目的并且提高当地居民的生活质量。

3. 公共活动空间

三角地块潍县大院东侧的空间做公共空间可以设置一些花坛、草丛等。

图 4-41　绿化轴及节点的布置图 刘婉婷绘

4.3.2.2 绿化节点

绿化节点植物的选择上应考虑与当地气候条件结合，青岛位于北温带季风气候区，常绿树木 115 种（乔木 44 种，灌木 58 种，藤本植物 4 种，竹类 9 种）；落叶树木 330 种（乔木 187 种，灌木 134 种，藤本植物 9 种）。基本树种主要包括 5 种：刺槐（洋槐）、法桐（悬铃木）、黑松、雪松、杨树。骨干树种主要有 15 种，如银杏、国槐、合欢、水杉、樱花、大叶黄杨等。一般树种主要包括女贞、红楠、华山松、侧柏等。[1]

另外，在植物配置上要与街道氛围或里院氛围相结合，在作为视线轴的四方路和博山路两侧的行道树不宜过高，避免遮挡建筑立面和行人的观赏视线。植物除了具有视觉观赏性，还有一定的嗅觉特性，一些植物在花期散发出的香气也会使人产生记忆，从而能大大提高街区的可识别性（图 4-41）。

①来源于百度百科。

1—内向型公共活动空间
2—外向型广场
3—半开放型公共活动空间
4—半开放公共休息空间
5—内向型公共活动空间
6—以餐饮功能为主的休闲活动空间
7—以餐饮功能为主的休闲活动空间
8—内向型公共活动空间

图 4-42　公共空间分布图 刘婉婷 绘

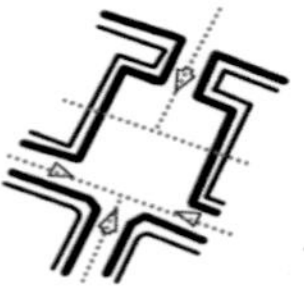

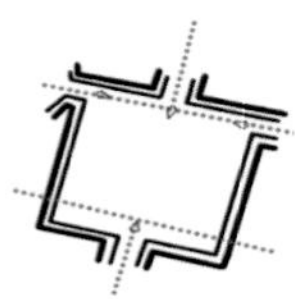

在节点类型的选择上，基地内的广场面向街道的开口应尽量选择丁字形节点，这样的节点更适合视线停留，形成街道对景，十分适合步行空间中街道和广场空间的连接。根据以上原则，综合道路交通和里院建筑价值分析等因素得出将广兴里、潍县大院、水龙池子作为公共空间的重要节点。

广兴里
面积：800m^2 左右；短边尺寸：35m；长宽比：6 ：5，围合度好。
主要功能：
1. 居住社区周围的广场空间。
2. 为居民活动和娱乐提供场所方便居民生活，界面封闭性高，开放程度低。
3. 交通性空间。

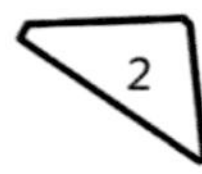

水龙池子
面积：280m^2 左右；短边尺寸：22m；长宽比：1 ：1，围合度差。
主要功能：
1. 整个片区的核心。
2. 街边商业功能提供附属空间。
3. 交通性空间。

潍县大院
面积：300m^2；短边尺寸：10m，不规则形；围合度较好。
主要功能：
1. 室外展览功能。
2. 街边商业功能提供附属空间。
3. 交通性空间。

4

狭长院落
面积：50m^2 左右；短边尺寸：5m，接近矩形；短边面向街道，有较强的纵深感。
主要功能：
1. 自行车的公共存放空间。
2. 交通空间。
3. 转角露天茶座。

4.3.2.3 公共空间节点

基地内的公共空间主要集中在里院和街道两侧的开敞空间，初步设想是将重点特色里院进行改造，如居住为主的里院院落可适当引入商业功能，打造成服务当地居民的公共活动空间；以商业为主的院落空间，可结合引入的业态，充分利用室外院落，展现里院的空间特色，布置一些服务类的休闲桌椅以便休息娱乐（图 4-42）。

特色里院

面积：150m^2左右；短边尺寸：10m；长宽比3 ∶ 2，围合度好。

主要功能：

1. 商业和居住之间的过渡空间。
2. 为居民活动和娱乐提供场所，界面封闭性高，开放程度较高。
3. 交通性空间。

特色里院

面积：200m^2左右；不规则形状，围合度好。

主要功能：

1. 居住社区的公共活动空间。
2. 重点打造的特色里院，可提供餐饮休闲场所。
3. 交通性空间。

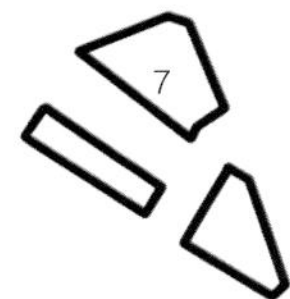

串联院落

面积：400m^2左右；套院，围合度较好。

主要功能：

1. 居住社区周围的公共空间。
2. 部分为居民活动和娱乐提供场所方便居民生活，界面封闭性高，开放程度低。
3. 部分作为餐饮、休闲空间。
4. 交通性空间。

面积：600m^2左右；短边尺寸：20m；长宽比3 ∶ 2；围合度好。

主要功能：

1. 居住社区周围的广场空间。
2. 为居民活动和娱乐提供场所方便居民生活，界面封闭性高，开放程度低。
3. 交通性空间。

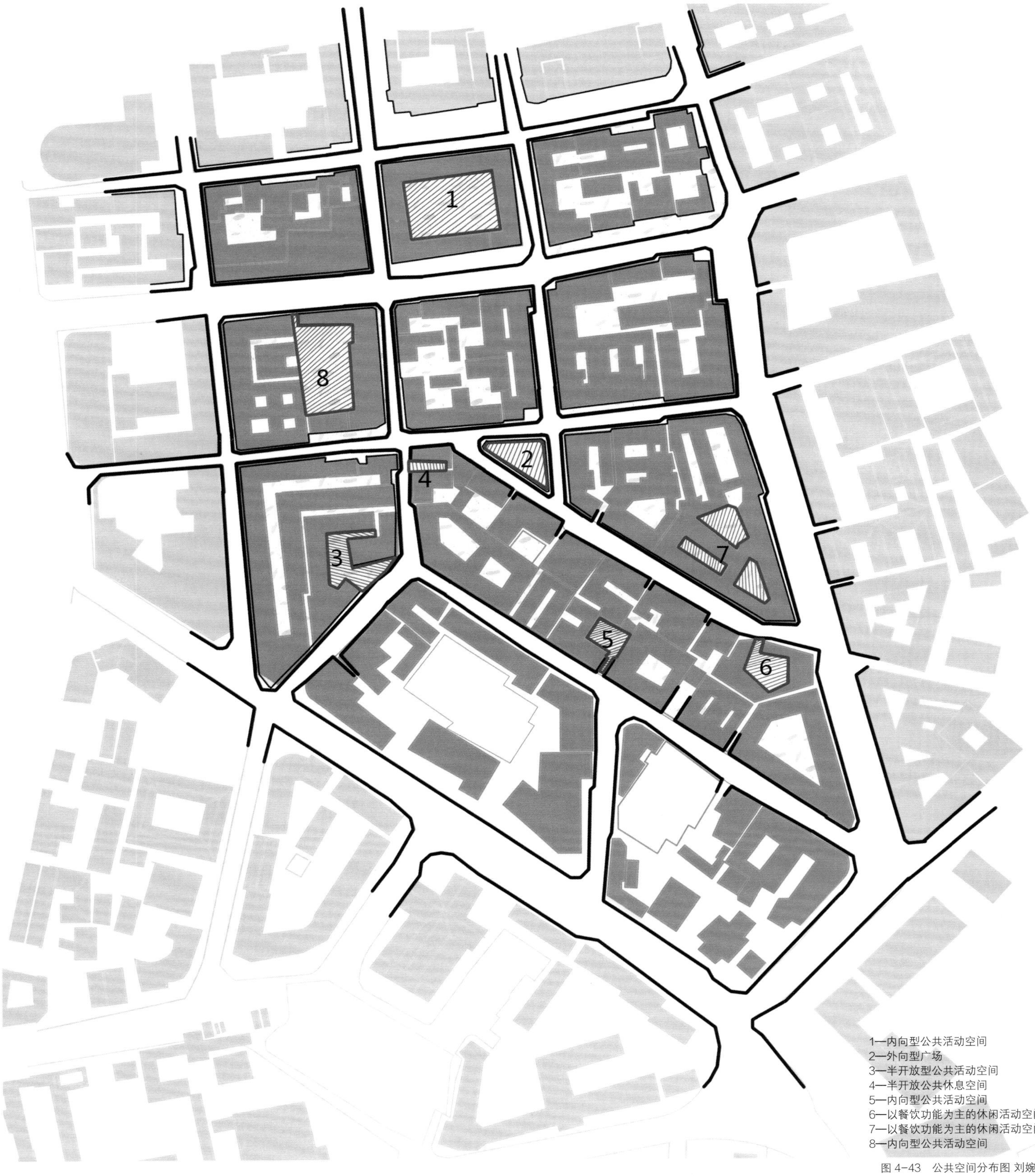

1—内向型公共活动空间
2—外向型广场
3—半开放型公共活动空间
4—半开放公共休息空间
5—内向型公共活动空间
6—以餐饮功能为主的休闲活动空间
7—以餐饮功能为主的休闲活动空间
8—内向型公共活动空间

图 4-43　公共空间分布图 刘婉婷 绘

公共空间节点应充分结合绿化设计，结合公共服务设施设计如公共自行车停放点等，提高空间使用率，不同时间段发生不同的活动，使街区保持 24 小时激活的状态（图 4-43）。

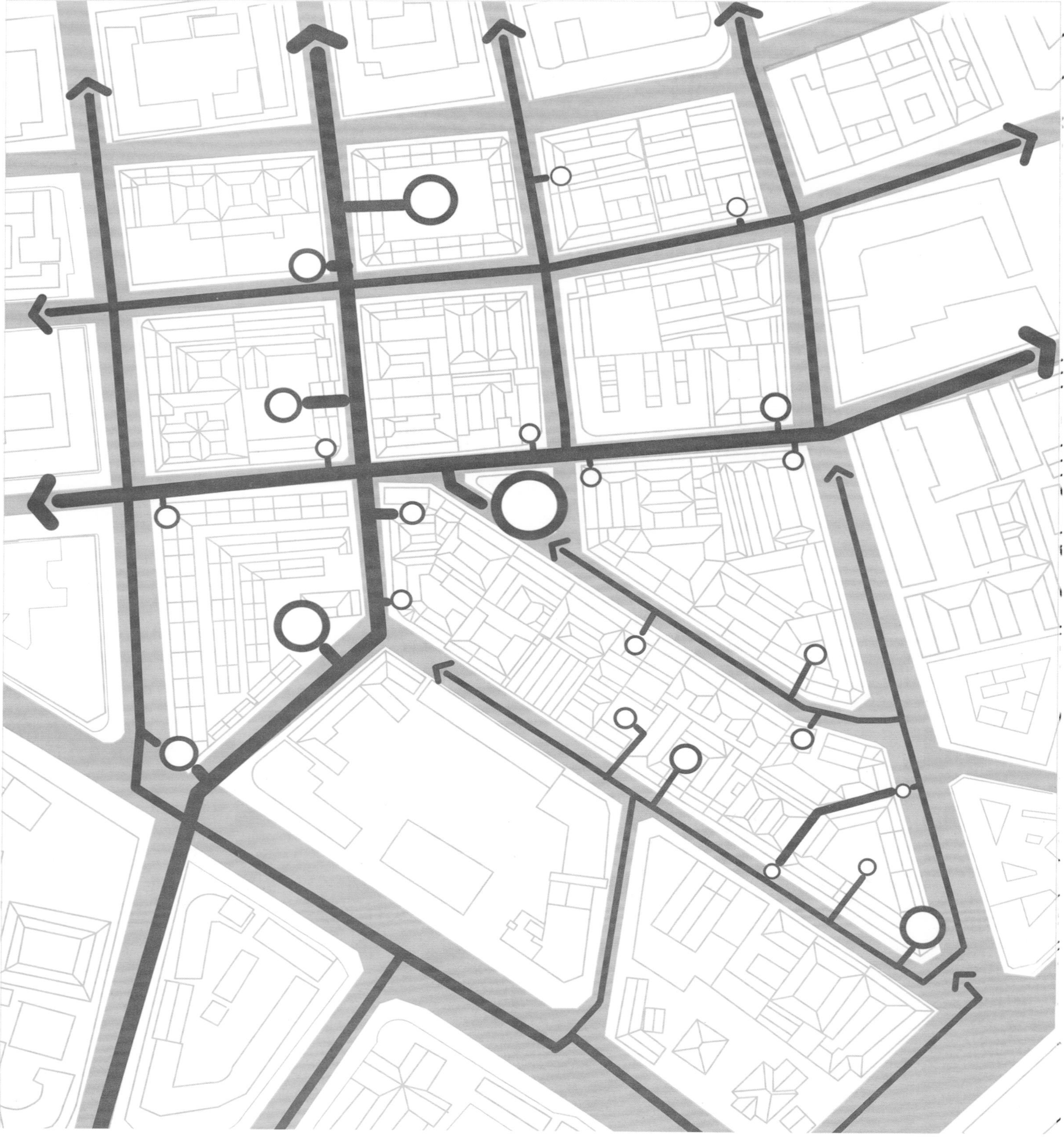

图 4-44　沿重要轴线的节点布置图 刘婉婷 绘

1. 沿主要轴线的节点布置

将博山路和四方路分别定位为基地的南北视线轴和东西视线轴，根据建筑质量价值评估图和交通节点分布图的综合评定，选取重要节点沿轴线布置，以三角形的地块为核心节点，以最具保留价值的建筑、重要的交通节点作为节点，各类型节点将南北、东西两条轴线串联，强化了视线轴（图 4-44）。

通过在显著位置设置出色的建筑物形成方向的突然转变，将会增加视觉的清晰度。一些著名的建筑物或节点可以加强街道的度量性，在一个可识别地区的出入口部位设置显著的标志，能够有效地增强道路的方向感。

图 4-45　公共节点辐射范围图 刘婉婷 绘

2. 重要公共节点的辐射范围

由于步行行为主体人的体能的限制，步行有一个出行距离范围的量化概念。在我国一般为步行三分钟以内比较舒适，步行距离 150 ~ 300 m左右；步行在 15 ~ 30min 为最大距离，范围在 750 ~ 2000 m之间。

基地内节点的布置在最大步行距离范围内分散布置来获得合适的步行距离。一般广场服务于周边半径约 250 m的区域范围内，有很强的步行局限性。布置一些小型休息空间如露天咖啡座等和广场交叉布置可以扩大辐射半径，而且可以增强街道活力。

考虑到天主教堂广场的辐射范围，三角地到天主教堂的距离大约 3min，所以将三角地作为基地内的公共广场恰好合适（图 4-45）。

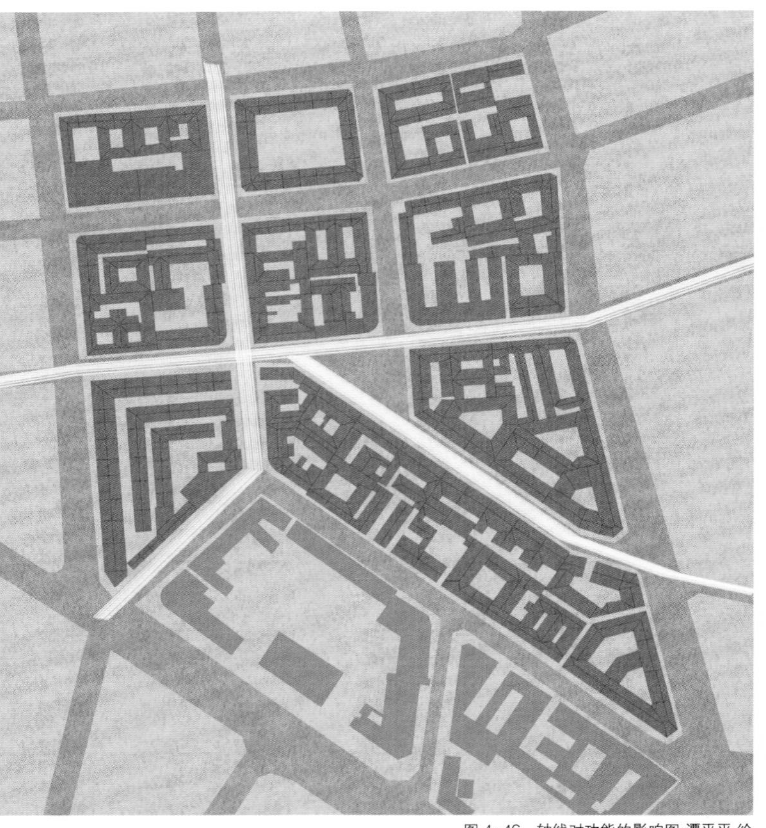
图 4-46　轴线对功能的影响图 谭平平 绘

图 4-48　基地内的道路网格图 谭平平 绘

图 4-47　功能总体分布图 谭平平 绘

4.3.3 功能设计

4.3.3.1 总体思路

图 4-46 所示的是基地的三条轴线分别是：四方路（横）、博山路（竖）和黄岛路（斜），四方路是划分以商业为主区域和以居住为主区域的轴线；博山路是连接南部和北部的轴线，即将以商业为主区域和以居住为主区域串联，加强基地的整体性；

黄岛路是基地里远近闻名的市场，也是游客们享受青岛海鲜的地方，我们的设计思路是将其完整保留，发挥市场的优势改造其缺点，重要的是保留街区原有的氛围，因此市场也是一条重要的轴线，它是游客与居民同乐之地，是观光与生活擦出火花的重要之地，在市场的南侧是以商业为主的功能区域，这片区域与市场相结合共同组成基地的商业高潮部分。

图 4-47 所示的基地的总体规划，我们通过案例收集及现场调研得出如下功能设计原则：各功能区不可泾渭分明，特别是在以商业为主的区域内，商业的丰富性与多层次性会使人们有更好的购物体验，并有更多的机会与里院发生各种关系，使传统的里院空间拥有新的活力。因为南部是人流的主要来源地并且是黄岛路市场的所在地，从南部到北部呈现出商业逐步减弱、居住逐步加强的趋势，在以居住为主的区域采用商住混合的模式，临街一二层设置商铺，但其主要的服务对象是居住人群而非游客。我们的人群置换对象主要是中产阶级及以下阶级，在功能设计上设置了种类丰富的可供选择的类型来达到这一点，比如说在居住类住宅方面就设置了几种满足不同使用者需求的类型：供普通家庭长期定居的主宅、供单身人群和游客居住的短期居住式主宅和供中产阶级使用的整栋里院等。在设计里院功能是主要考虑了以下几点因素：质量评估结果、节点与人流、广场的影响和黄岛路市场的影响，除此之外还考虑了里院之间的相互影响、对街道的呼应和里院内部流线等因素。

沿街布置商业。

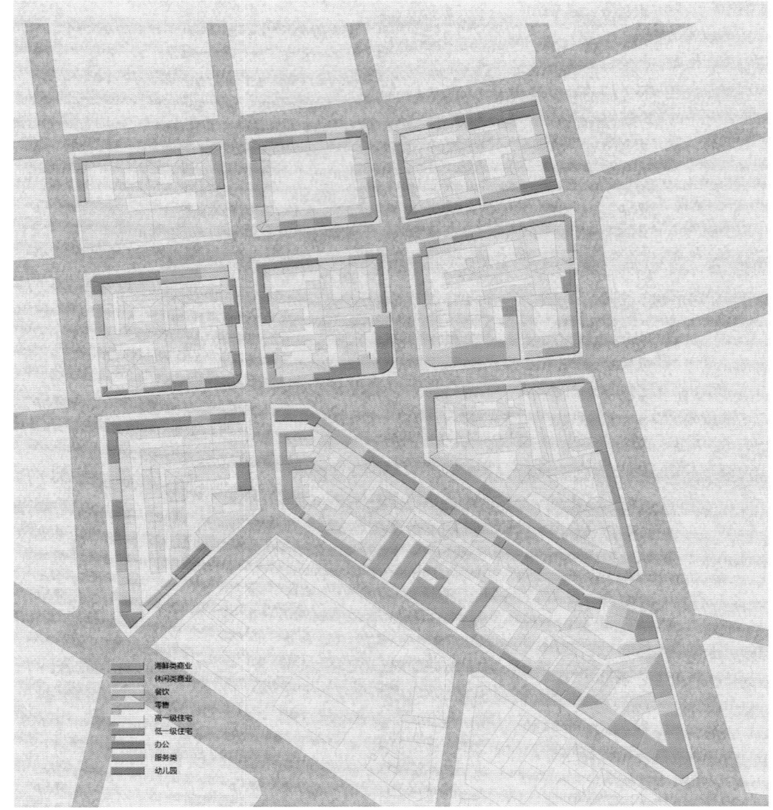

图 4-49　受道路影响的沿街商业图 谭平平 绘

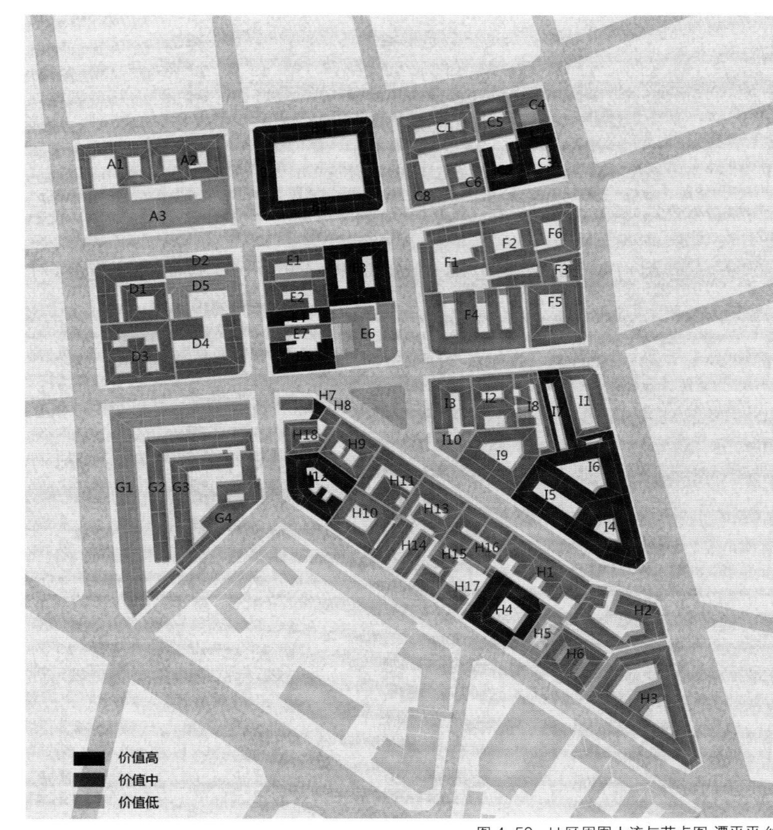

图 4-50　H 区周围人流与节点图 谭平平 绘

价值较高的里院以居住功能为主 。

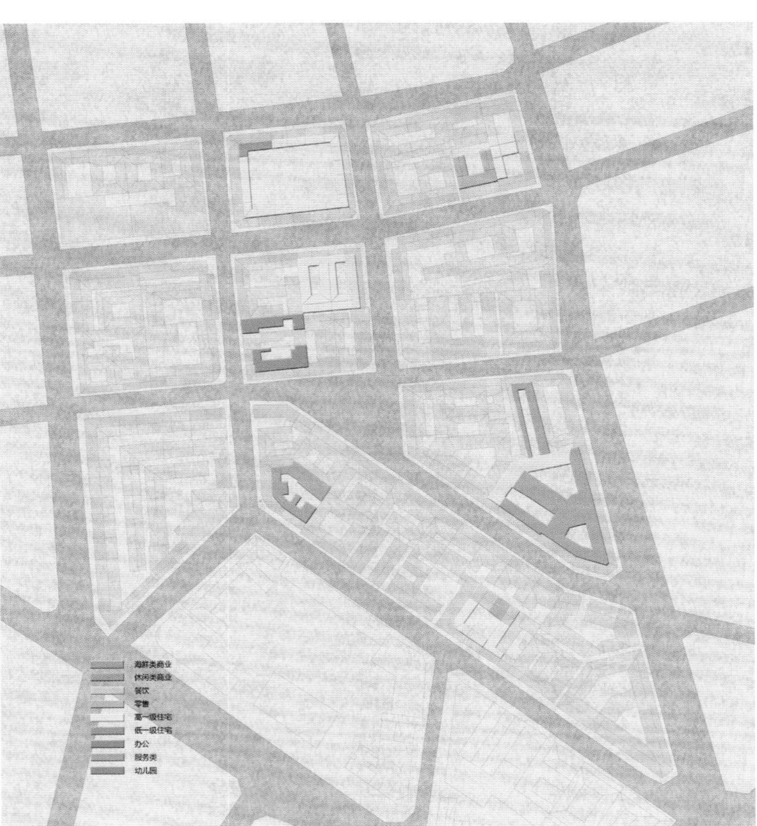

图 4-51　H 区周围人流与节点图 谭平平 绘

4.3.3.2 影响基地功能的因素

首先，由于我们确定的总体功能规划原则之一是在以居住为主的区域采用商住混合的模式，临街一层设置商铺，所以在九条街道的影响下，我们可以大体确定沿街里院的功能，即采用商业模式且形式多种多样，并通过考虑总体业态布局和原有业态分布来确定不同商业类型的分布（图 4-48、图 4-49）。

其次根据我们前期调研的成果 —— 基地内房屋质量评估图，将房屋的质量也定为考量建筑功能的因素并确定了质量较高的里院的功能，以居住为主并设置多种居住类型。

图 4-70　博山路东侧（二）刘婉婷 绘

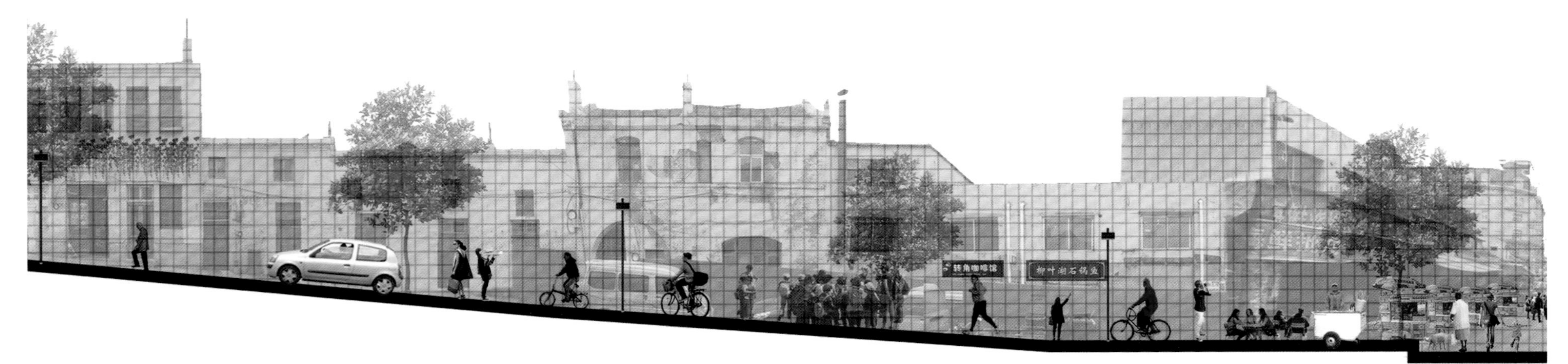

图 4-71　博山路西侧（一）刘婉婷 绘

（a）

（b）

图 4-72 博山路西侧（二）刘婉婷 绘

(a)

(b)

图 4-73　黄岛路Ⅰ区 刘婉婷 绘

(a)

(b)

图 4-74　黄岛路 H 区 刘婉婷 绘

（a）

（b）

图 4-75　四方路北侧（一）刘婉婷 绘

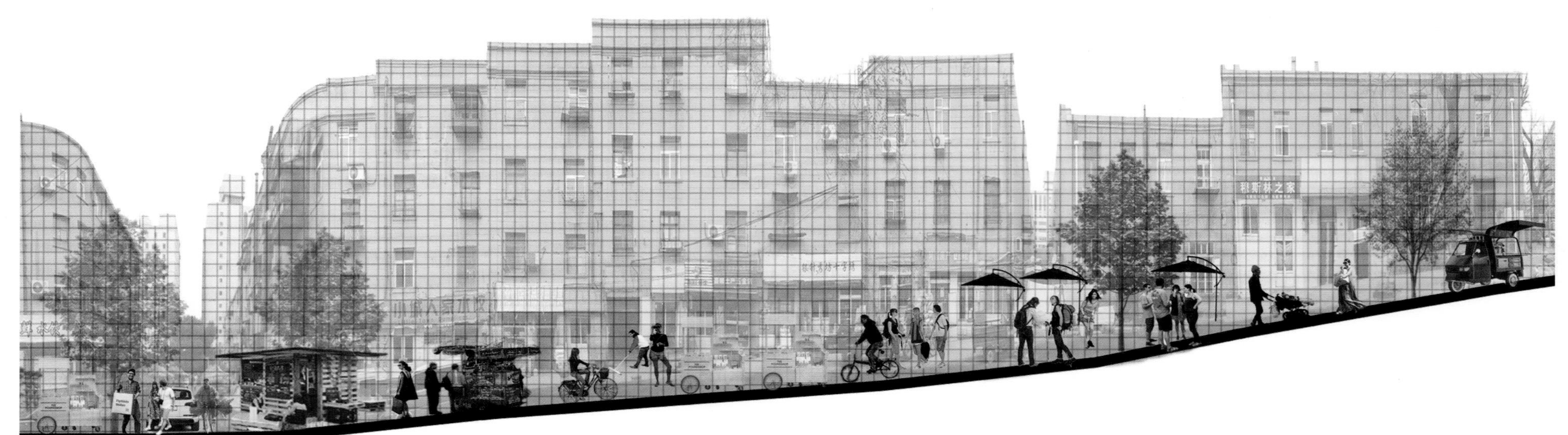

图 4-76　四方路北侧（二）刘婉婷 绘

图 4-77　易州路西段 刘婉婷 绘

图 4-78　易州路东段 刘婉婷 绘

景观设计

这里有树，但不茂盛；这里有花，但不妖娆；这里有广场，但不是中心……这里的树从不被荒废，树下总会坐着老人，这里的花朵从不盛放，依次开放才是放松时的自然，这里的广场和街道上的人，零零散散三五成群，或端坐或交谈或晒晒太阳，没有哪个角落是荒废的。

院落设计

一个小院就像一个姑娘，每个都有她独特的气质，我们能做的只是给她洗洗脸蛋，整整衣衫，当人们慢慢靠近她的时候自有独特的感悟。愿她能经得住生活的考验，永远漂亮。

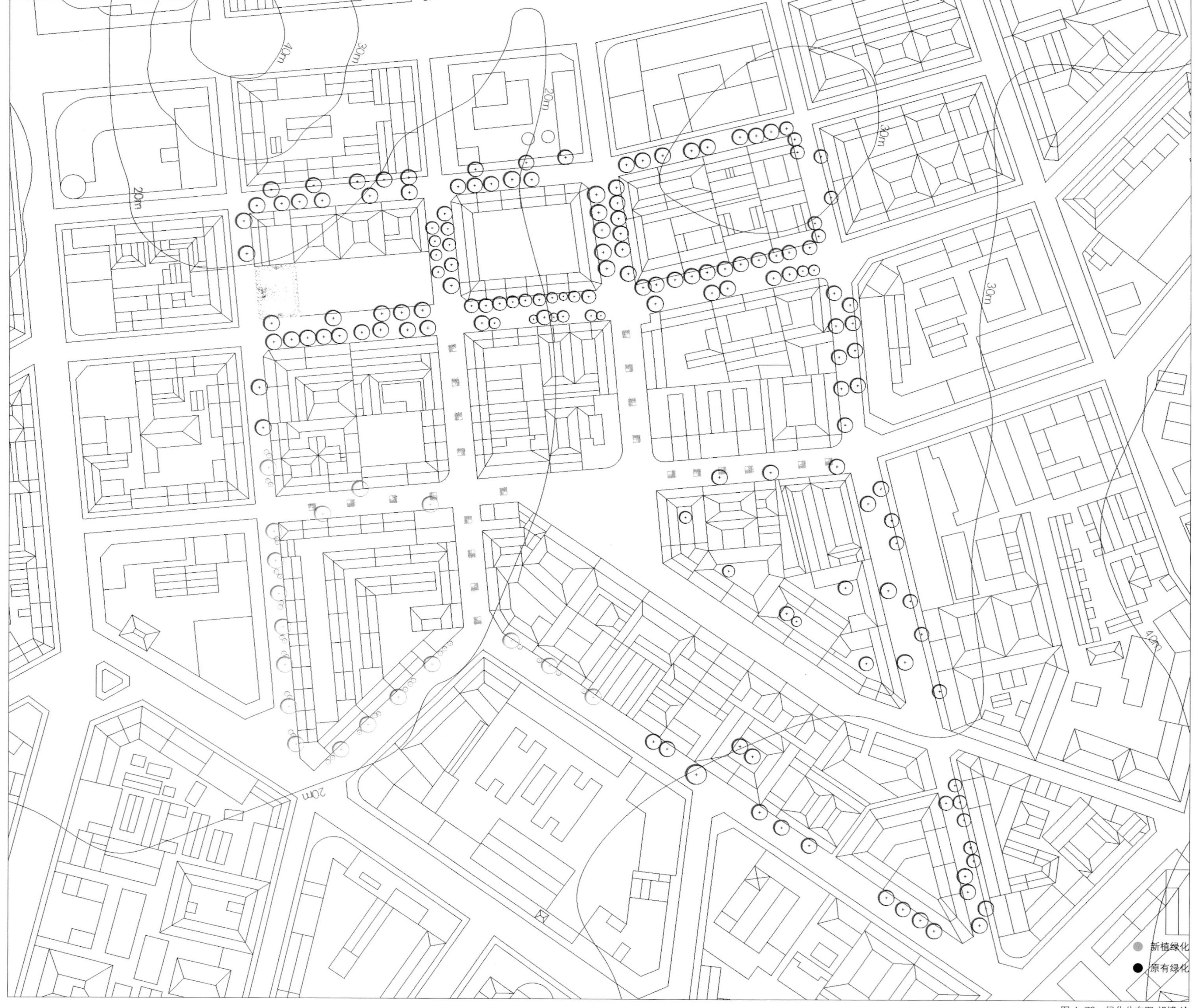

图 4-79　绿化分布图 胡博 绘

4.3.5 景观设计

4.3.5.1 现有问题

（1）基地内绿化分布不均匀，而且呈现出南少北多的分布。

（2）绿化种类单一，植物搭配不丰富，植物搭配过于单调。大多数都是以单一的植株存在（图 4-79）。

（3）街道由车行道变为人行道路之后现有街道植物不能辅助街道氛围营造。

4.3.5.2 措施

（1）保留原有植物绿化，对其进行重新的修整养护，并选择合适树种在基地南部进行种植。

（2）植入新植株，以点缀式的植入绿植使基地内绿化分布均匀。

（3）使用装置式的灌木主题的植物组合来配合人行系统街道氛围营造。

法桐（悬铃木）：19 世纪末引进的落叶乔木，基地内原有乔木主要也是悬铃木，新植乔木也是继续沿用此树种。

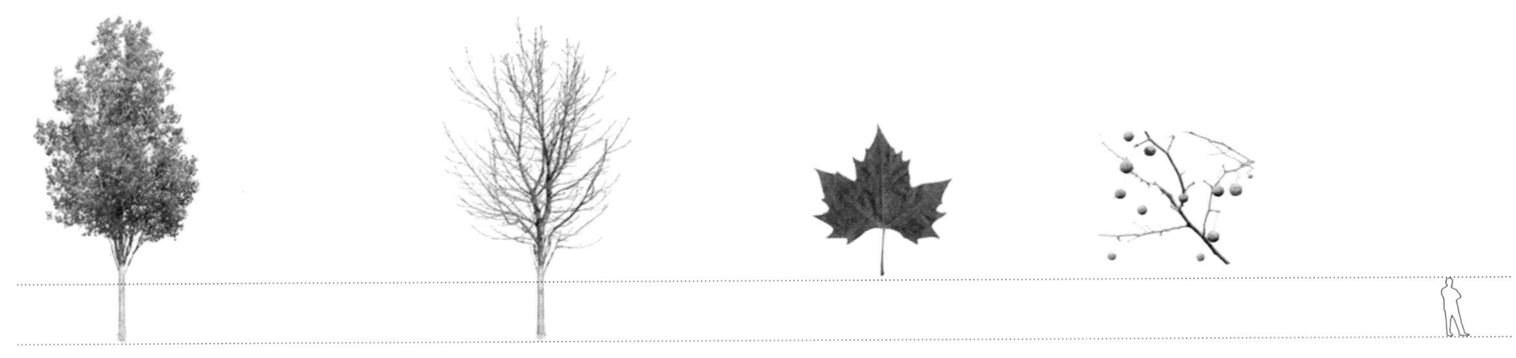

樱花：20 世纪初在青岛旭公园（今中山公园）引种栽培，适宜青岛当地气候。

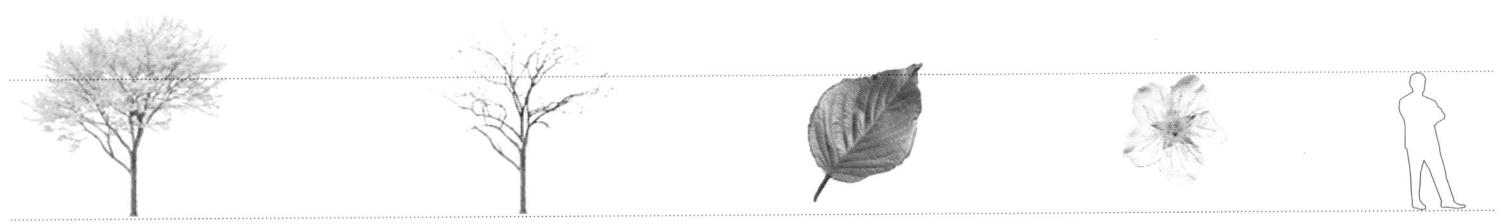

无花果：原产欧洲地中海沿岸和小亚西亚。在基地里院内原有多处种植无花果。

图 4-80　法桐・樱花・无花果 胡博 绘

图 4-81　火棘・大叶黄杨・箬竹・丰花月季・麦冬・百慕大草 胡博 绘

4.3.5.3 树种选择

树种选择时以延续原有树种和选择适合青岛当地种植的树种为原则（图 4-80、图 4-81）。

乔木：法桐；

灌木：樱花、无花果、大叶黄杨；

竹类：箬竹。

地被植物：火棘、丰花月季；

草本植物：麦冬、百慕大草；

4.3.5.4 灌木装置

灌木装置主要是放置在部分道路中间，主要是解决因道路由原有车行系统转变为人行系统道路时带来的道路尺度过大、沿街绿化不足等问题。

灌木装置共有两种类型分别是以樱花为主搭配大叶黄杨、丰花月季、火棘、百慕大草的开花型装置，还有以箬竹为主搭配大叶黄杨、麦冬、百慕大草的绿叶型装置（图 4-82、图 4-83）。

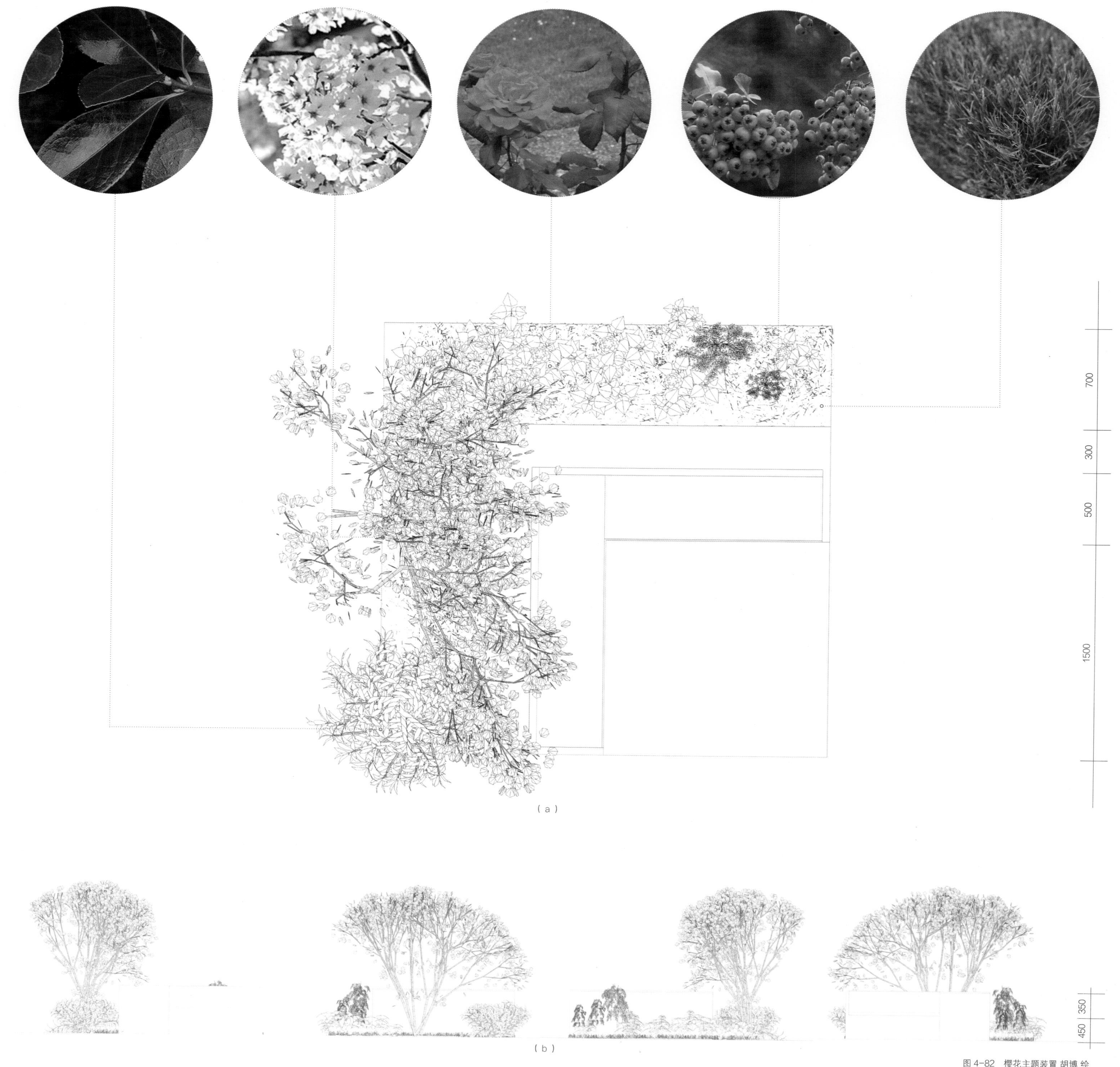

图 4-82　樱花主题装置 胡博 绘

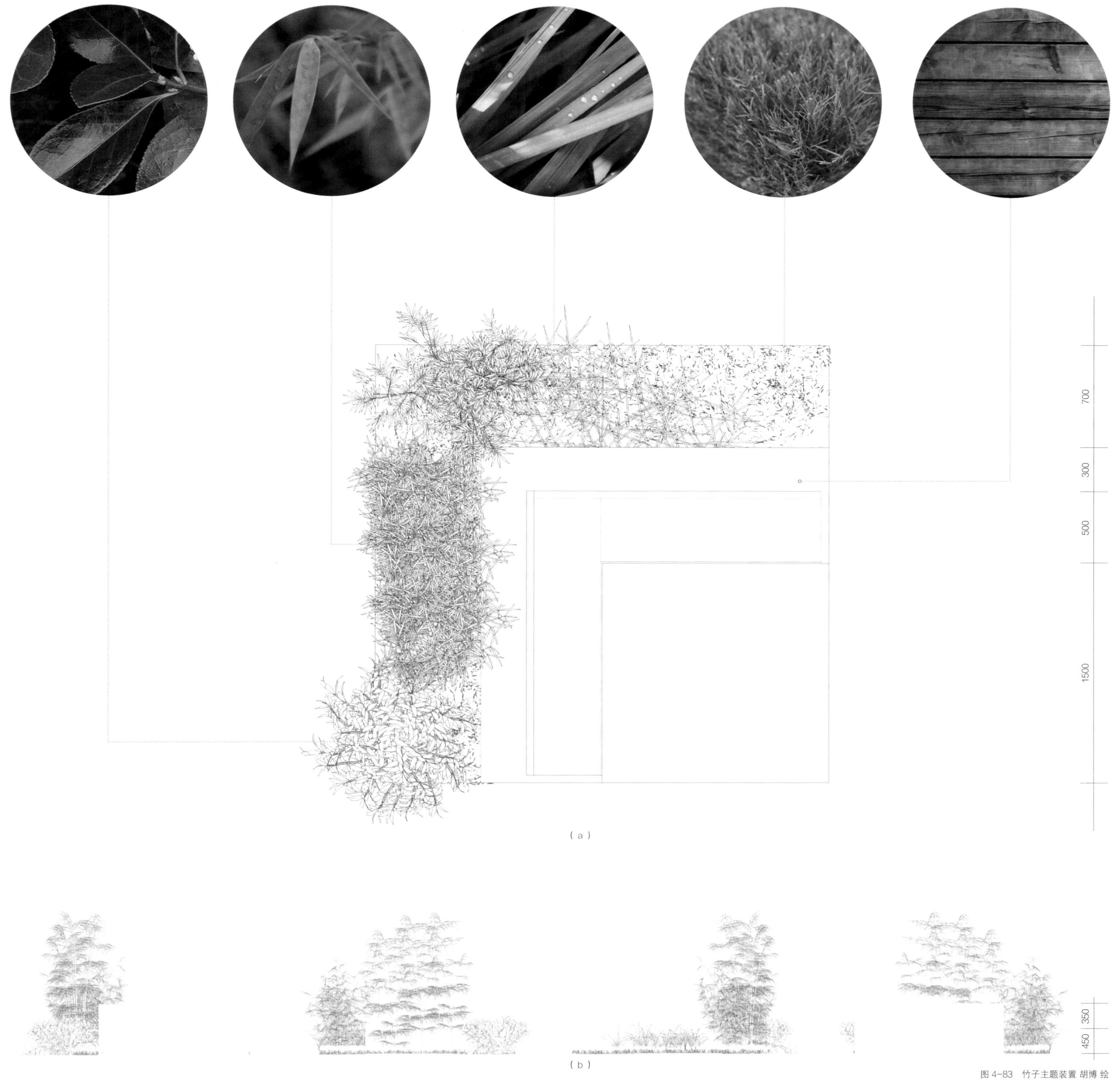

图 4-83　竹子主题装置 胡博 绘

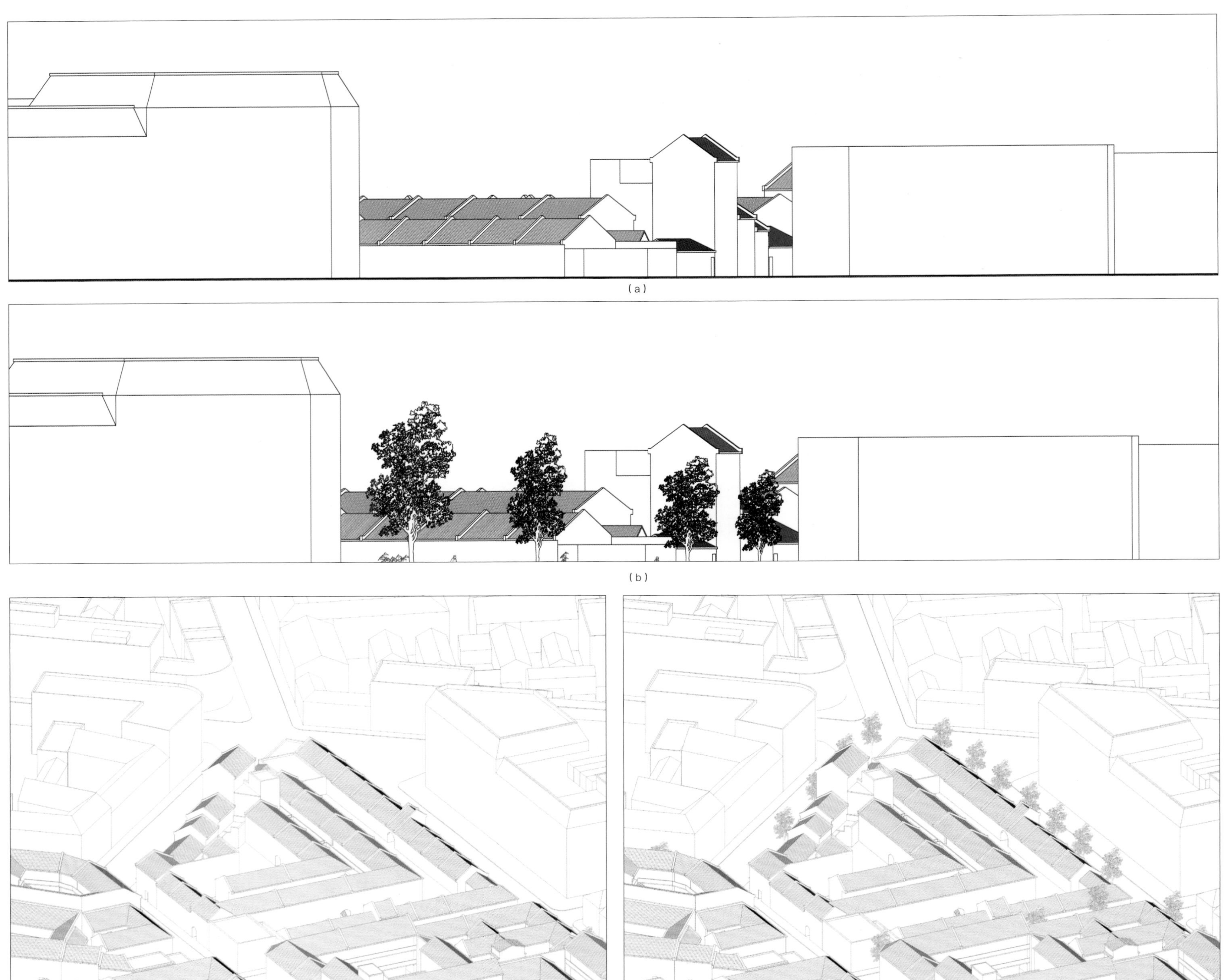

图 4-84　G地块前后对比图（一）胡博 绘

4.3.5.5 部分节点分析

G地块

G地块位于潍县路和博山路的夹角地带，并且在两条路另一侧的建筑高度都很大程度上超过了G地块的建筑高度，所以需要通过种植乔木来减弱这种视觉上的落差。在G地块的潍县路和博山路分别种植法桐，并根据不同的建筑立面变化和业态分布来选择树坑位置（图 4-84）。

（a）

（b）

图 4-85　G 地块前后对比图（二）胡博 绘

图 4-86　四方路东段平面图

图 4-87　四方路东段立面图

图 4-88　四方路东段透视图 胡博 绘

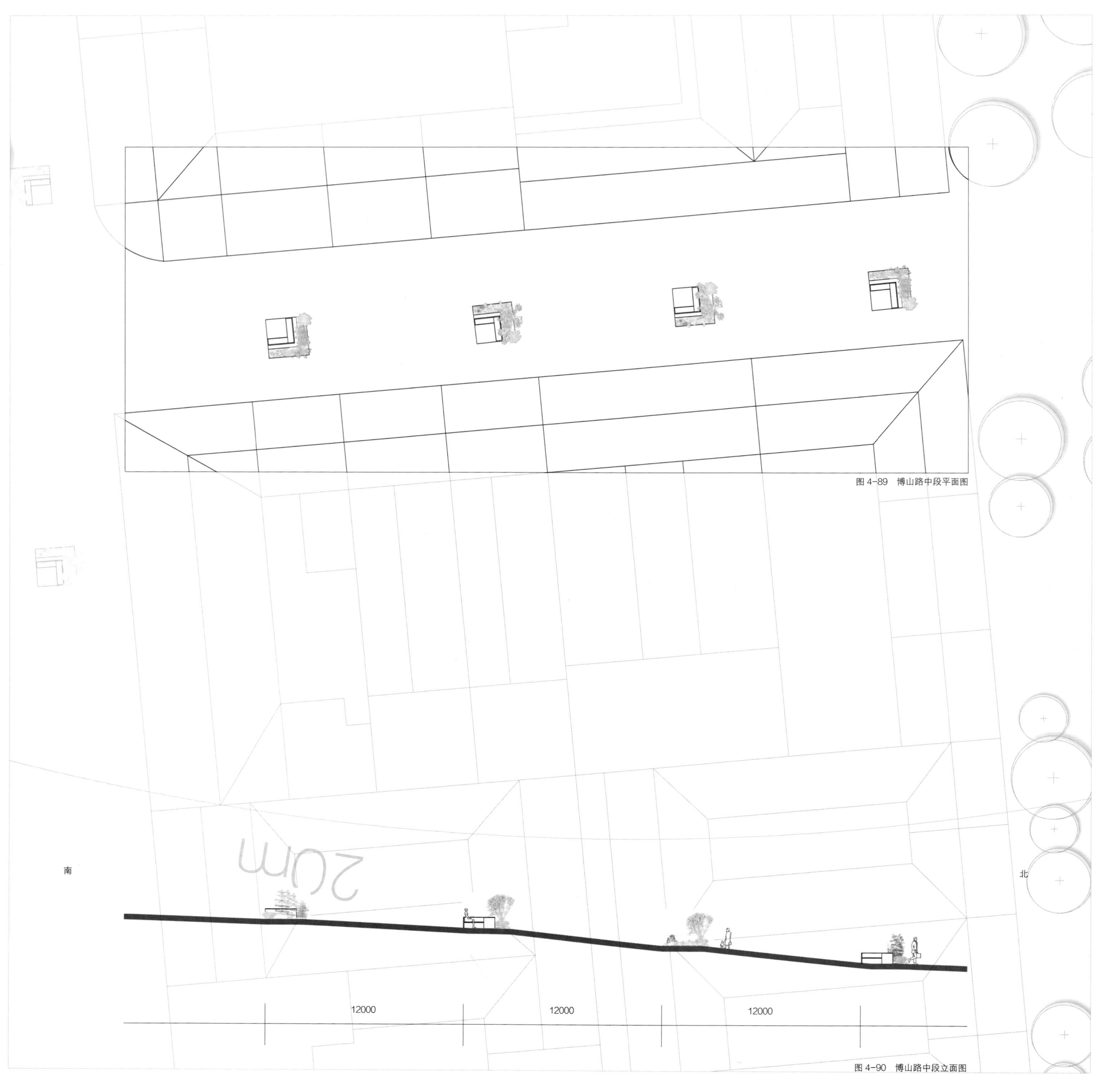

图 4-89　博山路中段平面图

图 4-90　博山路中段立面图

图 4-91　博山路中段透视图 胡博 绘

4.3.6 院落分析

4.3.6.1 H 院分析及表现

H 院分析线索一：以节点为线索

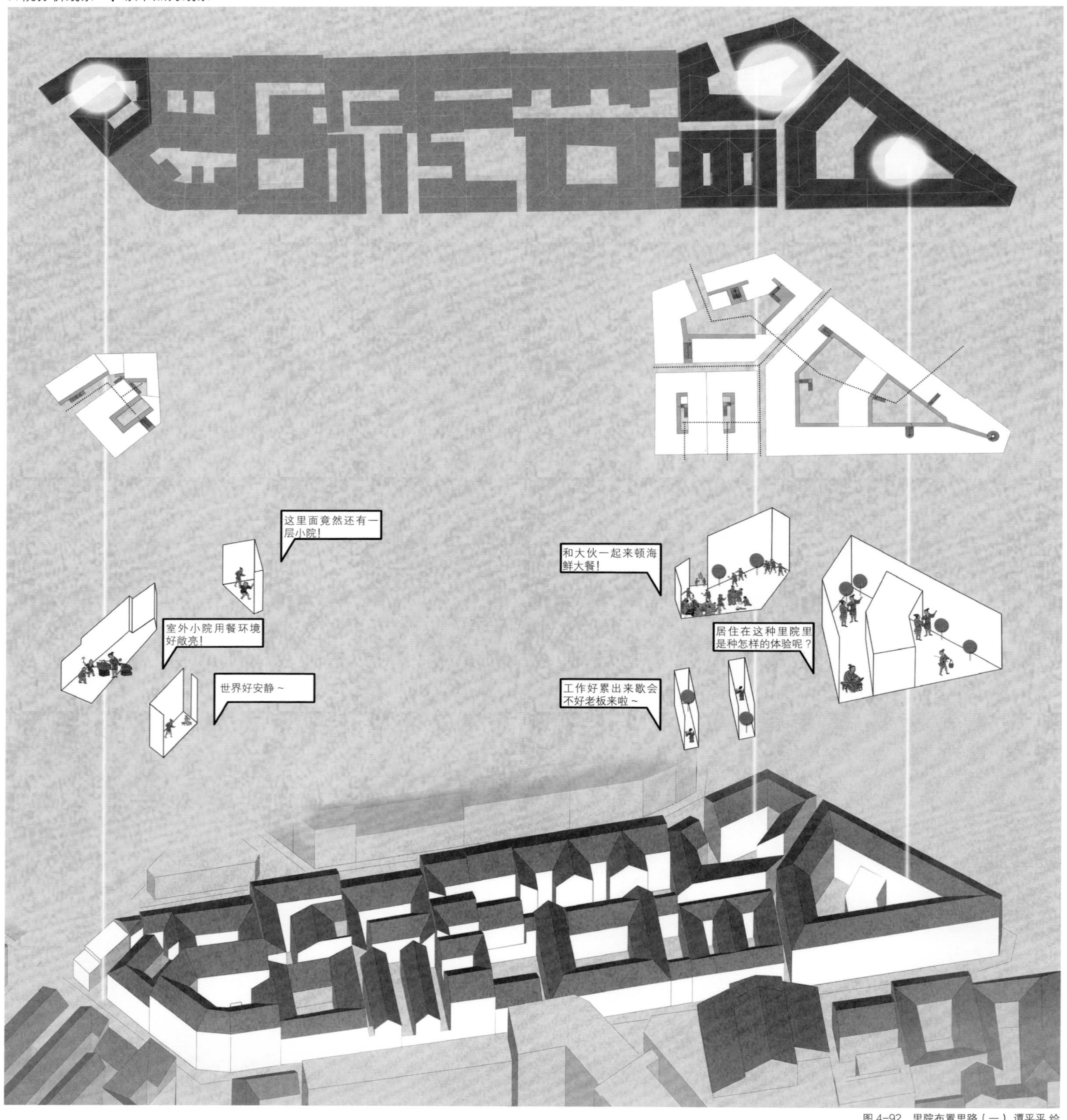

图 4-92　里院布置思路（一）谭平平 绘

以节点为线索展开的里院。

基地内有三大节点最左侧的节点是由博山路延伸进 H 区的一个小院子，进入之后会发现还有两层小院，三个院落的尺度都很小，但是由动到静层次分明，功能设置也是由动到静的多层次体验。右侧的两个节点形成了一个整体，靠近黄岛路市场的节点是一个主要以海鲜餐饮为主的开放性节点，靠近平度路的节点也是开放性的，但其主要作用是让人们以视觉的方式来感受在里院中居住的场景。两大开放性节点通过一条小路相连形成一个完整的整体，在这两大节点的左侧有两个很安静的双子里院，因采光不足建议用做办公空间，同时可以享受该节点的公共设施（图 4-92）。

H 院分析线索二：以动静为线索

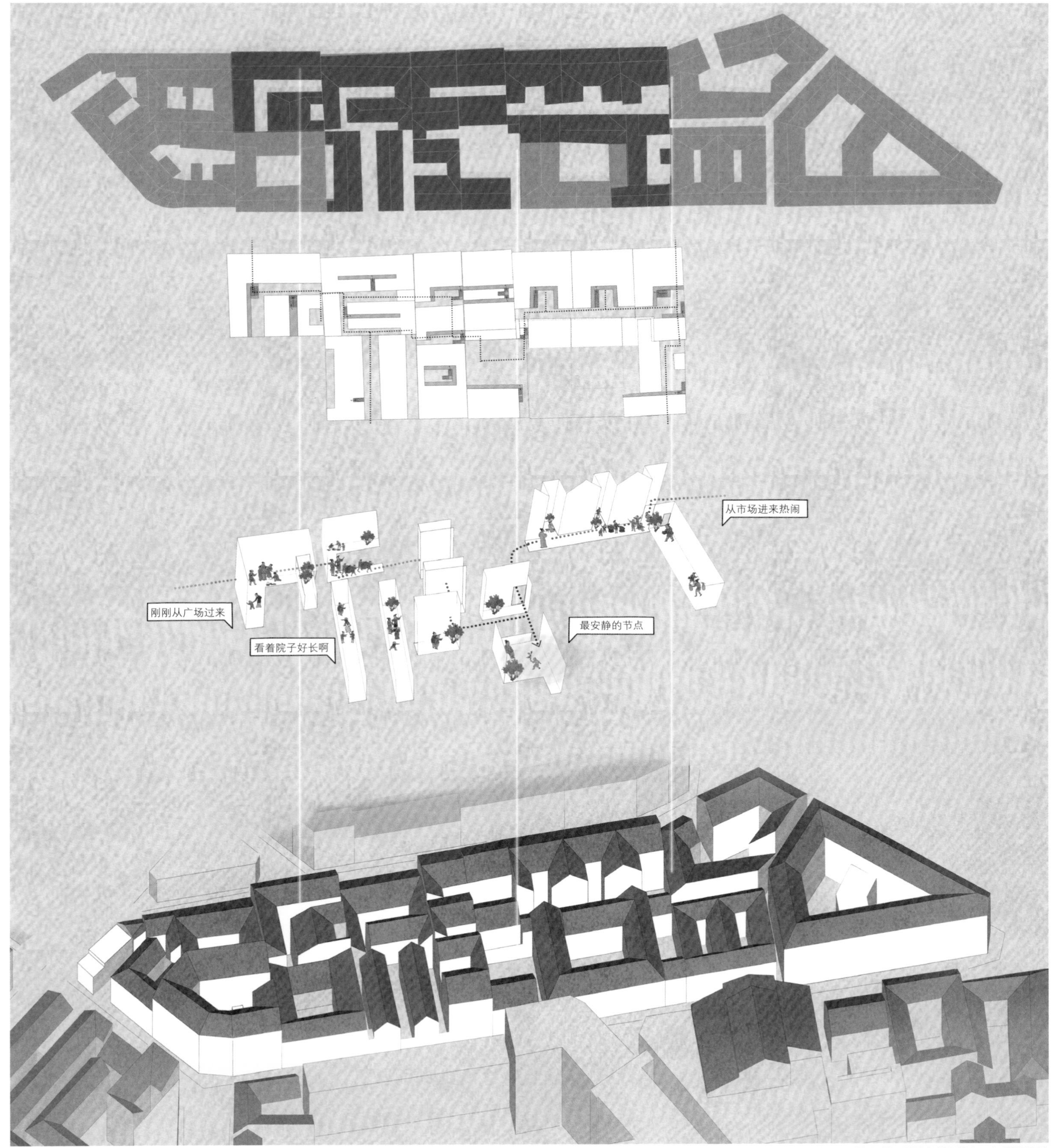

由动到静的线索。

图 4-93　里院布置思路（二）谭平平 绘

以动静为线索将节点间的里院串联起来，从两边的动过渡到中间变静，最后交汇到一点(图中红色里院)成为这个线索的结束，也成为整个区域最安静的地点。这条线索连接了基地的节点使整个基地形成一个整体，也使人们在体验里院空间的时候有韵律和节奏的变化，从而激活整个以商业为主的区域（图 4-93）。

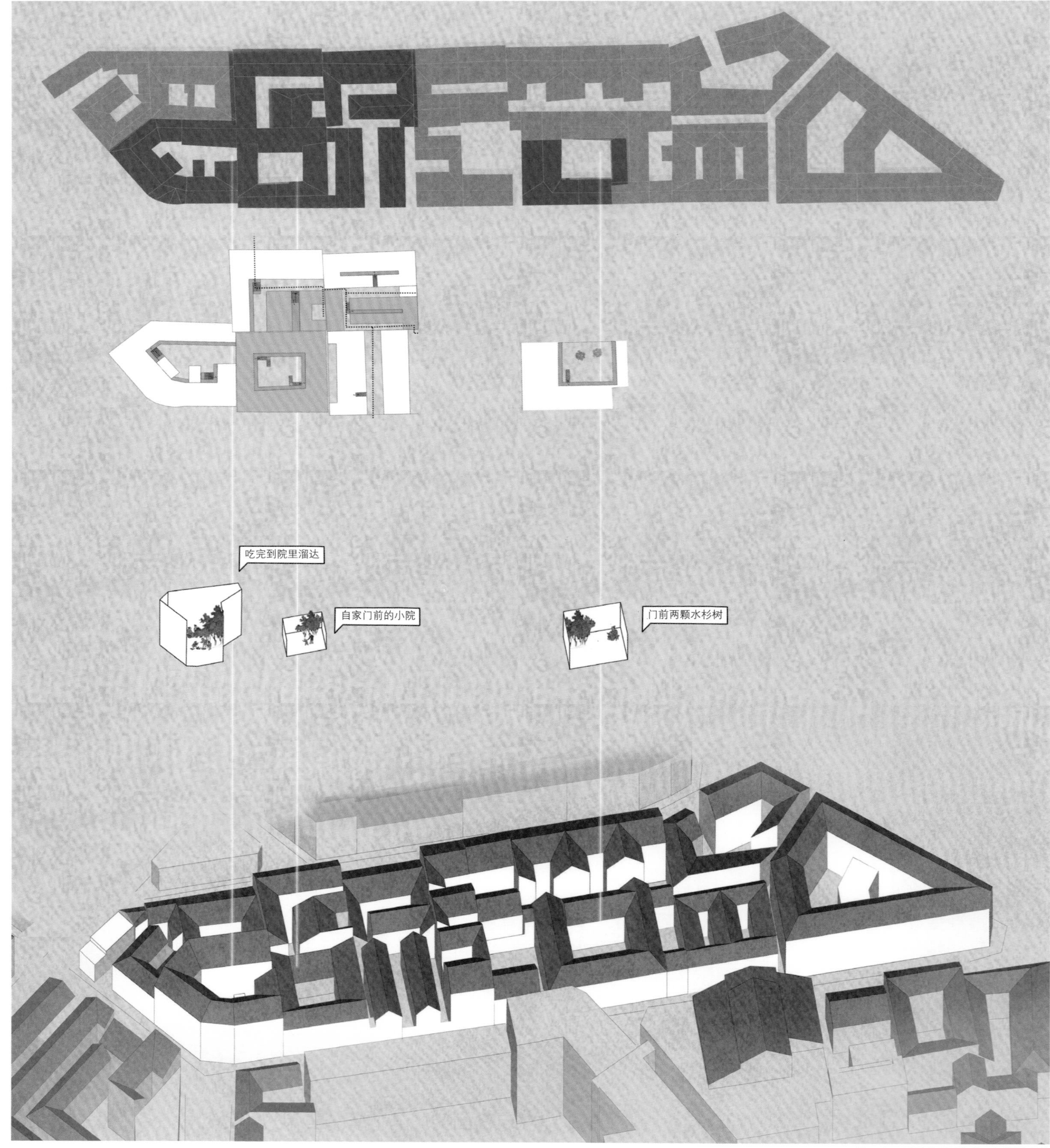

以居住为主的小院。

图 4-94　里院布置思路（三）谭平平 绘

图 4-94 的几个里院都是以居住为主的里院，在左侧形成里一个组团，其主要服务对象为游客和较低收入人群租赁（青年旅社等），希望这部分人可以充分的参与到广场的活动中，并与当地的居民发生关系，产生火花，增加广场的人气。

H 院放大表现——平面位置

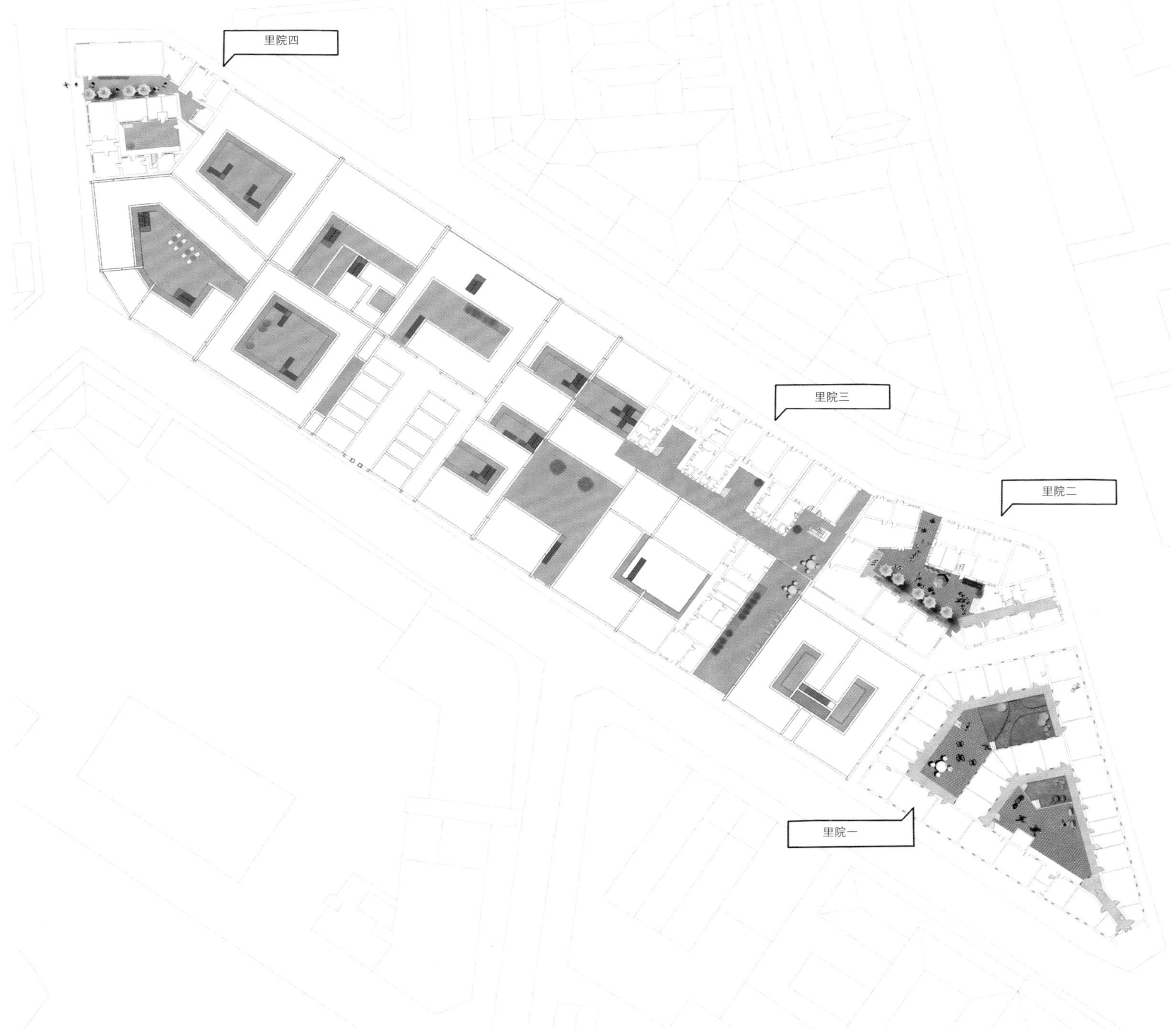

图 4-95　H 院平面分布图 谭平平 绘

图 4-95 表示的是 H 院平面分布图，H 区有四个重点表现的里院如图所示，之后会有四个里院的放大透视表现，由于里院的面积较小，不适宜在原来的基础上做过多的加建，我们尽量的保持里院的原有风貌，营造其合适的氛围。

H 区里院一的放大表现

图 4-96　里院一表现图 谭平平 绘

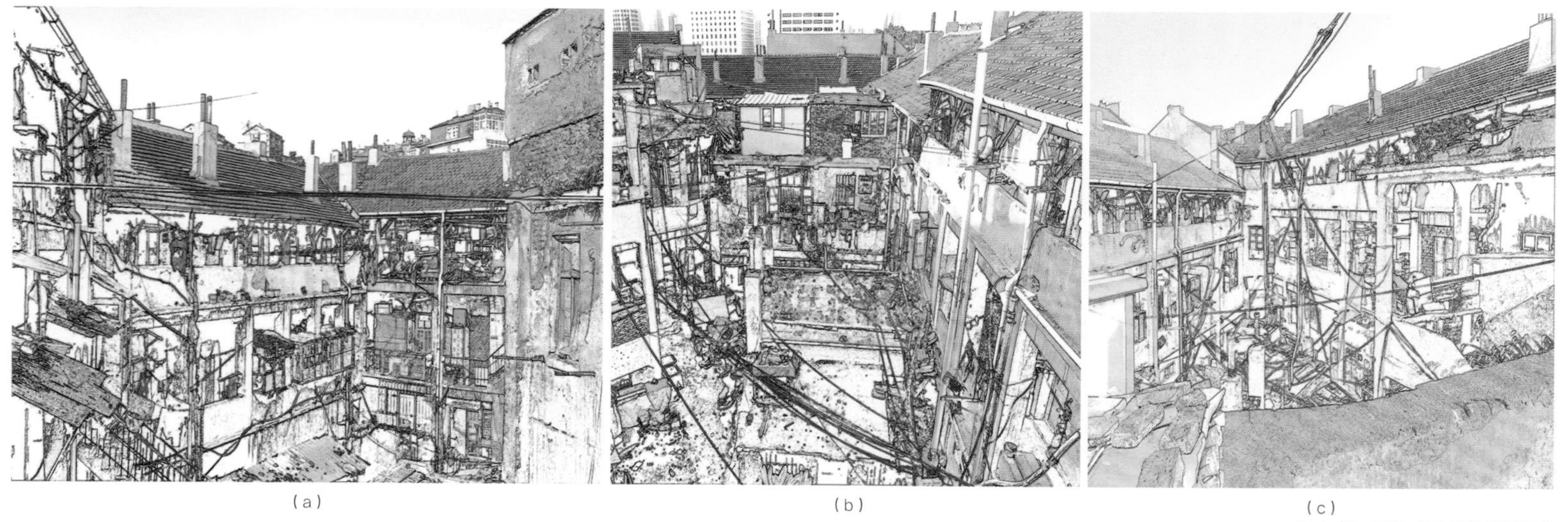

（a）　（b）　（c）

图 4-97　里院一原有风貌 谭平平 绘

里院一其主要特点是以居住为主，整个里院表现的是邻里之间密切交流的融洽气氛，也会有少量外地人参与里院的活动（图 4-96 ~ 图 4-98）。

4.3.6.4 E 院分析及表现

E 院分析线索：以功能为线索

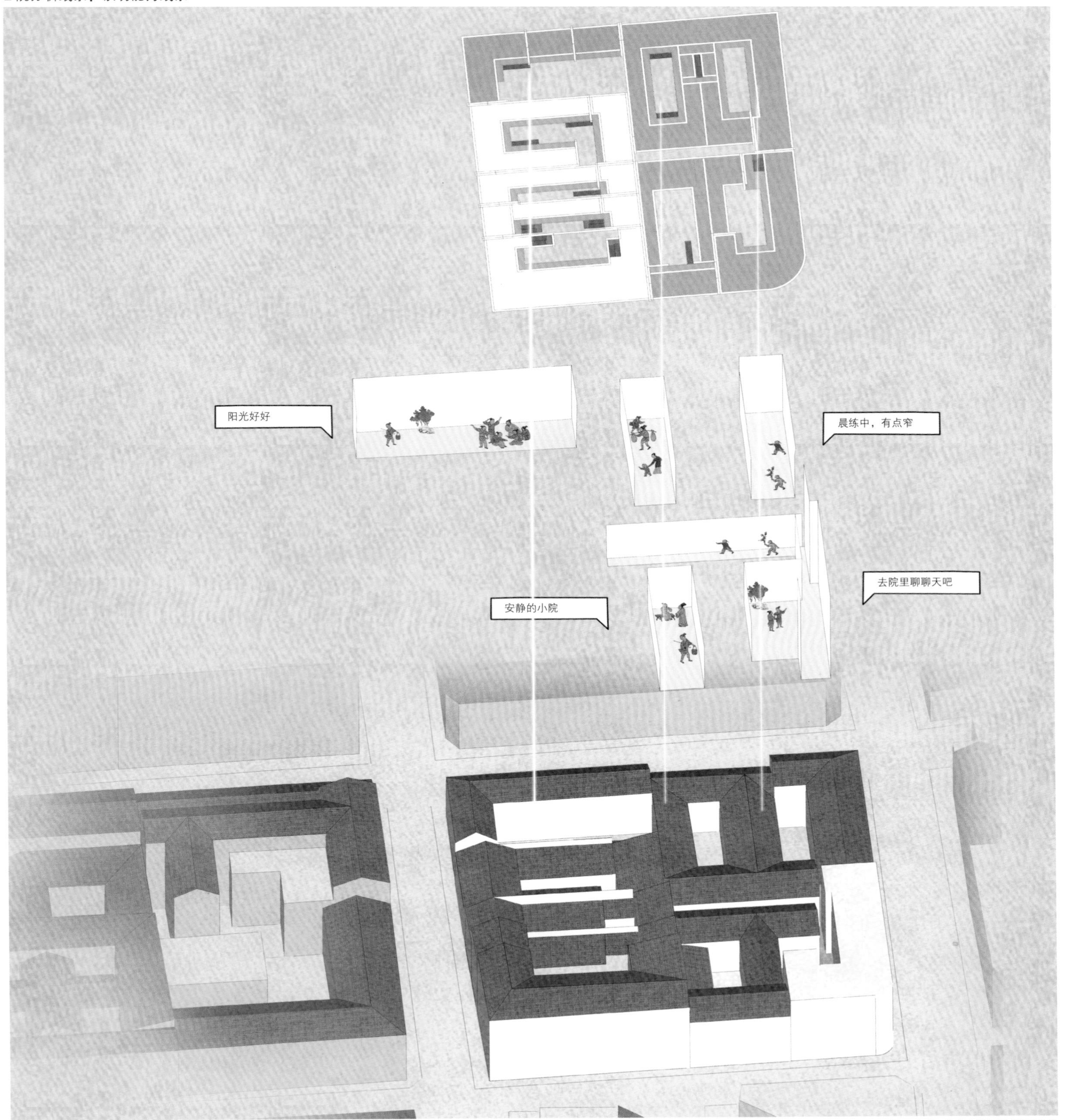

以居住为主的小院。

图 4-116　E 院布置思路 谭平平 绘

E 区里院主要以居住为主，里院的内向型较强，尺度也较小，因此除了沿街商铺会有非居民的参与外，里院内部多为居民活动（图 4-116）。

E 区里院四的放大表现

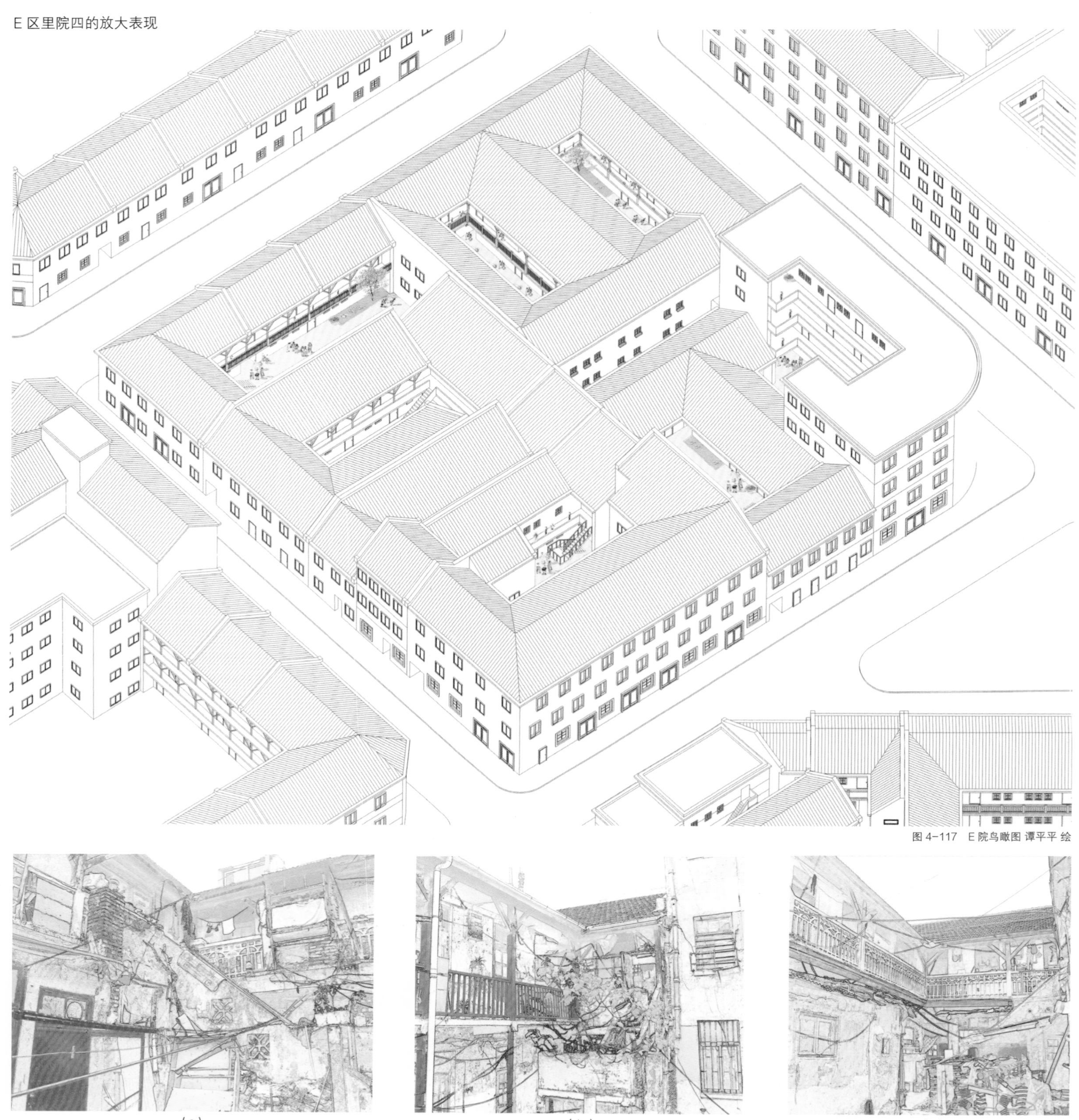

图 4-117　E 院鸟瞰图 谭平平 绘

（a）

（b）

（c）

图 4-118　E 院原有场景 谭平平 绘

E 区以居住为主的安静小院（图 4-118）。

4.3.6.5 D 院分析及表现

D 院分析线索：以功能为线索

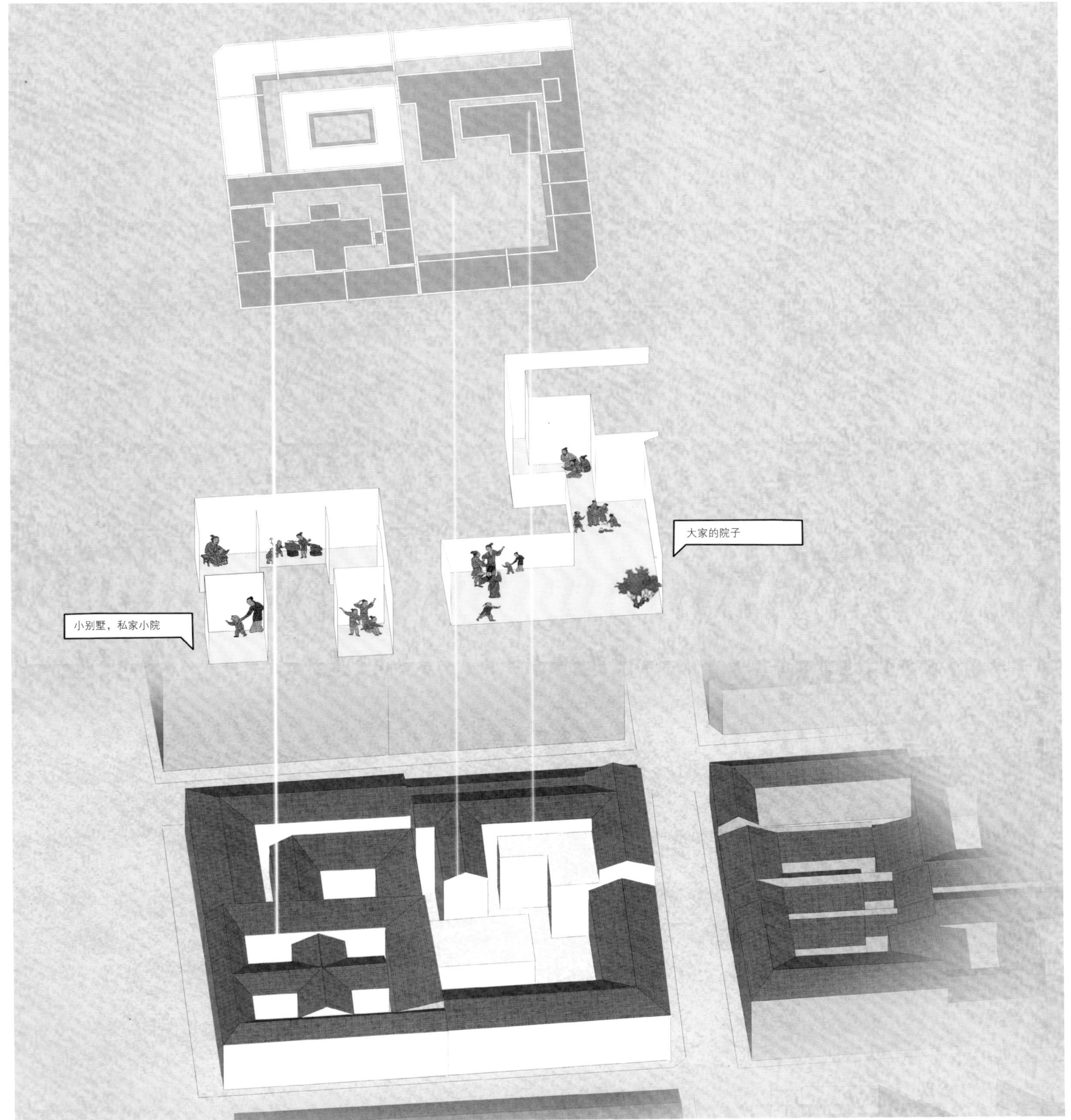

D 区两种居住形式的对比。

图 4-119　D 院布置思路 谭平平 绘

图 4-119 的 D 里院都是以居住为主的里院，但是存在两种不同的居住形式，左下是那种小型的别墅式，右侧是那种集合式住宅，两者的生活方式截然不同各有利弊，在里院的设计中两者互不干扰。

D 区里院四的放大表现

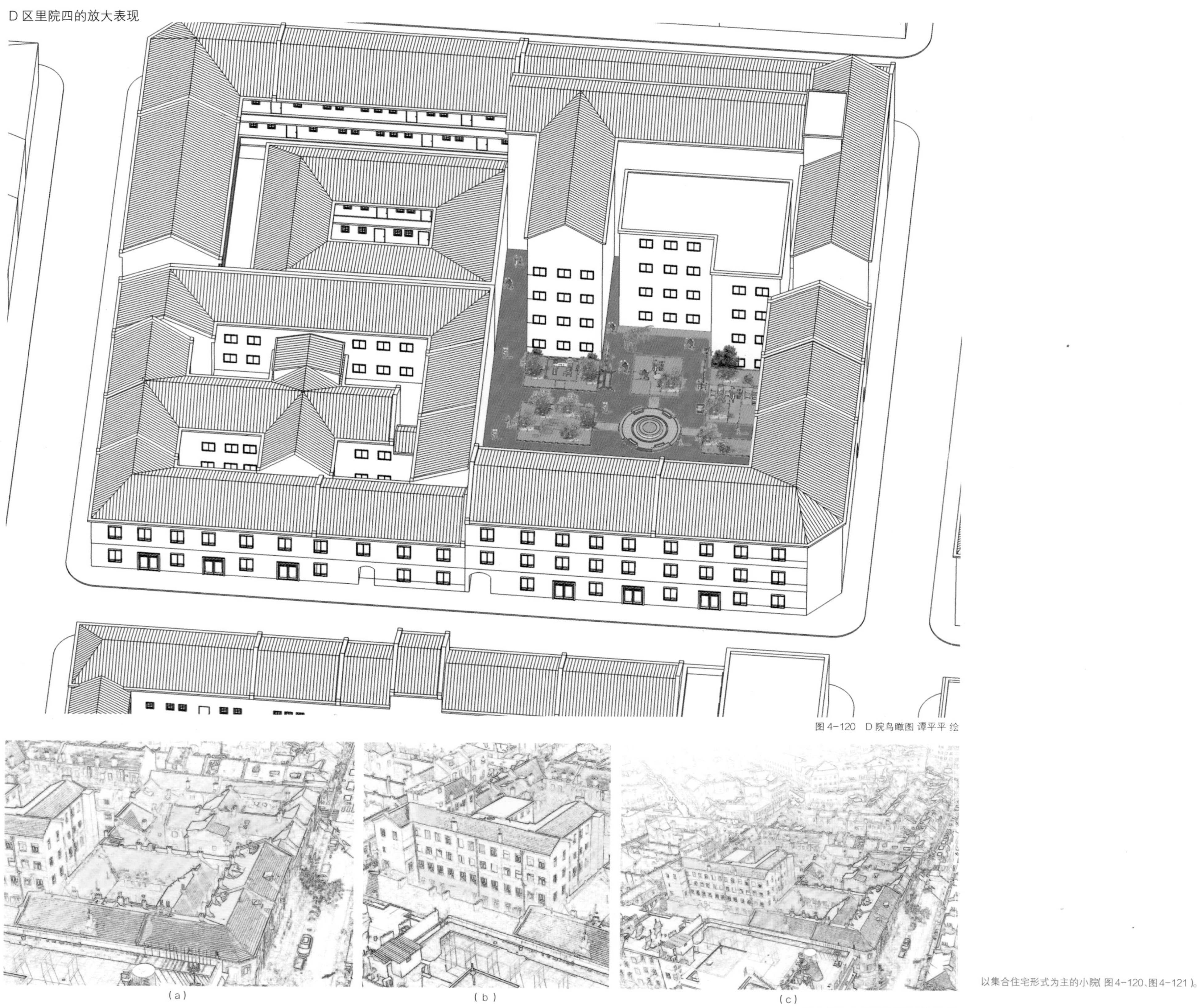

图 4-120 D 院鸟瞰图 谭平平 绘

（a） （b） （c）

图 4-121 D 院原有场景 谭平平 绘

以集合住宅形式为主的小院（图 4-120、图 4-121）。

4.3.6.6 G 院分析及表现

G 院分析线索：以节点为线索

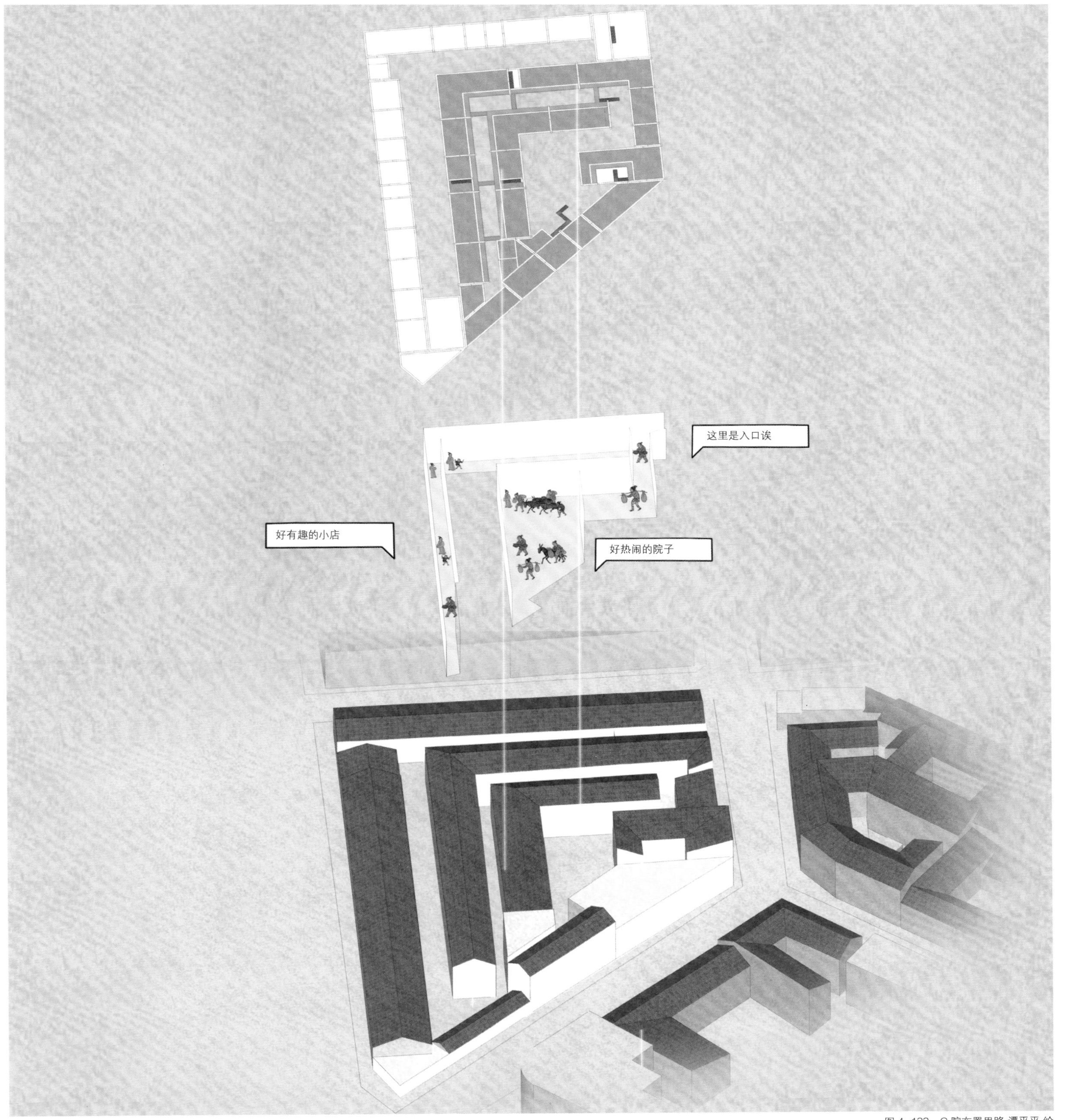

入口节点小区。

图 4-122　G 院布置思路 谭平平 绘

G区是一个入口的重要节点，同时其富有特点的 L 形的狭长里院被定为最适合探索的商业区，入口里院起到了小广场的作用（图 4-122）。

G 区里院四的放大表现

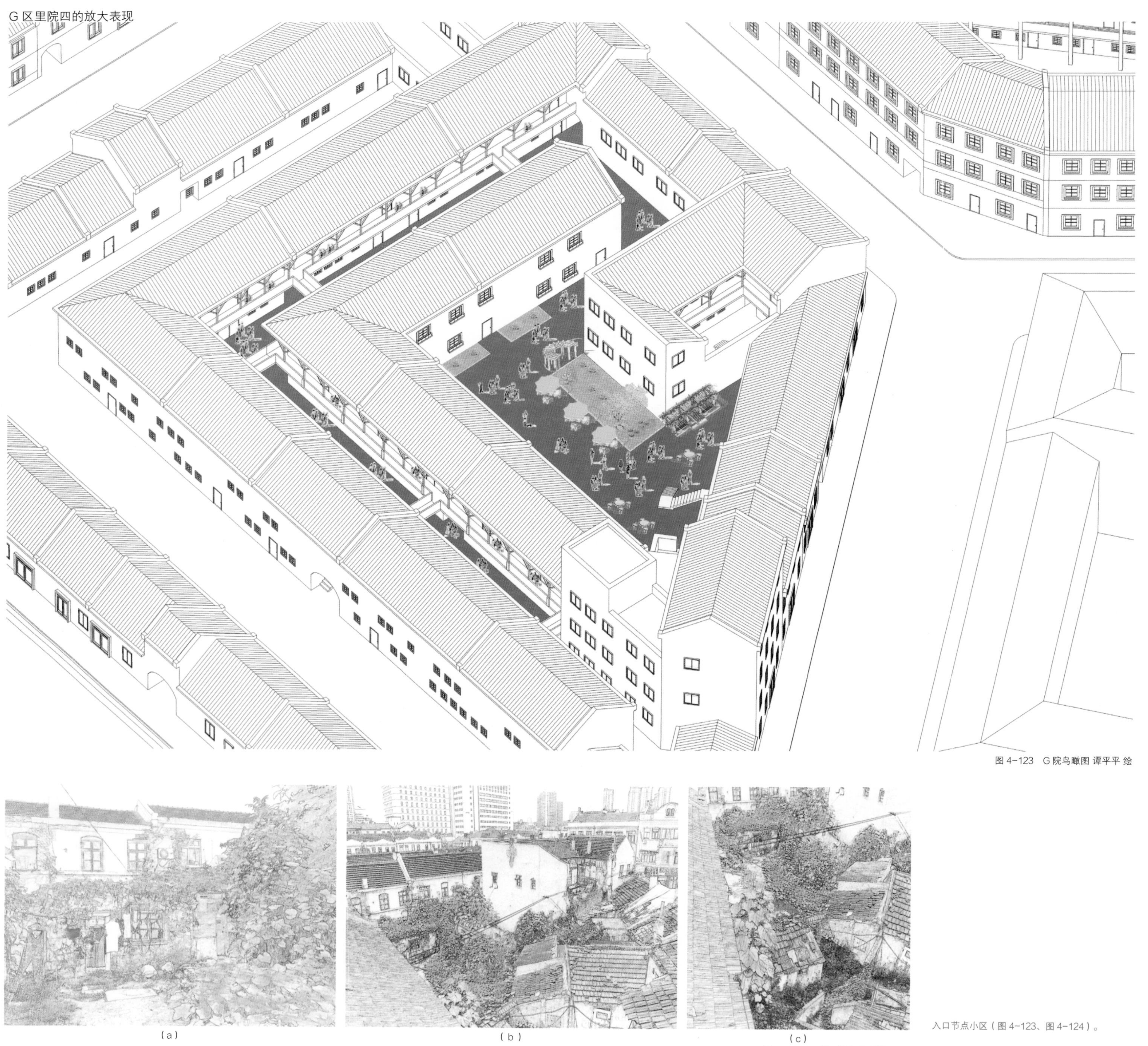

图 4-123 G 院鸟瞰图 谭平平 绘

（a） （b） （c）

图 4-124 G 院原有场景 谭平平 绘

入口节点小区（图 4-123、图 4-124）。

广兴里节点设计

昔日的人声鼎沸，车水马龙，切片似的美好情景只停留于老一代青岛人的回忆中，作为青岛里院最典型的代表，广兴里几十年的变迁承载了老居民心中太多的情愫，如今全面而适度的再造，一步步将当年的熙熙攘攘拉回现实，重聚新广兴里魅力，给广兴里带来可观收益与人气的同时，激起周边地块的复苏活力。

水龙池节点设计

过往只具备公共交通作用的水龙池节点，曾经只是接踵擦肩，只是居民毫无秩序的来往通行，而再造后的它将以全新的面貌迎接居民一系列的活动，从此有的不只是人们匆匆穿行的身影，更多的是驻足与交流，成为四方路片区活力四射不可或缺的中心节点。

4.3.7 广兴里节点设计

“广兴里”是青岛里院的典型代表，其知名度与影响度均无可替代。位于海泊路、高密路、易州路、博山路之间交错形成的口字形地块，目前可正常进入的石砌拱形门洞分别开在海泊路63号（南门）、高密路54号（北门）、易州路22号（东门）（图4-125、图4-126）。

图4-125　广兴里 马祥鑫 摄

（a）

（b）

图4-126　广兴里局部 朱贝贝 摄

从有确切记载的 1901-2015 年，在 100 多年的历史长卷中“广兴里”有五次较大规模的变更，不同年代都有着与之相契合的状态与特征，尤其是 1952 年当时还称为“吉庆里”的“广兴里”给当地老一代青岛人留下不可磨灭的美好回忆，并简析这种住宅与商铺环绕式小建筑间距布置方案于50年代的可行性与于当代的不可行性。

4.3.7.1 发展历程

1901

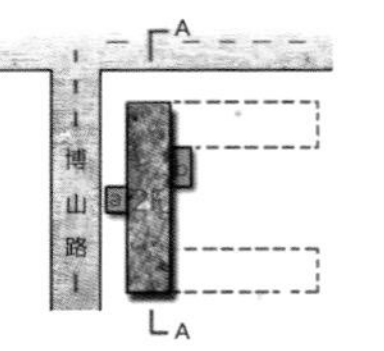

剖面图

1901 年，粤商古成章在此买下地皮，盖起一栋两层带地下室的商业大楼（类似于广州会馆），用于同乡商会聚会议事之用（图纸中大楼本是成凹字形状后因资金问题两翼虚线部分未建成）。

1912

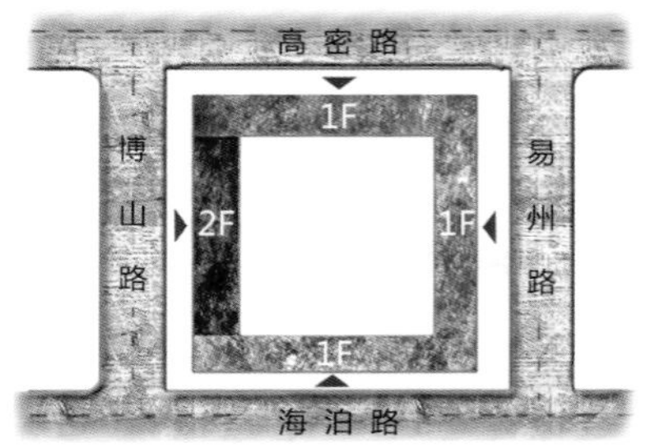

1912 年，古成章将土地与楼房一同卖给了浙商周宝山，因为其从事木材生意，周宝山接手地块之后便三面临街建起了同类建筑，中央围合出的闭合大型院落，特意用于放置木板建材，这就有了广兴里的雏形。

—— 资料来源《大鲍岛》

1952

1952 年的“广兴里”名成为“积庆里”，已成为当时里院建筑中最繁华的院落，中央盖起的吉庆商场：1. 大量经营价位合理的布匹百货绸缎等商品；2. 光陆电影院（后文革时期改名为小光荣影院）；3. 茶社，内设曲艺演出说书等活动场所。

—— 资料来源《大鲍岛》

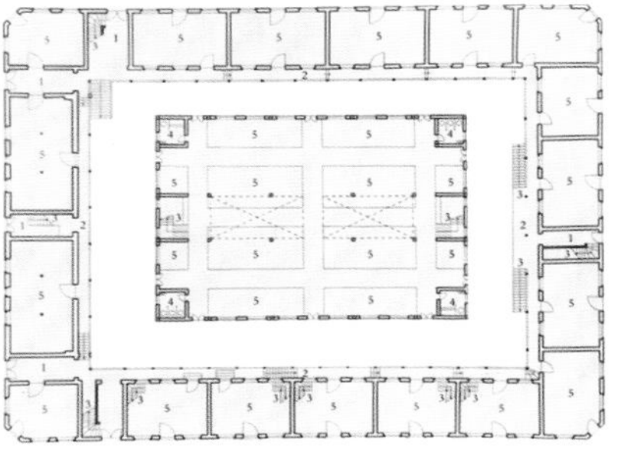

一层平面图

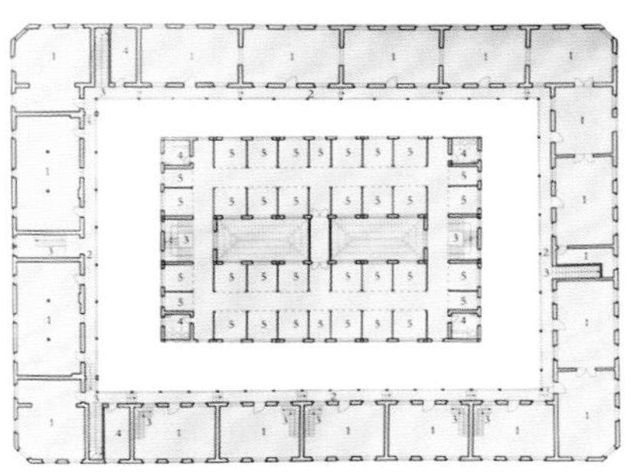

二层平面图

1—住宅；　2—走廊；　3—楼梯；　4—便所；　5—商铺

住宅与商铺环绕式布置方案：

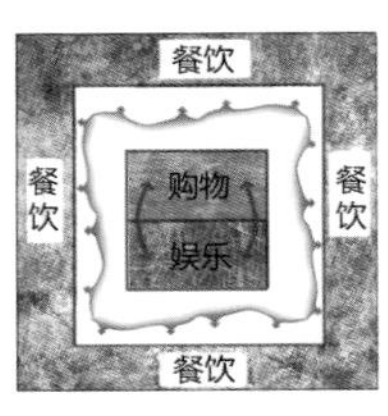

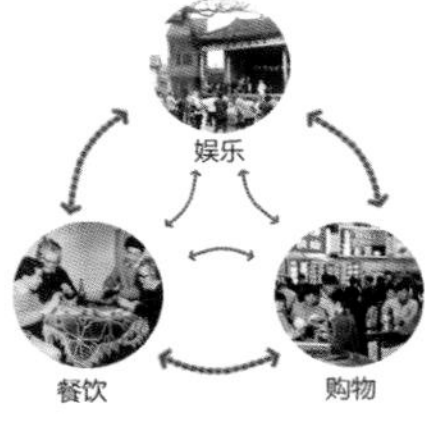

1. 可行性分析：当时的国民对于居住空间的私密性无太大关注度，餐饮购物娱乐三者交错分布于空间内，相辅相成创造了当时环境所追求的氛围。2. 弊端分析：随着居民生活水平的提高，对居住环境的声环境、光环境等一系列生活指标要求也随之提升，因为住宅与商场间距过小，导致商业活动对周边居民生活带来较大影响，此种模式不再适用于当今社会。

1965

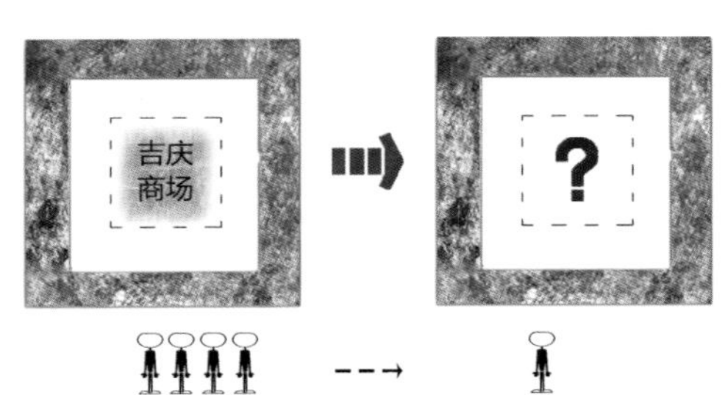

1965 年，广兴里被切割机械厂买下，成为职工宿舍，秋季一场大火烧毁了中央的吉庆商场与临近易州路街边的部分建筑，后来只修复了沿街建筑，广兴里又成为内部空荡院落的里院，人气与繁华度随之一落千丈。

—— 资料来源《大鲍岛》

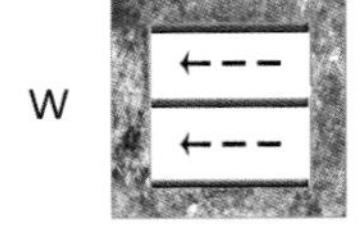

后来生活在此的居民在院内三条自东向西流淌的水道旁，搭建起了简易的菜棚与露天戏院。

1983

1983 年经历了广兴里史上第一次大修，包括大木梁和部分酥软墙体西侧的地下室下水管道等等，大修后的建筑一直沿用至今，后期因监管力度不够，居民私自加建的建筑充满了整个广兴里。

—— 资料来源《青岛里院》

4.3.7.2 现状分析

对当下广兴里的现状，从入口位置与形式，建筑本体与走廊结构特征，里院类型的定位，平面特殊的对称性，各个入口楼梯现存类型，屋顶形式，建筑层次感等方面逐一介绍（图 4-127）。

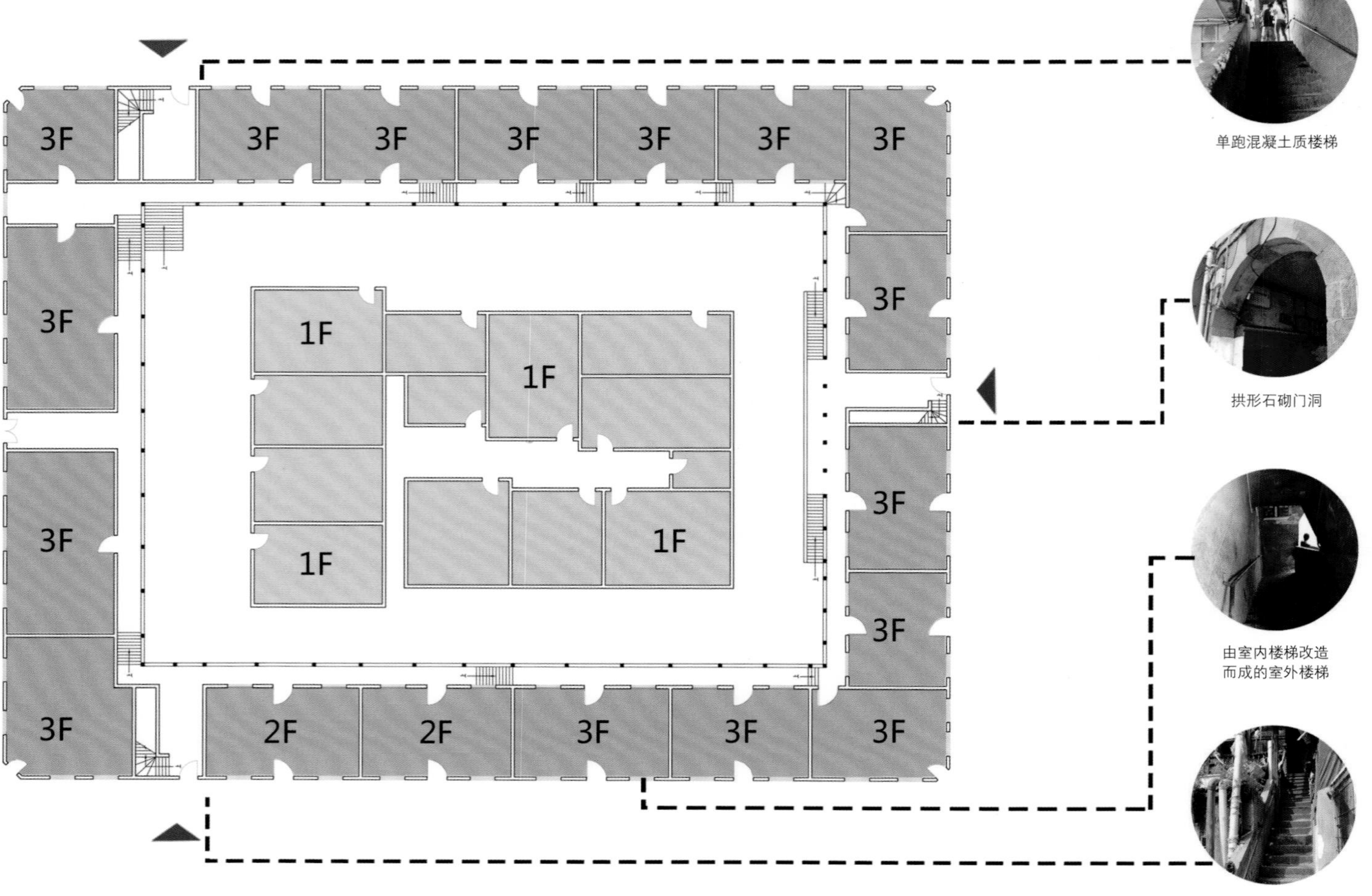

图 4-127　现状分析组图 朱贝贝 绘

1. 空间的层次感

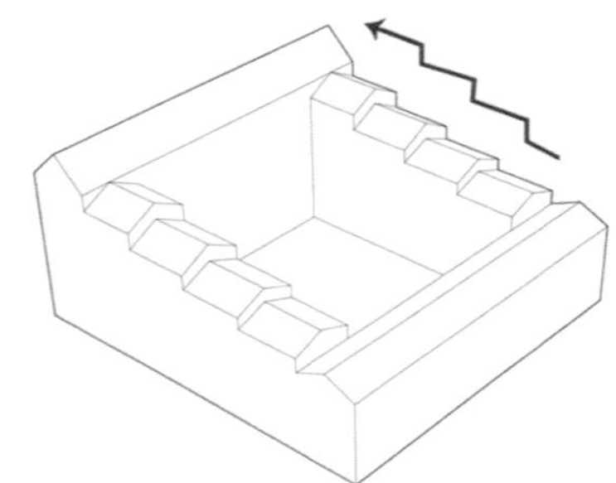
图 4-128　空间层次感

随着地形地势的起伏而产生建筑层高的起伏变化，带给整个院落以特殊的、别样的律动感与层次性（图 4-128）。

2. 平面的对称性

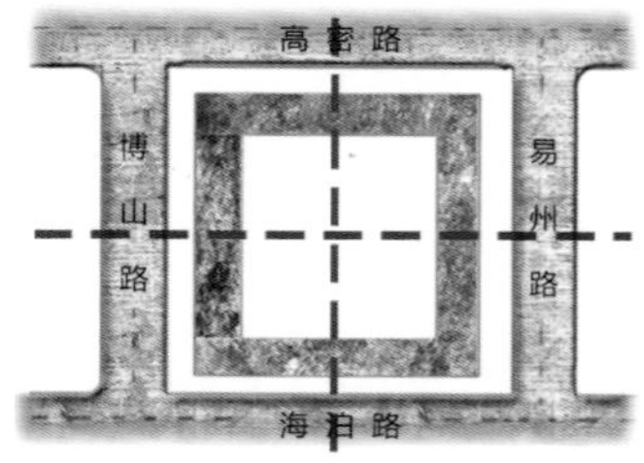

图 4-129　平面对称性

广兴里在平面与剖面上均有规范的对称性，易州路与博山路侧的建筑随地势的升高具有相同幅度的升高，满足左右与上下的双重对称性（图 4-129）。

3. 里院类型定位

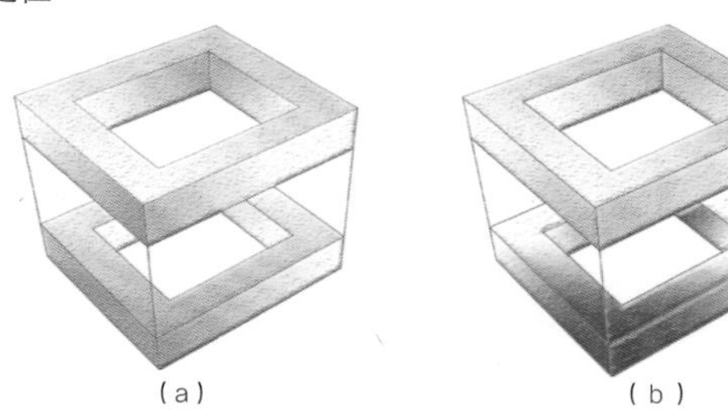

图 4-130　里院类型

a 为纯住宅式里院，一层无对外开设的商铺，所有房间的入口都是朝院内开设。b 为商住结合里院，一层为对外开放的商铺，二层以上为住宅，广兴里为 b 类里院（图 4-130）。

4. 屋顶分析

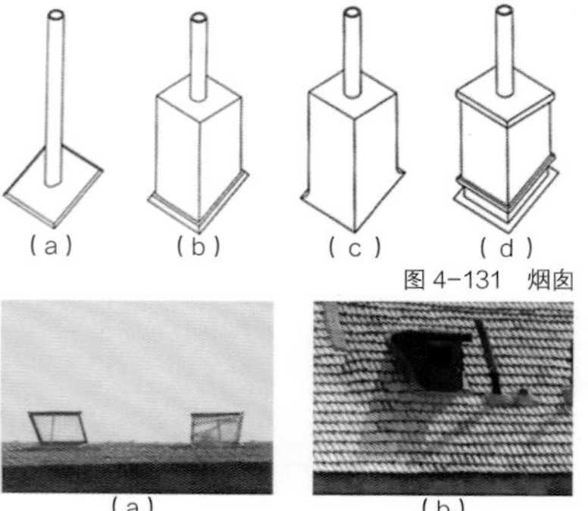

图 4-131　烟囱

图 4-132　天窗

烟囱为里院屋顶的一大特色元素，左图为广兴里院内出现的四种烟囱类型。由上到下均为铁质金属烟管（图 4-131）。

天窗是里院屋顶的重要构成元素，广兴里的屋顶处出现了两种形式的天窗，平开窗（上）与侧开窗（图 4-132）。

交代新建筑与老建筑两部分的相对位置关系，各自层高的标注，新老建筑之间的间距，新老建筑各自的主次入口，与道路位置关系等。

4.3.7.3 改造内容

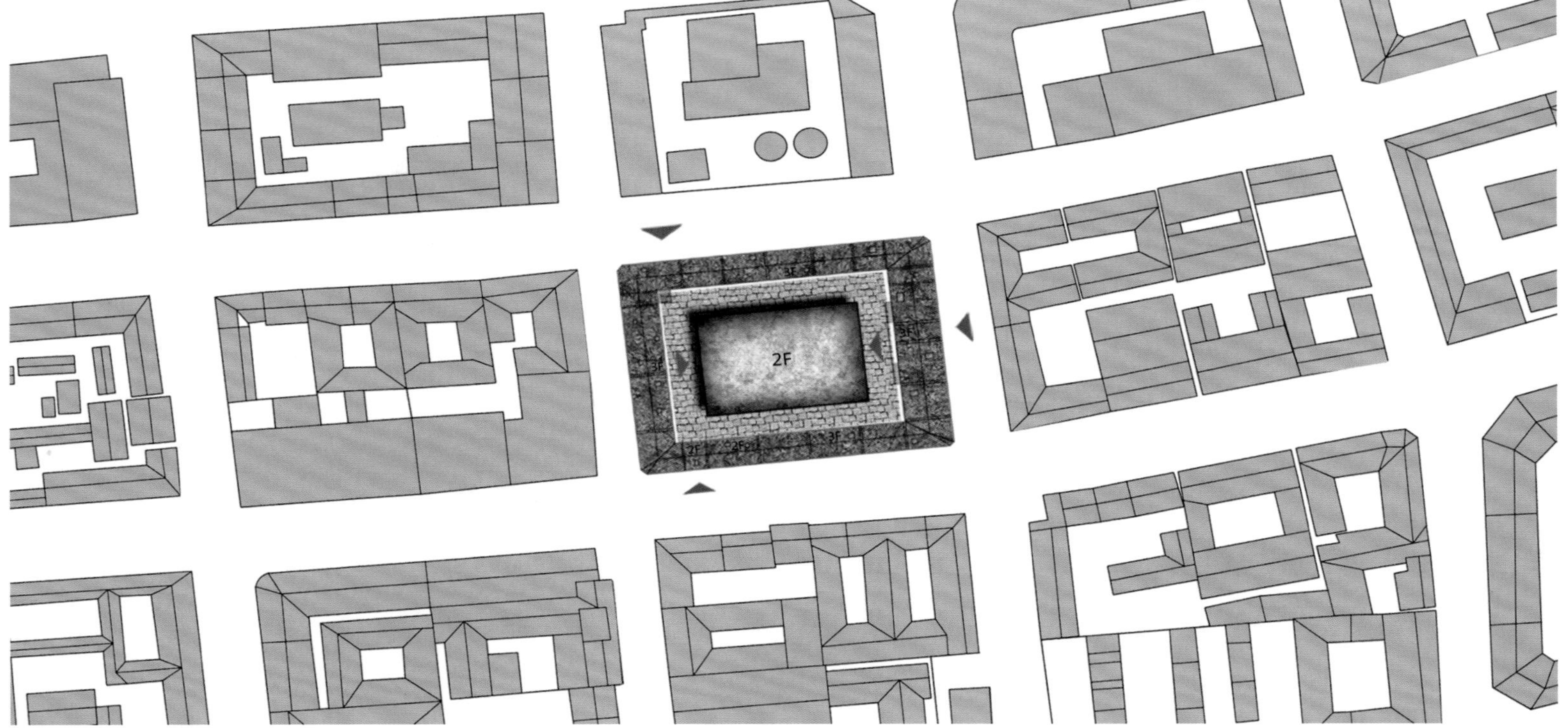

图 4-133　广兴里总平面图 朱贝贝 绘

交代本次节点改造的原因，表明设计主旨与中心思想，确定改造后的广兴里节点氛围。

纵观广兴里的五次历史变迁历程，1952 年改造后的广兴里成为其最繁华的阶段，吉庆商场给广兴里带来了可观的人气与收益，营造了人声鼎沸熙熙攘攘的氛围，是老居民记忆中“最美的时光”。社区活动中心在当年“吉庆广场”的位置设立，采用现代化的平面布置与室内布置以全新的面貌示人，适当植入一些像茶馆、小型影院、居民健身室等一系列社区公共服务性设施，一方面还原 1952 年间老青岛人记忆深处的“广兴里情怀”，形成一个住宅与公共服务性设施和谐而立的共荣风貌，一方面也避免了对周边居民正常生产生活带来不良影响（图 4-133）。

将新老建筑以平面的形式展示各类业态分布位置与简析其存在的合理性。

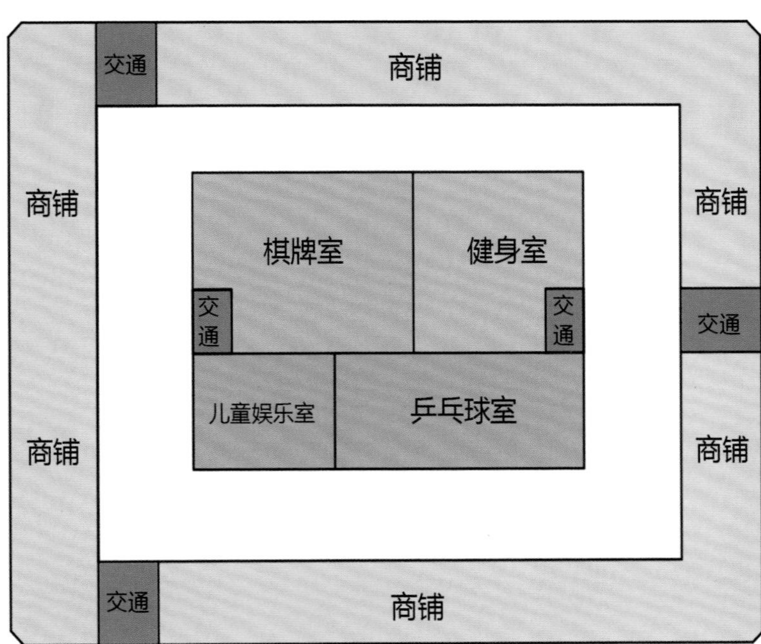

图 4-134　一层空间分布示意图 朱贝贝 绘

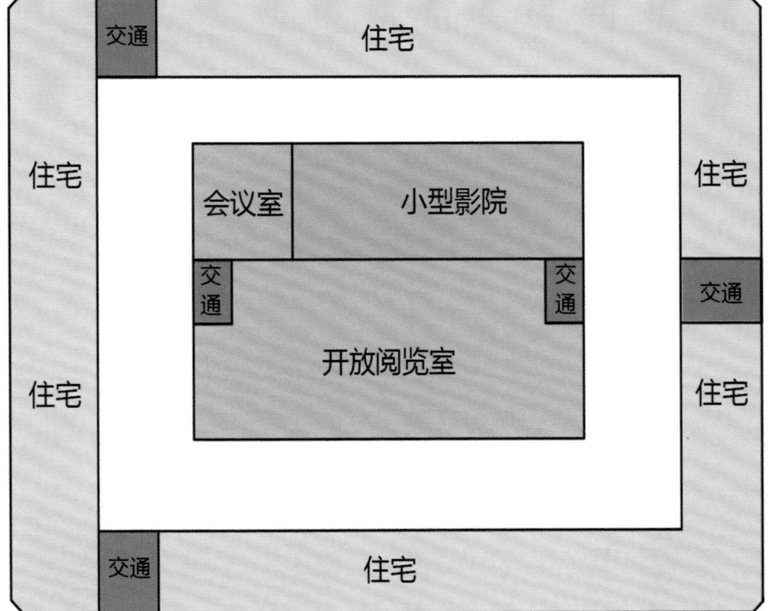

图 4-135　二层空间分布示意图 朱贝贝 绘

在院落中心加建的“社区活动中心”，涵盖了为不同年龄段居民提供的各类设施，为居民的正常休闲娱乐提供就近场所。一层以动态的活动类别为主，人流量相对较大，室内有健身区、棋牌室、乒乓球室、儿童娱乐区等，二层则以相对静态的活动为主，如方便居民商讨议事所用的会议室，可容纳少量人观影的小型影院，为居民看书阅读提供的开放阅览室等，相对安静的娱乐活动减少了对周边二、三层居民的影响（图 4-134、图 4-135）。

图 4-136　广兴里场景展现 朱贝贝 绘

4.3.8 水龙池节点设计

图 4-137　水龙池节点鸟瞰

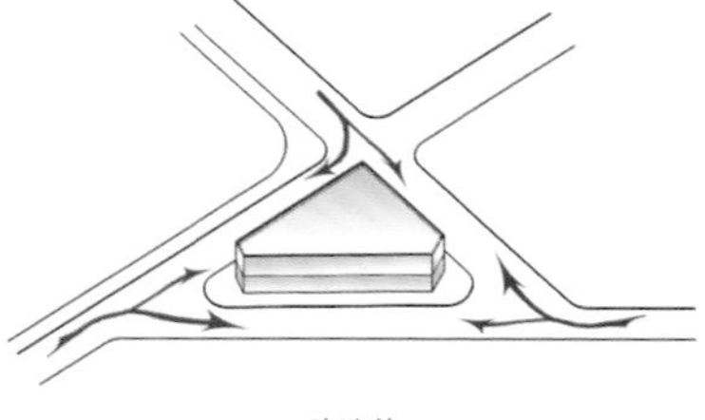

改造前

（原建筑物的存在致使来自周边的人流分流）

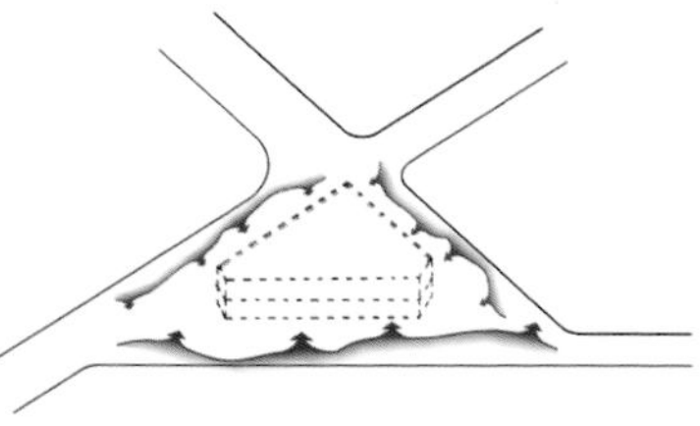

改造后

（形成的新公共空间成为人流汇集区与活动区）

图 4-138　改造前改造后人流对比图 朱贝贝 绘

水龙池节点位于黄岛路、易州路与四方路构成的三角形空间内（图 4-137），通过对整个基地的宏观分析和对三角地区的氛围定位，展开了对水龙池节点的保护与再造，使其完成与周边步行道路的对接与过渡，以全新的姿态融入新构筑的步行体系，成为三岔路口的一处开阔公共空间，吸引更多人流驻足，引出诸多开放式公共活动， 在为居民提供良好的活动空间的同时，编织黄岛路市场的开端，成为整个黄岛路繁华氛围的引领（图 4-138）。

4.3.8.1 现状分析

立面为仿清水混凝土涂料，黄岛路立面采用了蓝色涂料，四方路立面采用白色涂料。现状中门的类别以卷帘门和平开玻璃门（a）为主，个别有折门（b）。窗的形式较为统一，均为平开窗，外有铁红色涂漆护栏。仍在使用的广告牌大小、高低、颜色不一，较为杂乱（图 4-139）。

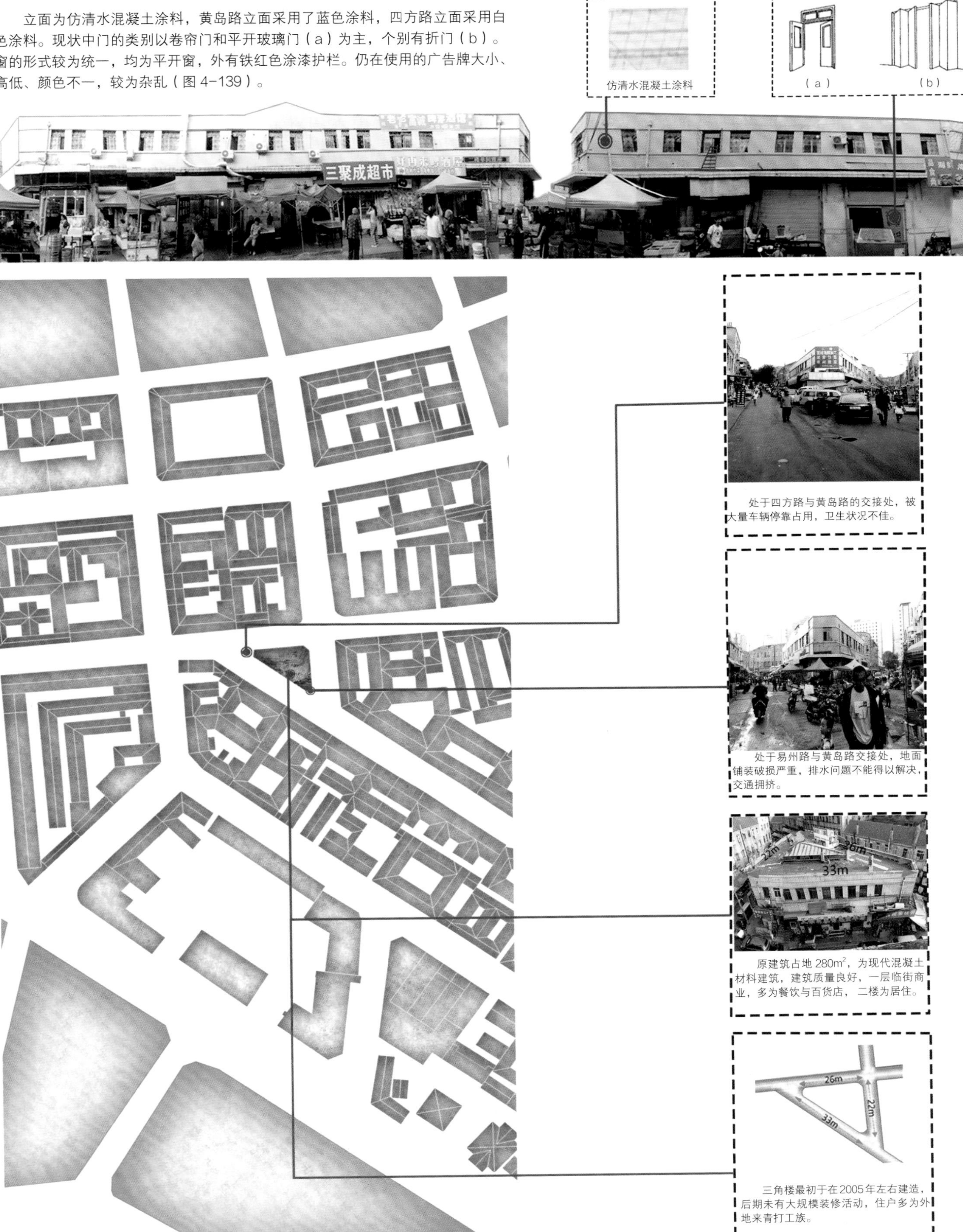

图 4-139 水龙池子现状分析组图 朱贝贝 绘

4.3.8.2 保护再造原因

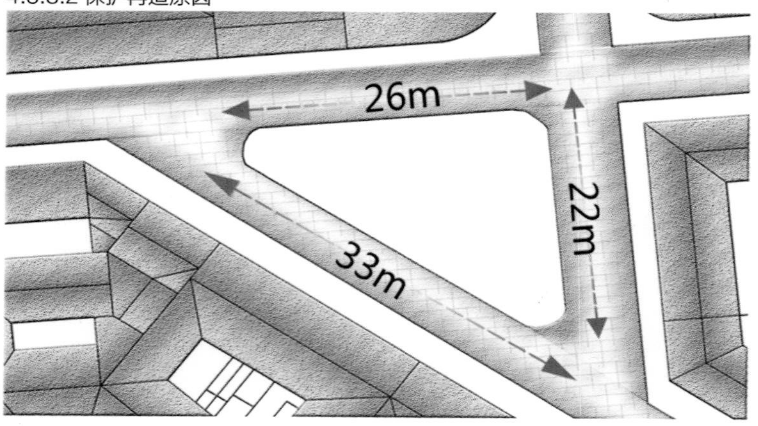

图 4-140 空间尺度 朱贝贝 绘

从空间尺度上而言，基地占地约 280m²，空间尺度过小，不适宜按中式广场模式做大面积绿化规划性质的广场（图 4-140）。

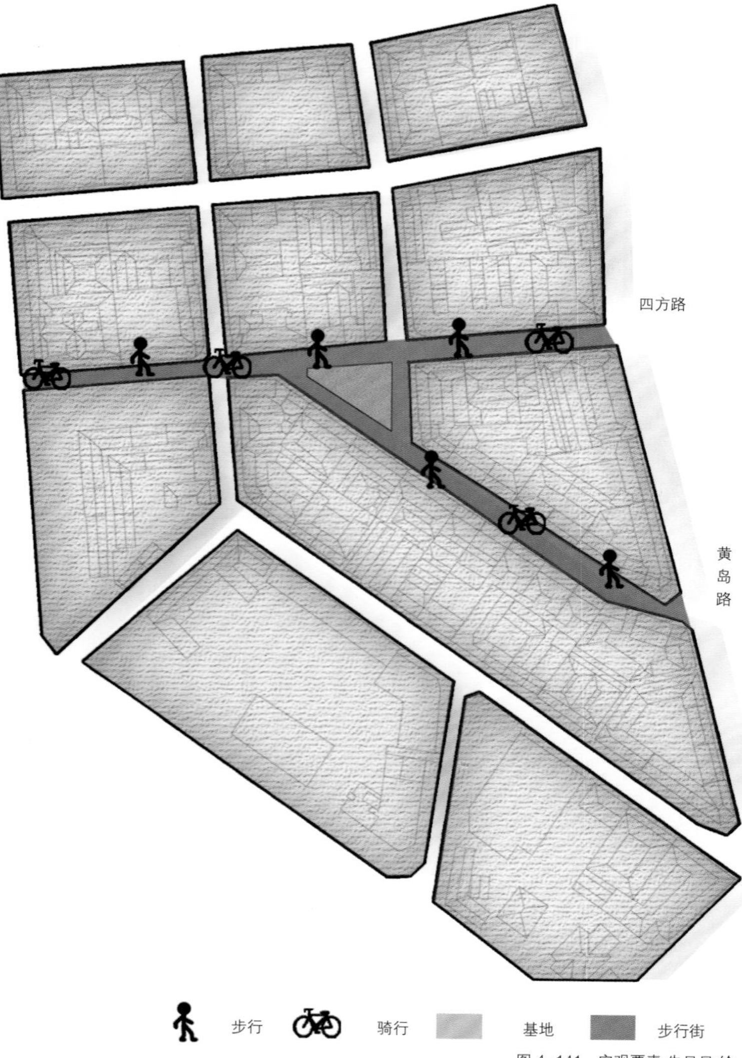

图 4-141 宏观要素 朱贝贝 绘

从位置要素方面而言，三角地位于四方路、黄岛路、易州路三条后期规划的步行街之间，被步行体系环绕。从环境要素方面而言，三角地应尽可能融入步行体系，与周边步行街一体化。从功能要素上而言，三角地应成为黄岛路市场的开端，场地上可自发的形成一系列商业活动，将成为编织市场环境的一部分（图 4-141）。

从铺装衔接与过渡的角度而言，当由四方路或黄岛路过渡到三角地时，为了维持整个步行体系的完整度，应选用自然舒适的两种材质完成两个相邻空间的顺利过渡。以下为相邻铺装过渡的几种形式，并讨论其针对于三角地区的可行性。

（a）

（b）

（c）

图 4-142 案例分析组图 朱贝贝 绘

例如图 4-142（a）中，由沥青铺装过渡到草坪铺装，隶属于明显的两种材质的过渡，存在软硬铺装的明显差别，可直接区分出二者功能的明显差异，若采用则不利于保持三角地与步行体系的一体化，故不适合用于三角地区。

例如图 4-142（b）中，地面铺装由混凝土砖过渡到沥青铺装，二者均为硬质铺装，施工工艺相似，色温相近，但过渡中仍有明显的空间区分。

在由混凝土砖到混凝土砖的过渡中，二者有完全相同的施工工艺，块材体量，只有混凝土颜色的不同作为区分两种相邻空间的唯一差异（图 4-142（c））。

4.3.8.3 案例分析

图 4-143　案例分析组图 朱贝贝 绘

图中红色区域即为类似于本次水龙池节点“边角料空间”，形成此类边角料空间的原因是欧洲的建筑朝向和国内不同，没有正北正南的要求，所以建筑在建造时就会出现不同的朝向，当相邻的不同朝向建筑之间的空间已经不能再加盖其他建筑时，这块不规整的空间便成为建筑的“边角料空间”（图 4-143）。

德国亚琛小镇

法国里昂小镇

法国巴黎郊外

佛罗伦萨市区

图 4-144　边角料空间的利用

在对以上边角料空间的利用方式上，大都有共同之处：（1）它们都以融入步行体系的姿态出现，只允许步行与骑行的出现。（2）规划空间内部时没有刻意规划人流穿梭路径，居民或游人均可随意穿行。（3）在空间内居民会自发的创造其需要的各类活动，同一空间得以在不同时间内有不同的生活场景（图 4-144）。

4.3.8.4 细节设计（一）· 铺装

铺装的设计对于整体空间氛围的定位有着不可忽略的作用，通过对整体空间的把握，在铺装的选择提出两种设计方案（图 4-145、图 4-146）。

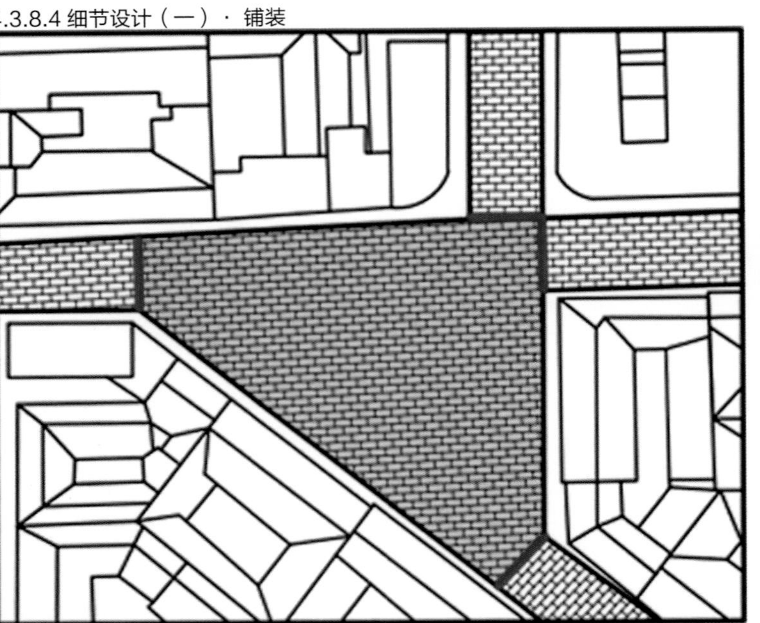

图 4-145　方案一

方案一：三角地与周边步行街的铺装均采用相同材料的同种排列方式，以材料的不同色温达到区分两个不同空间的目的。例如选取相同尺寸而颜色深浅不同的混凝土砖，用相同的施工工艺铺设。

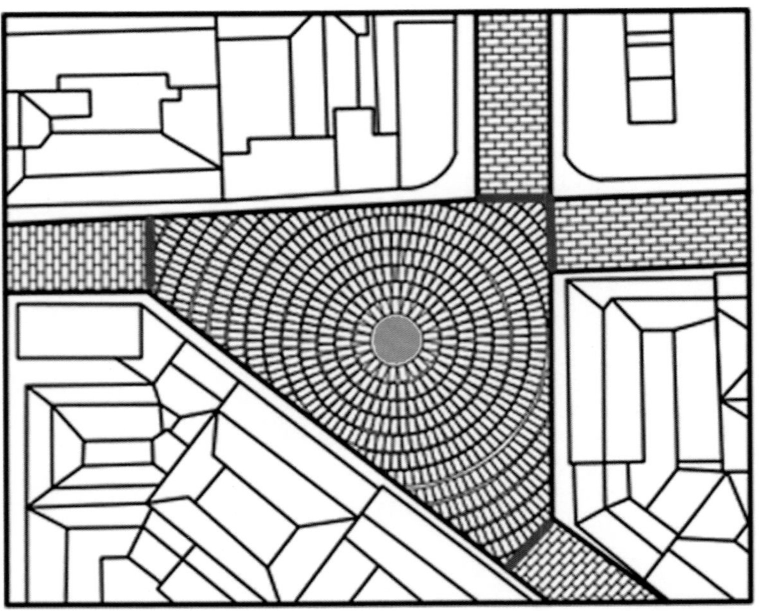

图 4-146　方案二

方案二：二者采用相同色温相同尺寸的同种材料，以不同的铺装工艺区分空间。如图中用完全相同的混凝土砖通过铺设类似于下图中各种花纹的方式达到区分空间的目的。

混凝土方砖尺寸

混凝土砖样式

交界处铺装搭接方式

交界处铺装搭接方式

图 4-147　铺装方式 朱贝贝 绘

4.3.8.5 细节设计（二）· 沟盖板

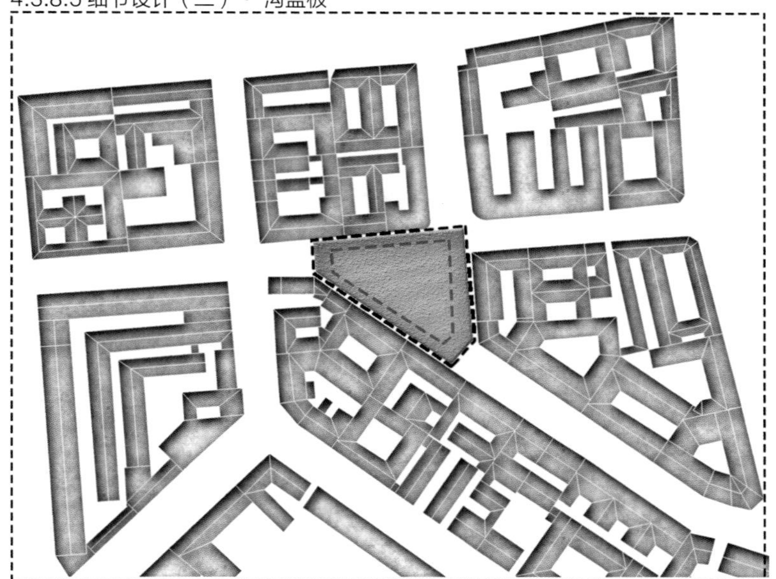

图 4-148　沟盖板

在三角地原下水口处（图 4-148 红线位置）设置沟盖板，沟盖板采用钢格板制造的沟（井）盖板，具有多种型号可供选择以适合不同的跨距载荷及要求。根据使用场合的不同，表面可热浸锌、冷镀锌（电镀）或者不处理。

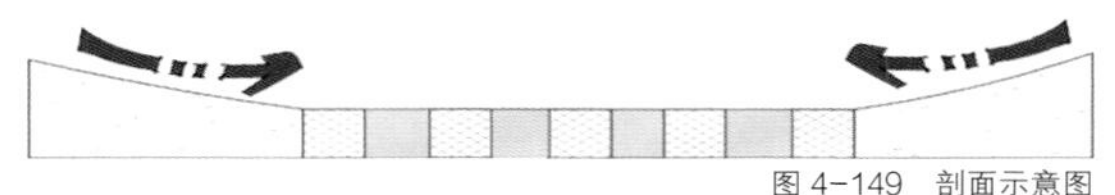

图 4-149　剖面示意图

沟盖板安装至沟渠上方，通过支撑框的锚固片牢固地埋入水泥层内，处于地面起伏的最低处，方便雨水自流进入沟渠，顺畅排水（图 4-149）。

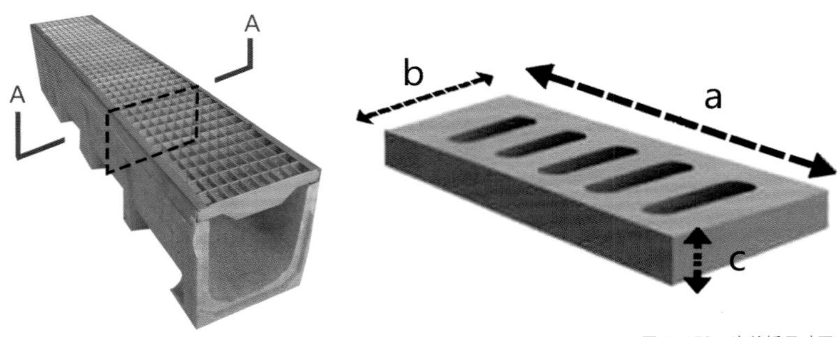

图 4-150　沟盖板尺寸图

单块沟盖板常用尺寸如图 4-150 所示，a x b x c 多为 500 x 250 x 110 mm 或者 400 x 240 x 100mm。另外在沟盖板的选择上，用于三角地内的沟渠、横断沟盖（车行方向与承载扁钢方向相平行）时，不仅要考虑轮压、冲击，还需防止沟盖板弹跳移位的危险，必须将沟盖板与角钢、支梁固定（可以使用焊接固定或钢格板安装夹固定）（图 4-151）。

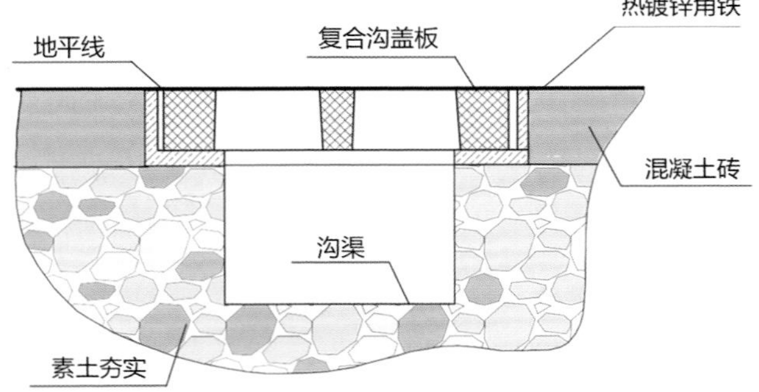

图 4-151　沟盖板安装剖面大样图

4.3.8.6 细节设计（三）· 暗桩

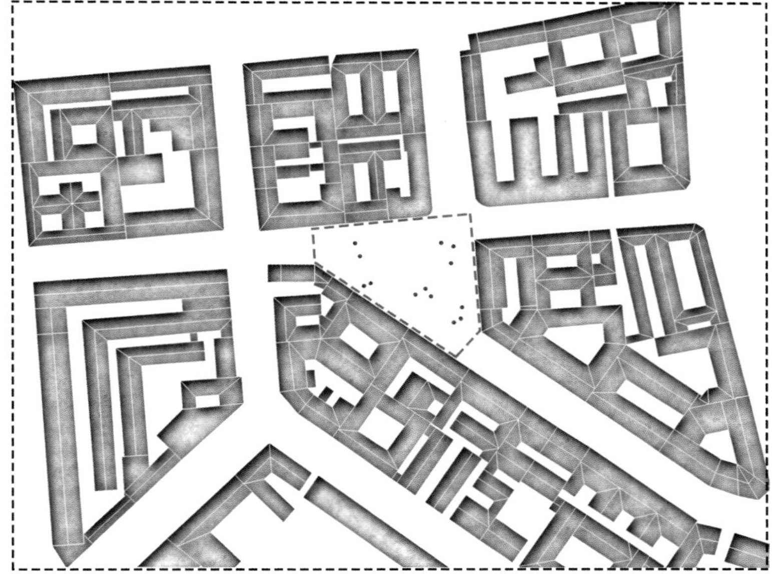

图 4-152　暗桩

在场地中不规则分布了许多可自由调节升降的暗桩，高低粗细不一，居民可根据自我需求将其升起或落下，环绕着相邻暗桩之间展开活动，增加了场地内居民活动的丰富度（图 4-152）。

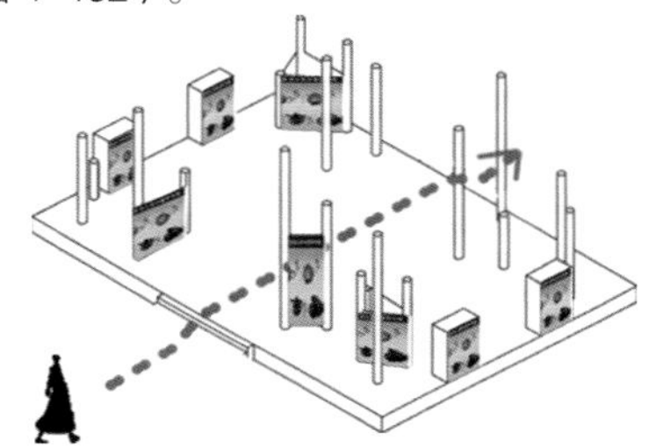

图 4-153　暗桩使用示意（一）

例如场地内设置临时展览时，围绕原有的展板可有秩序的升起暗桩，充当临时展板，丰富展览方式（图 4-153）。

图 4-154　暗桩使用示意（二）

例如个别移动式零食摊摆放至暗桩附近，可将暗桩升起至所需高度，为招揽顾客悬挂其摊位招牌或产品信息等（图 4-154）。

图 4-155　暗桩使用示意（三）

例如在靠近场地边缘的柱子之间布置海报，张贴的海报可随需求变化即时更换，是人群进入场地的一大感知（图 4-155）。

图 4-156　暗桩使用示意（四）

例如在场地内，休闲娱乐的居民可根据需求将半径合适的暗桩调节至座椅高度，形成临时座椅（图 4-156）。

在以上基础之上，我们对保护改造后的水龙池节点展开了以下六种场景模拟。

4.3.8.7 场景模拟

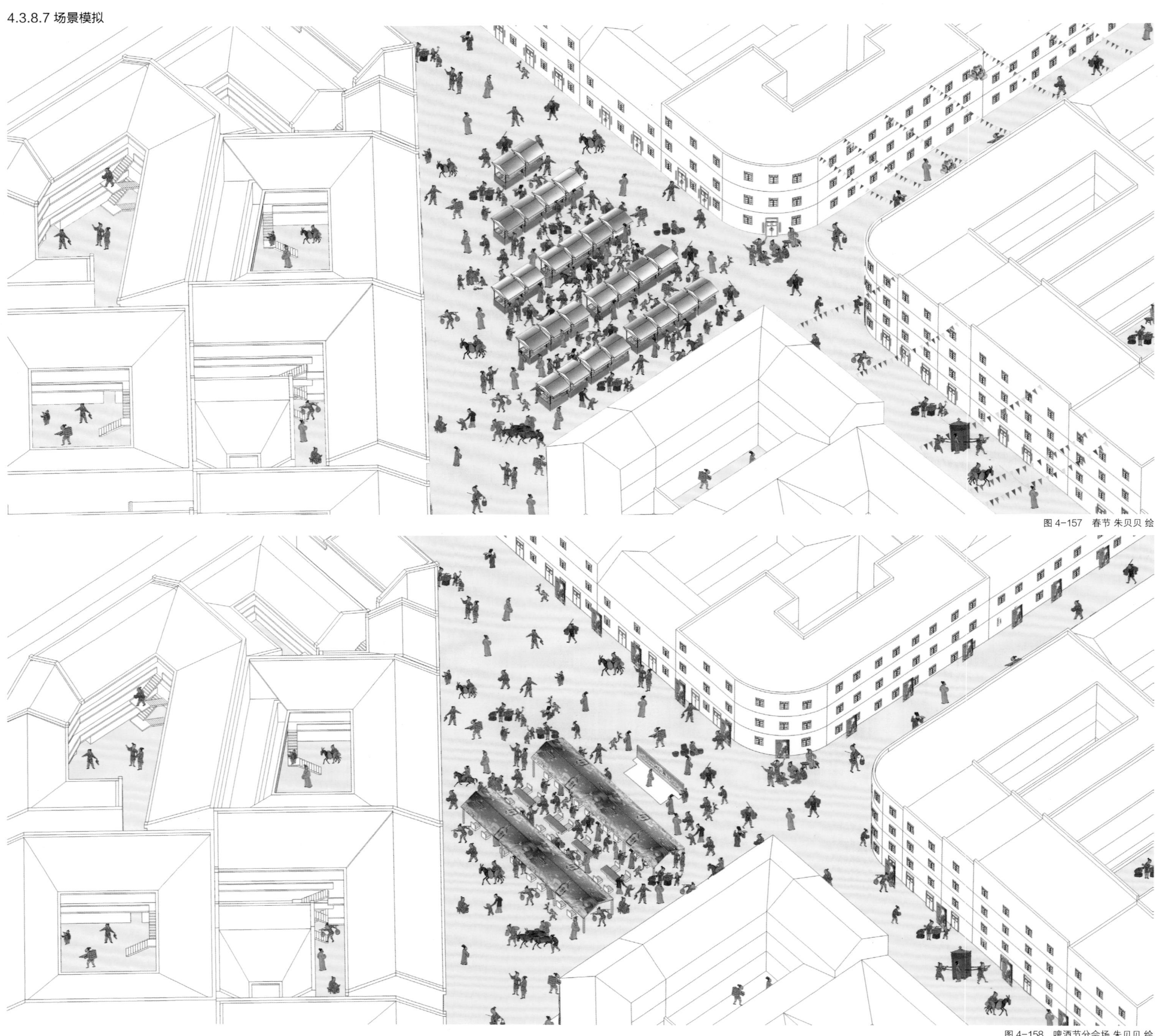

图 4-157　春节 朱贝贝 绘

图 4-158　啤酒节分会场 朱贝贝 绘

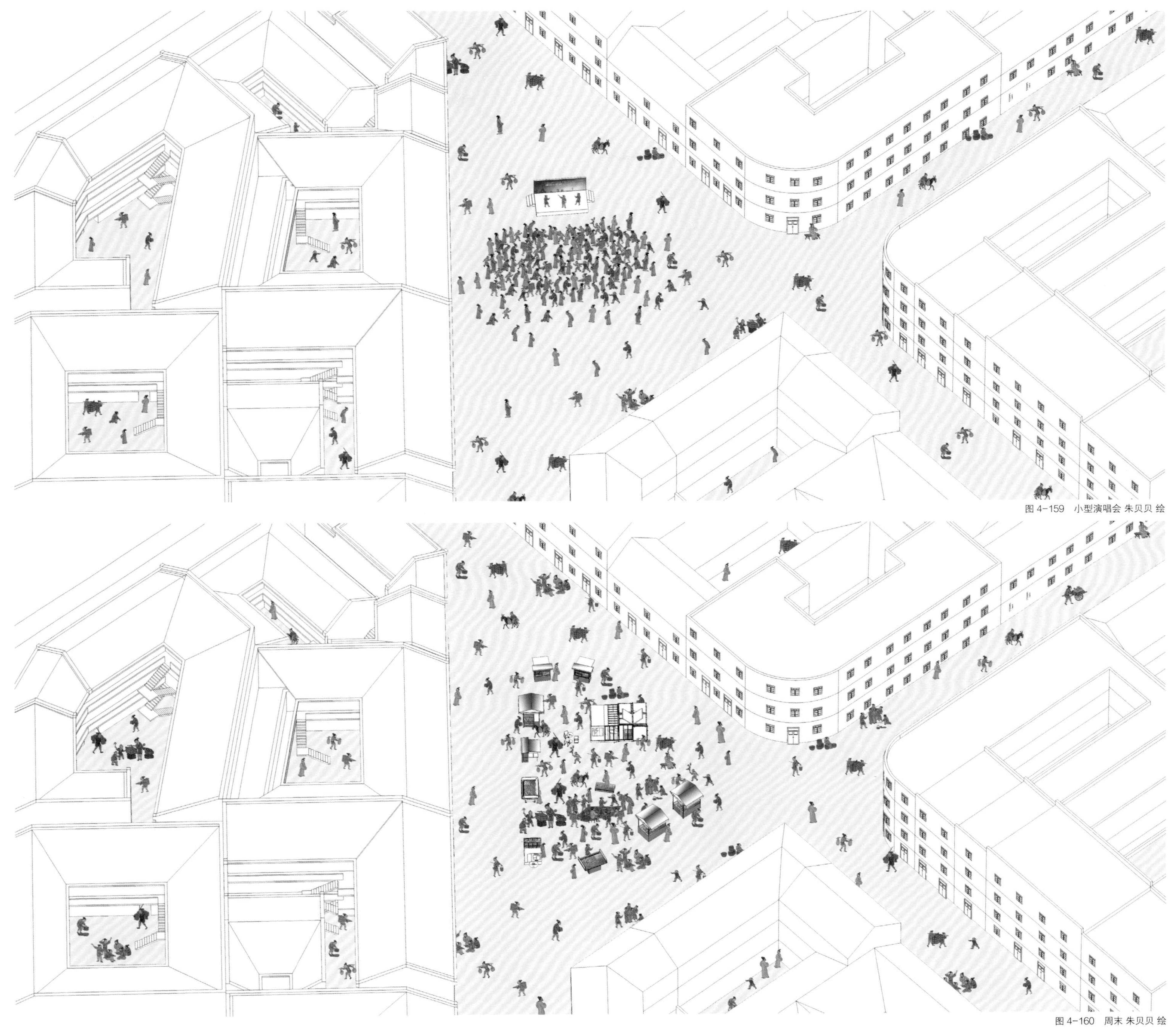

图 4-159 小型演唱会 朱贝贝 绘

图 4-160 周末 朱贝贝 绘

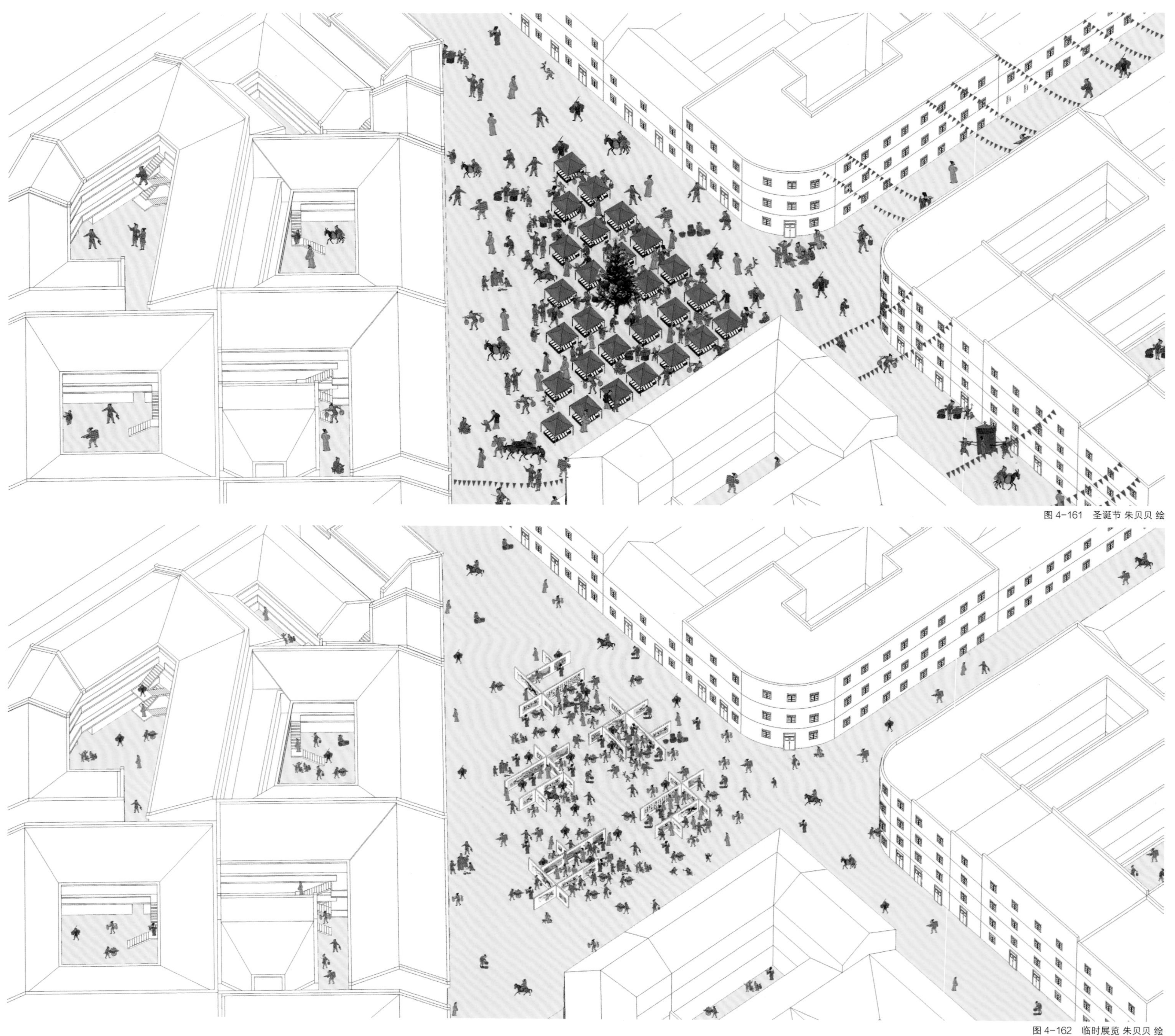

图 4-161　圣诞节 朱贝贝 绘

图 4-162　临时展览 朱贝贝 绘

市场节点设计

作为大鲍岛特色之一的黄岛路市场历史悠久，为更好展现老青岛的风俗民情，本次对市场节点进行改造，通过对机动车限行，打造以步行交通体系为主的市场，通过特色摊位的设计和改造营造出更符合青岛记忆的市场环境。

停车场设计

这里就像是一块上古的黑曜石半露在土里，她不是中心却是亮点，不是界限却是对比，传统与当代、钢筋与砖石、新与旧……走在午后，熙和的阳光透过穿孔板照射在行人的肩上，相机里镜头清晰可见天主教堂的塔楼，来自停车场的铰链摩擦声吱吱作响，或许你稍不留神扫视下前面行走的大姨，而迎来的总是热情的微笑。

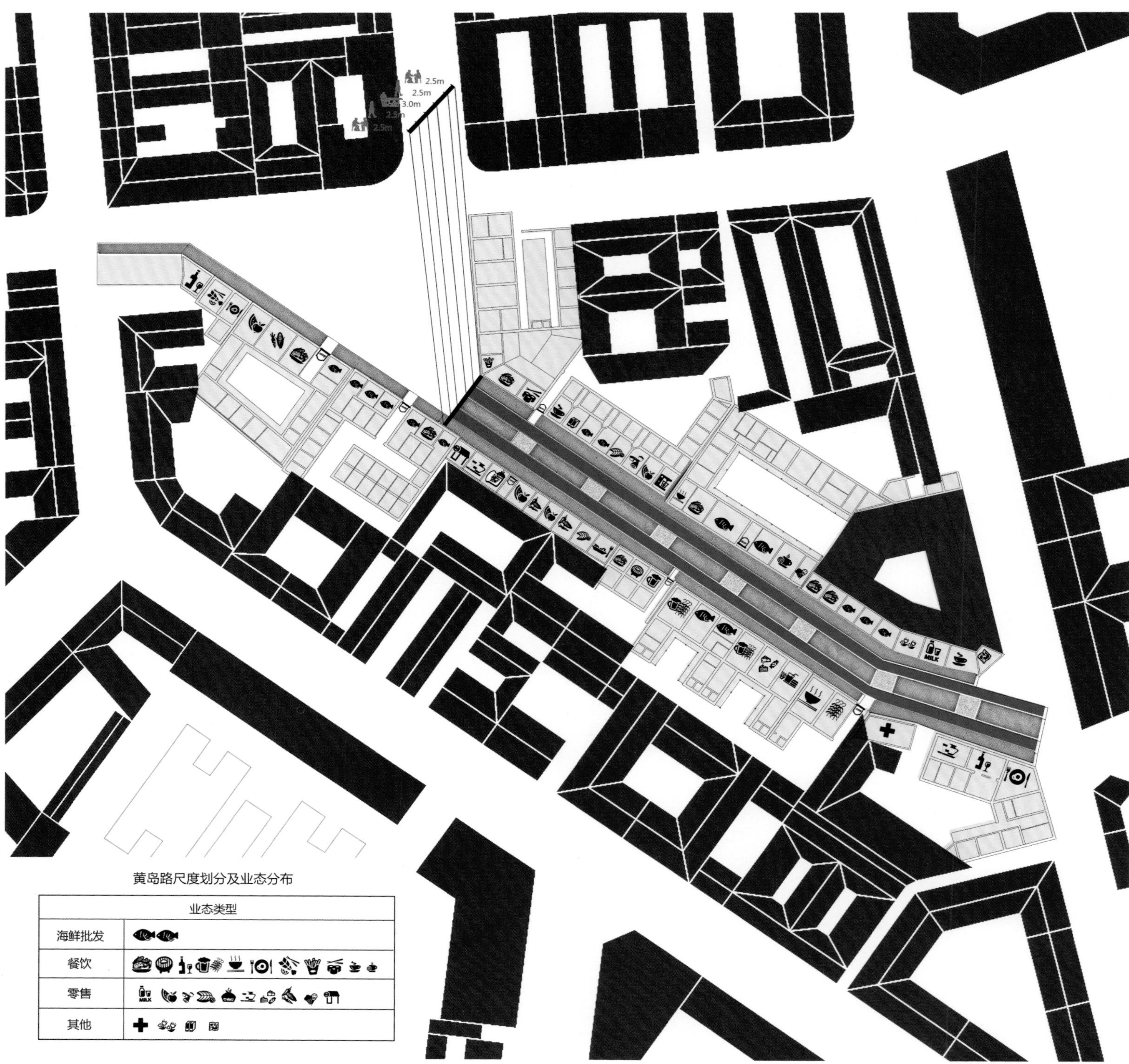

图 4-163 市场业态分布图 刘婉婷 绘

4.3.9 市场节点设计

黄岛路市场主要由海鲜批发、零售、餐饮、休闲四类业态组成，以尊重当地原有业态为基本原则，以加强黄岛路市场的氛围、合理规划摊位、维持市场秩序为目的，保留黄岛路市场的特色(图 4-163)。各种业态交叉布置，丰富了原来单一的海鲜类业态，餐饮类和休闲类业态的植入将起到活化市场氛围、增加人气的作用。经过改造后的黄岛路市场氛围如下：

破晓，满载货物的货车陆陆续续的驶入市场，黄岛路忙碌的早晨即将拉开序幕。

市场两侧的店铺开始补货，卖早点的小餐馆开始生火做饭，一些流动商贩将摊位摆出以迎接即将来临的早市。

清晨，附近的居民到黄岛路市场采购一些蔬菜水果、海鲜肉类等食品，上班族在流动早点摊买早餐，顺便来一份报刊路上看，当地人悠闲地走在黄岛路市场里，耳边传来熟悉的叫卖声、讲价声，碰到熟人还能到路边坐着喝两杯茶，聊聊家长里短。

接近中午的时候，黄岛路的餐饮开始忙碌起来，店家将桌椅摆出，热情地招待顾客，特色的海鲜烧烤，青岛啤酒，各种食物的香味汇聚，青岛的路边烧烤吸引着四面八方的人们，不管你是谁，在黄岛路市场都可以大口喝酒，大口吃肉。

傍晚，华灯初上。市场的店铺昏黄而温暖的灯光让人有种回家的错觉，熙熙攘攘的人群开始涌向这里，在这里除了美味的食物，还有街头艺人精彩的表演，又或许，在跳蚤市场和二手书摊随便逛逛就能淘到一些稀奇玩意儿，市场氛围随之被推向高潮。

入夜，夜市散去，市场开始恢复安静，店家开始打点一天的辛苦成果，垃圾车进入市场进行清理工作，黄岛路逐渐恢复整洁，迎接即将到来的黎明。

4.3.9.1 市场设计尺寸依据

0.1m 0.8m 0.1m

1.5~2.0m

0.75~0.8m 1.5~2.0m 0.55m

0.4m 1.2~1.5m 0.2m 0.8m

1.5~3.5m

0.1m 0.5m 0.6~0.9m 0.5m 0.1m

市场街道尺寸的划分，参考单人步行、单人携物步行、三人并行、路边摊位尺寸范围、休闲座椅的尺寸进行市场基本尺寸的设计（图4-164）。采用适宜的尺度，确保步行体系与街道尺寸一致，使行人在黄岛路步行时获得最佳观赏视线，并保持街道适宜行走的空间氛围。

0.4m 0.9~1.2m 0.4m

0.1m 0.6~0.9m 1.5~2.0m

0.10m 0.55m 0.10m

0.75m

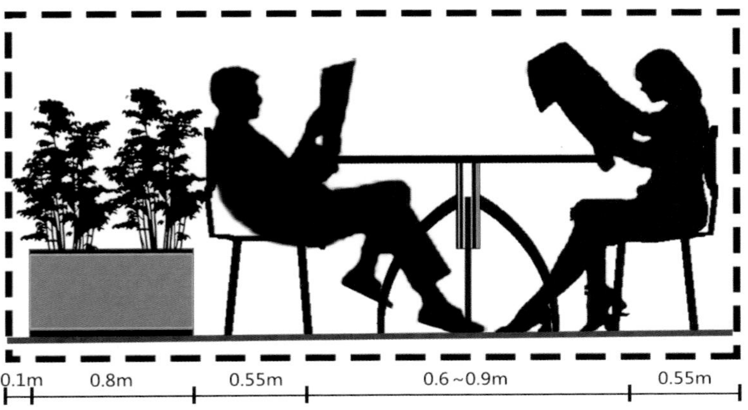

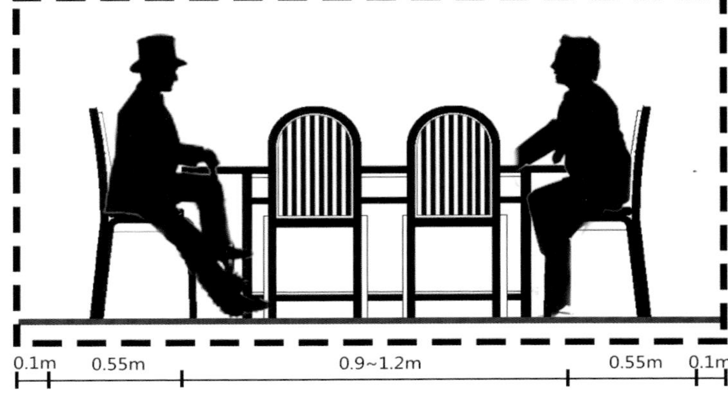

街道尺寸设计将室外摊位的摆放考虑进去，根据早、中、晚不同时间段对街道的实际用途进行详细划分，为方便早上货车送货，打造以步行为主的街道，采用取消两侧路缘石的措施，将道路与传统人行高差降为零，相当于增加了货车送货时街道的宽度。

图 4-164　市场活动人体尺寸图 刘婉婷 绘

图 4-177　黄岛路市场效果呈现 C（一）刘婉婷 绘

图 4-179 黄岛路市场轴侧图（一） 刘婉婷 绘

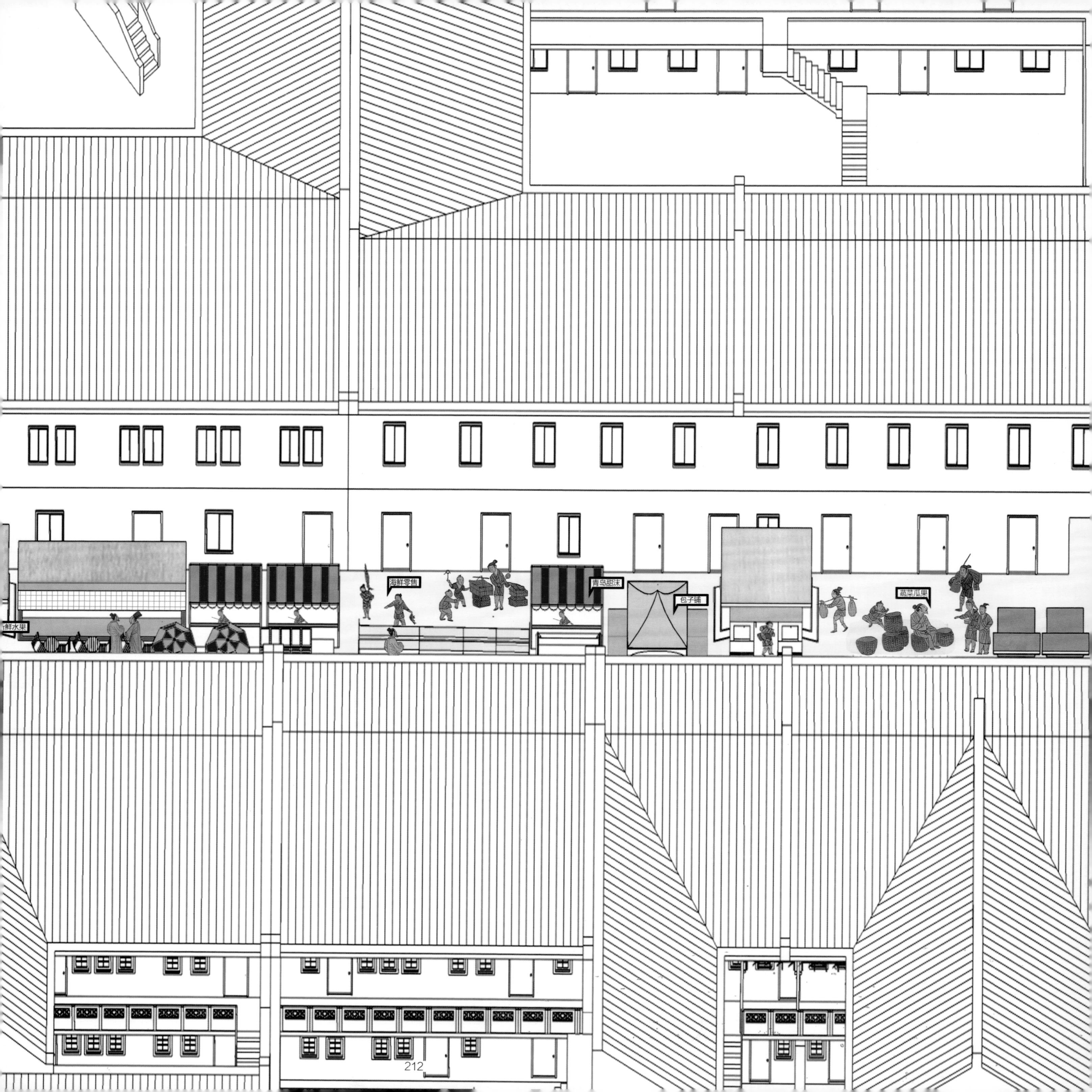
鲜水果
海鲜零售
青岛甜沫
包子铺
蔬菜瓜果

图 4-180　黄岛路市场轴侧图（二）　刘婉婷 绘

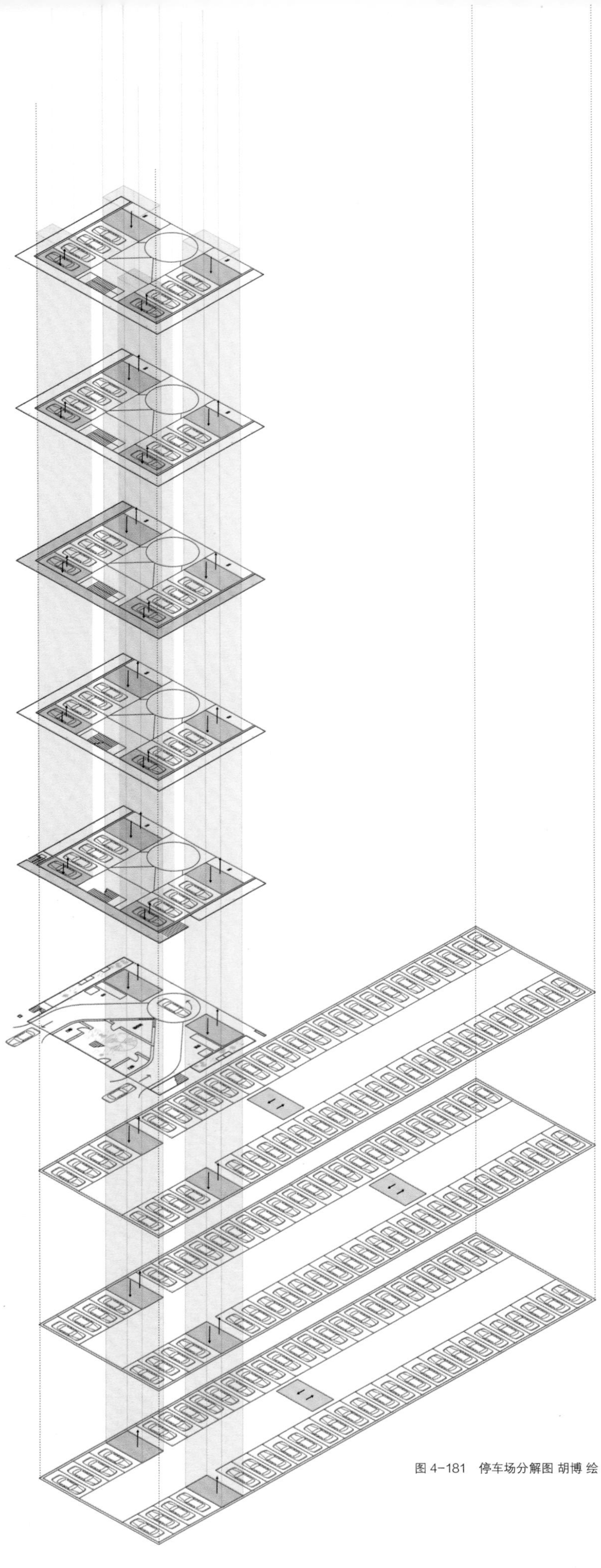

图 4-181　停车场分解图 胡博 绘

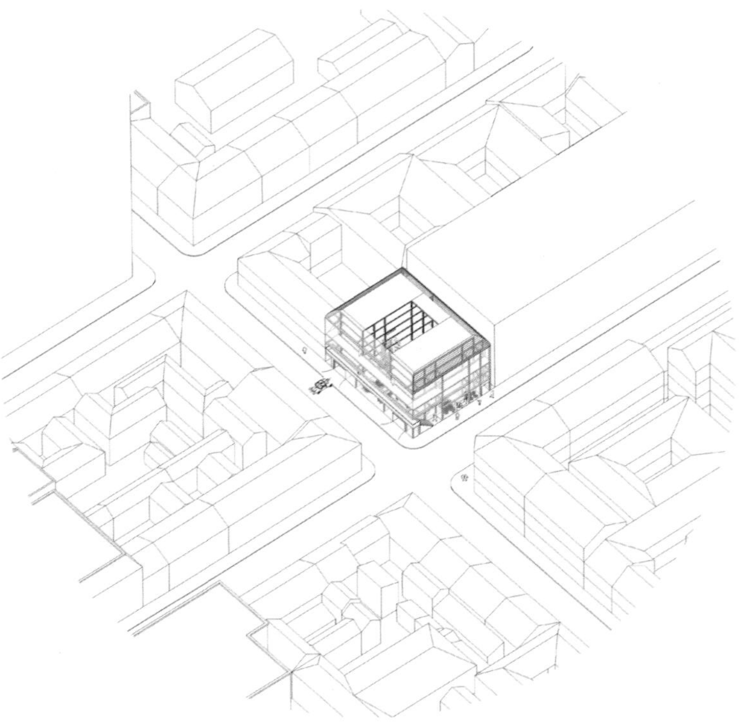

图 4-182　停车场轴测图 胡博 绘

图 4-183　停车场位置 胡博 绘

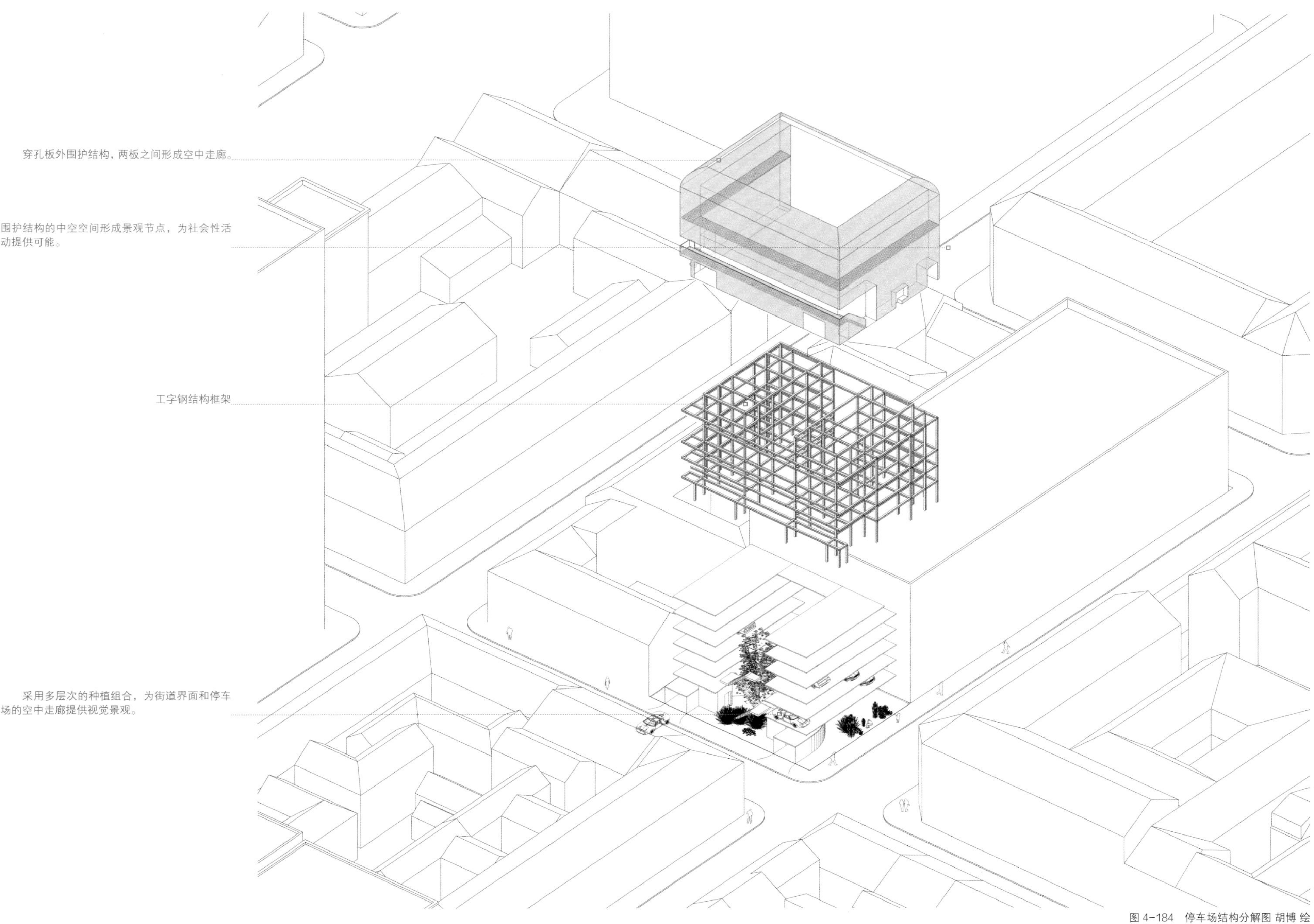

图 4-184　停车场结构分解图 胡博 绘

4.3.10 停车场设计

1. 停车场类型

根据调研组前期调研成果基地目前最多可容纳 180 余辆汽车同时停车，而基地中停车场划定地块长仅为 352 ㎡（16m×22m），地上空间十分有限，如果需要尽可能的缓解停车问题，机械式停车场必然是最佳选择之一。由于基地位于老城区，这种机械式停车场的高度要慎重考虑，要充分的利用地下空间，所以最终决定采用机械式地下地上相结合的停车场，地下共三层，将整个 A 地块新建建筑地下部分完全作为机械停车场建设，可容纳 156 辆汽车同时停车，地上六层可容纳 44 辆。总停车数量为 200 辆，地上高度为 13m。

2. 停车场形态

由于基地位于老城区，且大多数为青岛典型的里院式建筑，停车场在满足基本功能的同时尽可能保护城市平面肌理，依然采用一种中空围合式的建筑平面形态；停车场在立面选择时尽可能地选择开放式的、通透式的形式和材料，尽可能的减少新建筑对周围老建筑和街道意向的影响，因此黑色穿孔板不失为最佳选择之一。停车场在三个沿街立面中各形成了三个 1.5m 宽的围合空腔。这三个立面的空腔不仅可以减小停车场内部车辆对街道和相邻里院的影响，而且可以结合穿孔板的特性使这三个中空的空间可以形成多种可能，在一层设计的三个小型景观节点，给街道和里院的人群提供多种社会性活动的可能。在二层设计的空中走廊，为因停车场出入口而受影响的人流提供另一条通道，在四层的空中走廊则是通往相邻商业综合体建筑的。停车场的最上面一层穿孔板采用向建筑内弧的形态，主要考虑到基地内坡屋顶的那种形态上内向的围合感，并且综合建筑材料的特性，所以采用向内弧的穿孔板（图 4-184）。

3. 停车场结构

采用工字钢和穿孔板作为建筑的主要材料，两种皆是节能材料，并且可拆卸。

4. 停车场出入口

停车场位于 A 地块的西南角，由于基地内实行限时通车，所以不可能作为停车场的出入口设计，因此出入口在潍县路右侧，由于地块面积限制只能设计单车道出口和入口，考虑到在中国的靠右行驶机动车交通原则，所以入口设计在南边，出口设计在北边。

立面设计

街道旁古树掩映，脚下的花岗岩路面长久被雨水冲刷，露出淅沥的沟痕。走在路上，两旁的建筑露出被岁月冲刷的痕迹，勾起旅人心底掩埋的记忆。

门窗设计

将门窗进行替换，还原街区的历史原貌，让来到这里的人能够感受到 100 年前青岛里院的辉煌时刻，人马车行络绎不绝，繁华依旧的历史盛况。

栏杆设计

红色的木质栏杆代表了青岛里院的建筑特色，红瓦绿树描写的就是青岛里院的特色，还原栏杆，人们站在里院里将看得更多，更远。

门洞设计

作为里院构成的重要构件之一，当你漫步在任何一处里院外街道时它都会把你吸引，因为它是里院的一个标志，是构成在这里生活的人们脑中记忆的东西。

图 4-195　四方路 19 ~ 25 号，第二部分　修复后　李坤、陈保成绘

图 4-196　四方路 19 ~ 25 号，第三部分　修复前　李坤绘

图 4-197 四方路 19 ~ 25 号，第三部分 修复后 李坤、陈保成绘

图 4-198　四方路 36 ~ 38 号，第一部分　修复前　李坤绘

图 4-199　四方路 36 ~ 38 号，第一部分　修复后　李坤、陈保成绘

图 4-200　四方路 36 ~ 38 号，第二部分 修复前 李坤绘

图 4-201　四方路 36 ~ 38 号，第二部分　修复后　李坤、陈保成绘

图 4-202　博山路 G 区，　修复前　李坤绘

图 4-203　博山路 G 区，　修复后　李坤、陈保成绘

图 4-204　博山路 J 区，第一部分 修复前　李坤绘

图 4-205　博山路 J 区，第一部分 修复后　李坤、陈保成绘

详见门窗设计第二号窗

图 4-215　平度路 17 ~ 23 号，第二部分 修复后　李坤、陈保成绘

图 4-216　平度路 17 ~ 23 号，第三部分 修复前　李坤绘

图 4-217　平度路 17 ~ 23 号，第三部分 修复后　李坤、陈保成绘

图 4-218　平度路 6 号和兴里，第一部分　修复前　李坤绘

图 4-219　平度路 6 号和兴里，第一部分 修复后　李坤、陈保成绘

图 4-220　平度路 6 号和兴里，第二部分　修复前　李坤绘

图 4-233　海博路 35 ~ 37 号，第三部分 修复后　李坤、陈保成绘

图 4-234　原始门窗 马祥鑫 摄

4.4.2 门窗设计

4.4.2.1 门窗修复理念

（1）对破坏基地风貌的门窗进行替换，对符合风貌门窗进行价值判断，加以修复。
（2）遵循原真性原则，修旧如旧。
（3）新设计的门窗要从样式上明显区别于旧窗，保持对立性，让游客能够简单的识别。

4.4.2.2 门窗价值判断

通过编写的构件元素评分表，对门窗进行评分（-1，0，1分），以判断门窗的价值以及是否保留。

a．判断门窗是否属于风貌特点的一部分，观察建筑构件是否有风貌建筑的特点（例如廊柱头等属于当地风貌特点的一部分）。
b．建筑细节从样式、工艺、技术层面上是否有美学价值、艺术价值、科学研究价值（例如山花的美，窗户的艺术性等）。
c．建筑构件是否反映了青岛的历史文化，是否体现了青岛的地域文化。
d．判断建筑构件的破坏性，比如门窗、墙面等，判断剩余寿命，是否还可以继续使用。
e．判断结构是否有风貌特色，如木结构的柱子梁等。
f．构件是否由著名建筑师设计，或者有历史文化渊源，是否有代表性的构件。
g．构件是否有外国的建筑风格。

4.4.2.3 设计过程

（1）门窗样式展示，以图片＋线稿的形式展示门窗的样式。
（2）标注门窗的尺寸并描述门窗的材料、样式以及颜色。
（3）门窗修复的表达（带文字阐述）。

4.4.2.4 门窗修复展示

一：
颜色：白色
样式：推拉窗
材料：塑钢，玻璃
是否属于原貌构件：否
得分：-1

二：
颜色：红色
样式：二分窗
材料：木头，玻璃
尺寸：100cmx140cm
修复细节：拆除不符合风貌的白色塑钢窗，改变为造型简单的二分窗，颜色使用红色，材料选用木材。

一

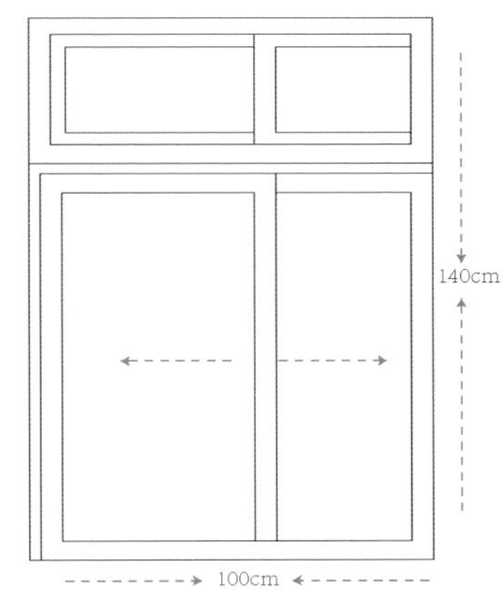

二

三：
颜色：红色
样式：二分窗
材料：木头，玻璃
是否属于原貌构件：否
得分：0

四：
颜色：红色
样式：二分窗
材料：木头，玻璃
尺寸：80cmx140cm
修复细节：造型改变为弧形，符合窗檐，颜色与材料保留， 同样也简化窗户造型。

三

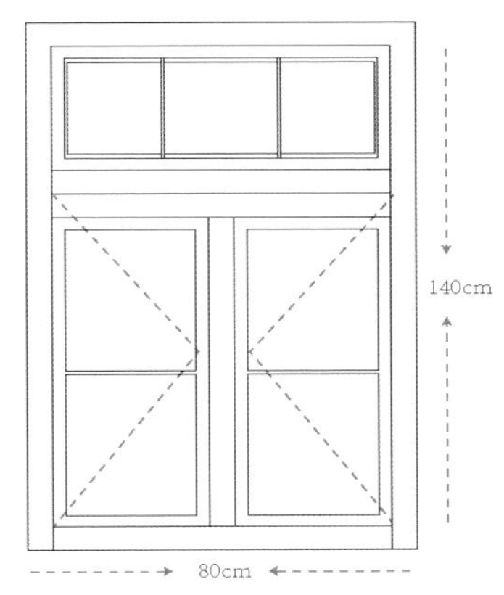

四

五：
颜色：红色
样式：单窗
材料：木头，玻璃
是否属于原貌构件：否
得分：0

六：
颜色：红色
样式：单窗
材料：木头，玻璃
尺寸：50cmx100cm
修复细节：造型改变为弧形，符合窗檐，颜色与材料保留。

五

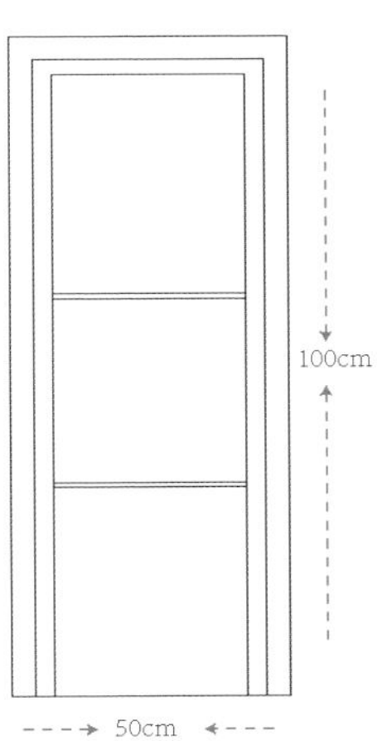

六

图 4-235　窗户改造前后效果图（一）马祥鑫 绘

样式特点：第一种为推拉窗，是比较现代化的窗户，方便开启，第二种二分窗是基地较多的一种样式，第三种窗户无法开启，只能起到透光的作用。

材料特点：木窗较易腐烂，造价较高，美观符合风貌特点，塑钢窗不符合风貌特点，但耐用性强，造价相对较低。

设计思路：不符合风貌特点的窗户要拆除，进行必要的更换，而符合风貌的两种木窗，很明显造型不满足窗檐的造型，是后期改建的窗户，需要重新改造（图 4-235）。

八

七：
颜色：白色
样式：推拉窗
材料：塑钢，玻璃
是否属于原貌构件：否
得分：-1

八：
颜色：红色
样式：二分窗
材料：塑钢，玻璃
尺寸：100cmx140cm
修复细节：造型上借鉴现有的木质窗户，并且跟住宅功能的窗户保持统一，功能满足休闲与零售，主要是商业实用为主，面积大，便于商店面向街道做展示，材料为塑钢材料，颜色为红色。

十

九：
颜色：淡蓝色
样式：二分窗
材料：木头，玻璃
是否属于原貌构件：否
得分：-1

十：
颜色：红色
样式：二分窗
材料：木头，玻璃
尺寸：80cmx140cm
修复细节：通过分析，判断该造型的窗户破损严重，造型简单，为后期自行修建的窗户，所以保留了原造型，颜色改为符合风貌特点的红色。

十二

十一：
颜色：红色，蓝色
样式：二分窗
材料：木头，玻璃
是否属于原貌构件：否
得分：0

十二：
颜色：红色
样式：二分窗
材料：木头，玻璃
尺寸：80cmx140cm
修复细节：保留简单的窗户形式，统一窗户造型与颜色，选择更符合风貌特点的红色，去除蓝色与白色。

图 4-236　窗户改造前后效果图（二）马祥鑫 绘

样式特点：推拉窗与二分窗都从样式上表达了一种简洁的特点，操作简单，有利于节省成本，方便替换。
材料特点：塑钢材料耐用性强，可以工厂化大批量生产，成本低，但会破坏风貌特点，木材料造型广泛，耐用性低，容易腐烂，成本较高，但符合风貌特点。
设计思路：窗户要保证历史风貌特点，旧窗保留以前的窗户形式重新定做，新窗使用新的材料，但造型简单，跟原有的窗户形成材料与形式上的对比（图 4-236）。

十三：
颜色：蓝色
样式：二分窗
材料：木头，玻璃
是否属于原貌构件：否
得分：0

十四：
颜色：白色
样式：二分窗
材料：木头，玻璃
尺寸：80cmx140cm
修复细节：由照片可以看出窗户腐烂严重，没有保留的必要，可以整体替换新窗，颜色统一为白色。

十三

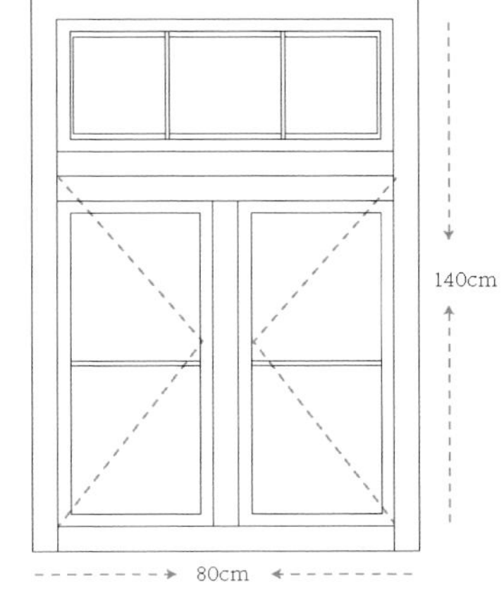

十四

十五：
颜色：红色
样式：二分窗
材料：木头，玻璃
是否属于原貌构件：否
得分：0

十六：
颜色：白色
样式：二分窗
材料：木头，玻璃
尺寸：110cmx160cm
修复细节：保留简单的窗户形式，统一窗户造型与颜色，颜色保留白色。

十五

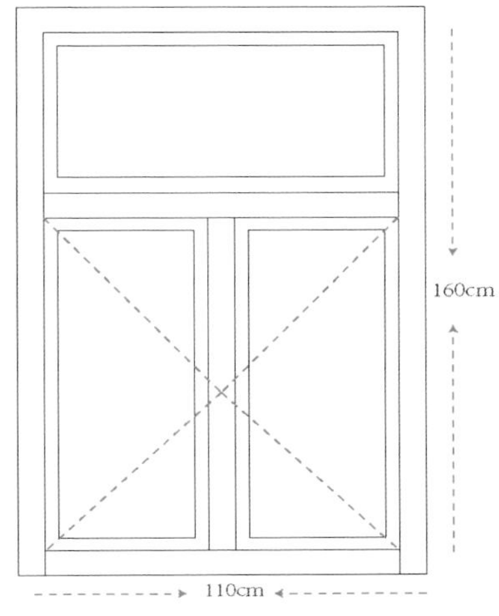

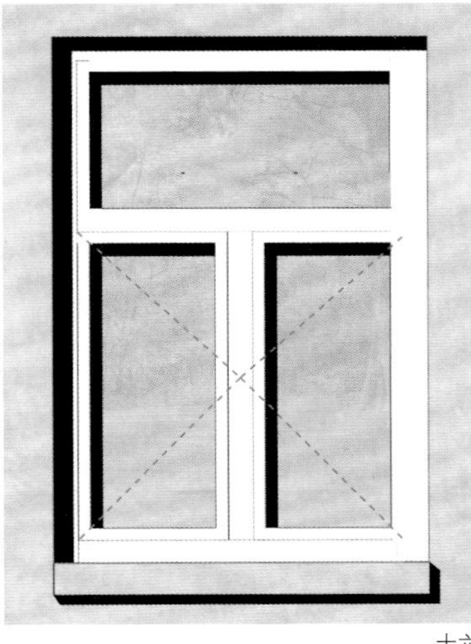
十六

十七：
颜色：白色
样式：二分窗
材料：木头，玻璃
是否属于原貌构件：否
得分：0

十八：
颜色：白色
样式：二分窗
材料：木头，玻璃
尺寸：110cmx160cm
修复细节：通过判断，该街区没有需要保留的窗户，所以将塑钢窗与造型复杂不容易还原的窗户改变为造型简单的二分窗，颜色保留白色。

十七

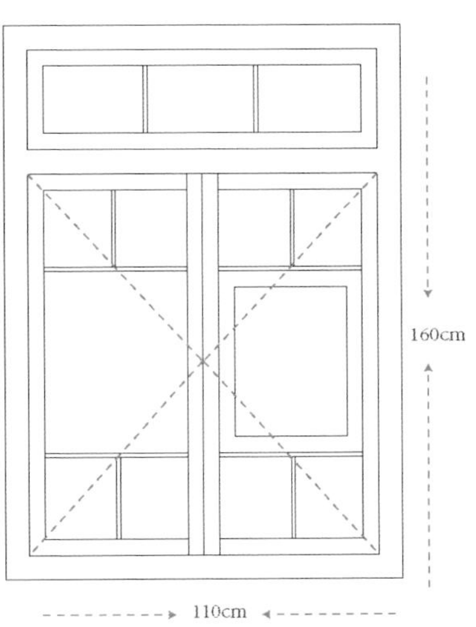

十八

图 4-237　窗户改造前后效果图（三）马祥鑫 绘

样式特点：三种木质窗户都是简单的二分窗，第一种与第三种造型稍微复杂一点，第一种添加了简单的木质护栏。
材料特点：易腐烂，造型多样化，耐用性低，成本偏高。
设计思路：简单的木窗可以保留样式，复杂的木窗进行替换，改变为简单的样式，材料保持不变（图 4-237）。

十九

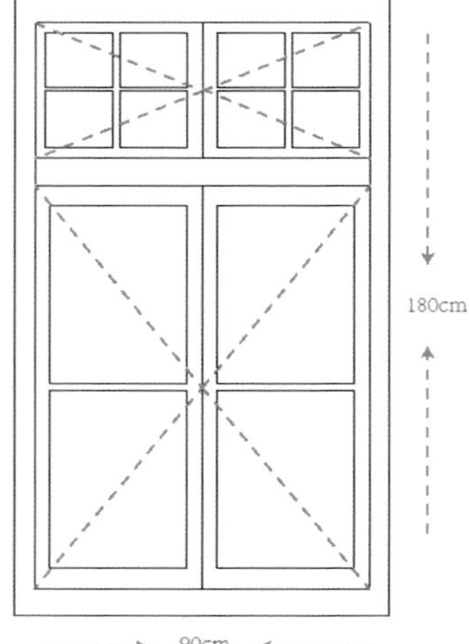
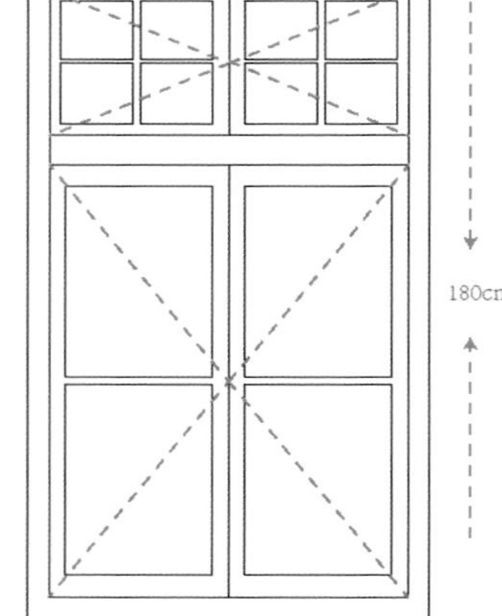

二十

十九：
颜色：红色
样式：二分窗
材料：木头，玻璃
是否属于原貌构件：否
得分：0

二十：
颜色：红色
样式：二分窗
材料：木头，玻璃
尺寸：90cmx180cm
修复细节：造型上改为符合窗檐的弧形窗，材质与颜色保留，简化窗户造型。

二十一

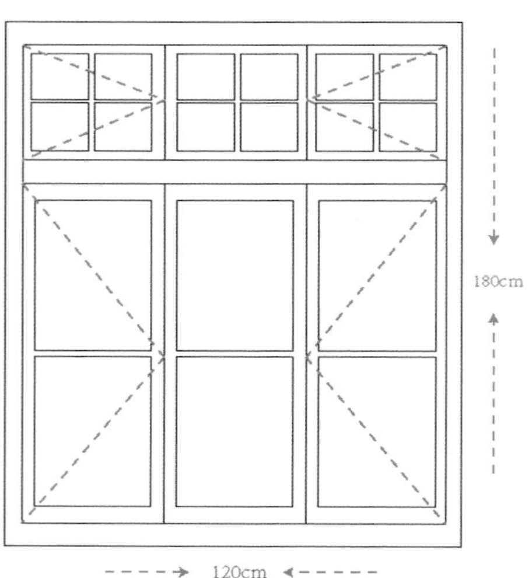

样式特点：两者都是木质材料，颜色都为红色，搭配灰黑色的立面，符合风貌特点，历史感尽显。
材料特点：木材料造型广泛，耐用性低，容易腐烂，成本较高，但符合风貌特点。
设计思路：窗户很符合风貌特点，在简化窗户的同时，保留原来的颜色，去除外面的铁质防盗窗，改为将防盗窗设计在内部，保证窗户功能使用正常（图4-238）。

二十二
图 4-238　窗户改造前后效果图（四）马祥鑫 绘

二十一：
颜色：红色
样式：三分窗
材料：木头，玻璃
是否属于原貌构件：否
得分：0

二十二：
颜色：红色
样式：木窗
材料：木头，玻璃
尺寸：120cmx180cm
修复细节：造型改变为弧形，符合窗檐，颜色与材料保留，同样也是简化窗户造型。

二十三：
颜色：白色
样式：推拉窗
材料：塑钢，玻璃
是否属于原貌构件：否
得分：-1

二十四：
颜色：红色
样式：二分窗
材料：木头，玻璃
尺寸：80cmx120cm
修复细节：保留弧形的造型，重新设计木窗，材料改为木材，颜色改为符合街区特色的红色。

二十三

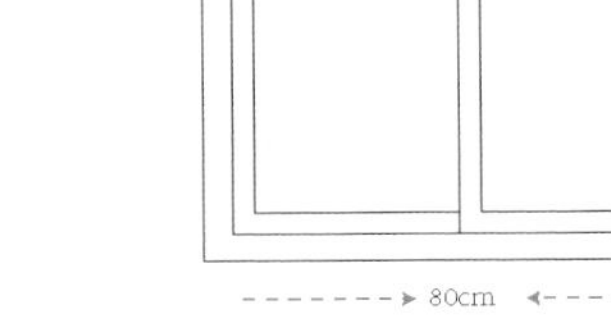

二十四

二十五：
颜色：灰色
样式：三分窗
材料：木头，玻璃
是否属于原貌构件：否
得分：0

二十六：
颜色：红色
样式：木窗
材料：木头，玻璃
尺寸：120cmx180cm
修复细节：简化窗户造型，对破损的窗户进行局部修复，颜色需要改为符合街区特色的红色。

二十五

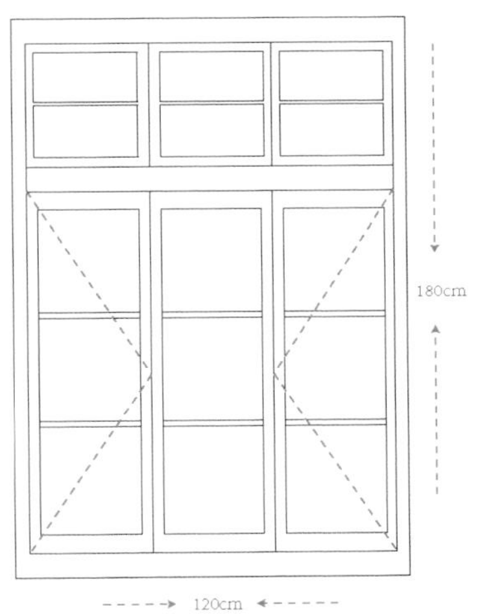

二十六

图 4-239　窗户改造前后效果图（五）马祥鑫 绘

样式特点：推拉窗是根据窗檐改造的一种现代塑钢窗，第二种是木窗，造型较为复杂。

材料特点：木材料造型广泛，耐用性低，容易腐烂，成本较高，但符合风貌特点，塑钢材料耐用性较好，造价较低。

设计思路：白色塑钢窗不符合街区特色，影响街区美观，需要拆除，木窗腐烂破损严重，需要简化造型改变颜色（图 4-239）。

二十七

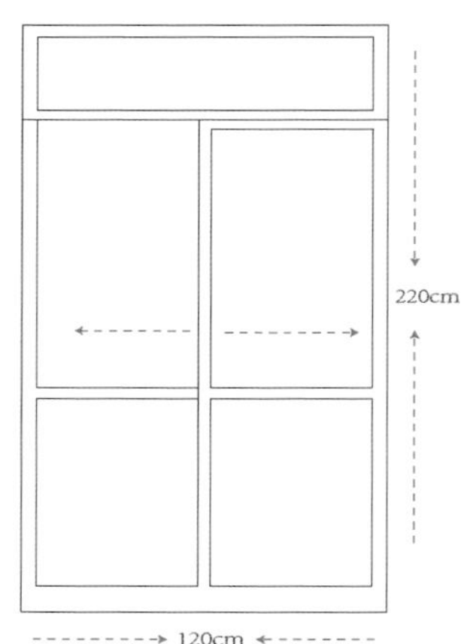

二十八

二十七：
颜色：白色
样式：推拉门
材料：塑钢，玻璃
是否属于原貌构件：否
得分：0

二十八：
颜色：红色
样式：推拉门
材料：塑钢，玻璃
尺寸：120cmx220cm
修复细节：现有的门颜色混杂，材料有塑钢与木头，新的门采用新的塑钢材料，颜色采用红色，保证店铺对门功能的要求。

二十九

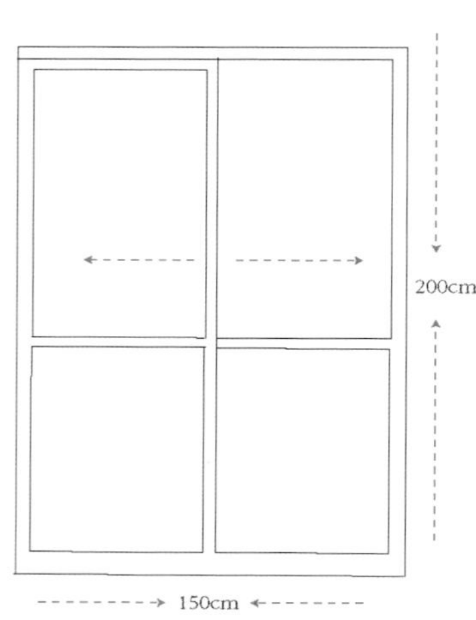

三十

二十九：
颜色：白色
样式：推拉门
材料：塑钢，玻璃
是否属于原貌构件：否
得分：0

三十：
颜色：红色
样式：推拉门
材料：塑钢，玻璃
尺寸：150cmx200cm
修复细节：原有的塑钢材料不变，但颜色需要与该立面的窗户统一。

图 4-240　门改造前后效果图（一）　马祥鑫 绘

样式特点：两种门都是塑钢推拉门，样式相差不大，第一种门玻璃面积相对较大，利于店铺对外做展示。

材料特点：塑钢材料耐用性较好，造价较低，可以工厂预制。

设计思路：考虑到店铺对外展示商品以及成本的需要，更换相同材料造价相对低廉的塑钢玻璃门，颜色统一（图 4-240）。

三十一：
颜色：白色
样式：双开门
材料：铝合金，玻璃
是否属于原貌构件：否
得分：-1

三十二：
颜色：红色
样式：双开门
材料：铝合金，塑钢，玻璃
尺寸：100cmx140cm
修复细节：在不影响店铺使用功能的前提下，保持原来的纯玻璃门，增加一些元素使门与窗户橱窗立面相协调。

三十一

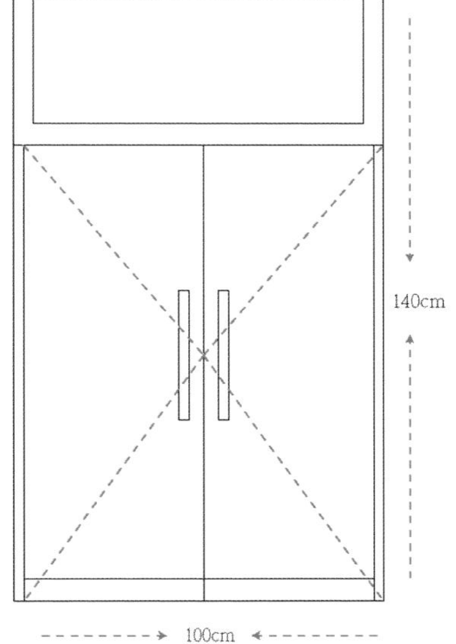

三十二

三十三：
颜色：蓝色
样式：双开门
材料：木头，玻璃
是否属于原貌构件：否
得分 0

三十四：
颜色：白色
样式：双开门
材料：木头，玻璃
尺寸：80cmx140cm
修复细节：去除门上集中多余的元素，统一门的颜色，使用原材料。

三十三

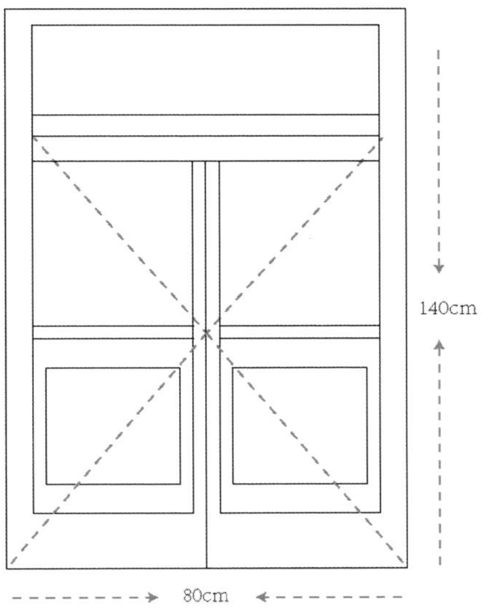

三十四

图 4-241　门改造前后效果图（二） 马祥鑫 绘

样式特点：双开玻璃门是现在商店最多的一种样式，最大的特点就是方便展示商店内的商品，双开木门是基地内比较常见的一种样式，多为小商铺使用。
材料特点：玻璃门保温性差，造价高，需增加卷帘门做防盗，木门造价相对低，但耐用性差，安全系数更低。
设计思路：新设计的门首先满足功能需求，之后在样式材料与颜色上保持统一（图 4-241）。

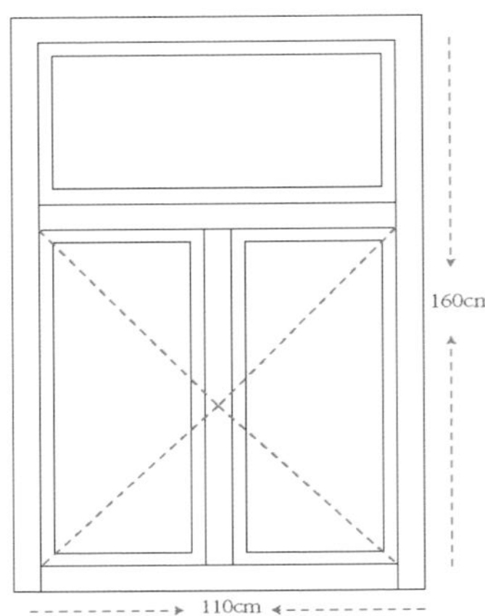

三十五

样式特点：铝合金门是商店比较普遍的门，外面配有卷帘门防盗，木门为双开门，分左右两扇门，

材料特点：木材料造型广泛，耐用性低，容易腐烂，成本较高，但符合风貌特点，塑钢材料耐用性较好，造价较低。

设计思路：白色铝合金门不符合街区特色，影响街区美观，木门外侧放置栏杆影响美观，需要更换到内侧（图 4-242）。

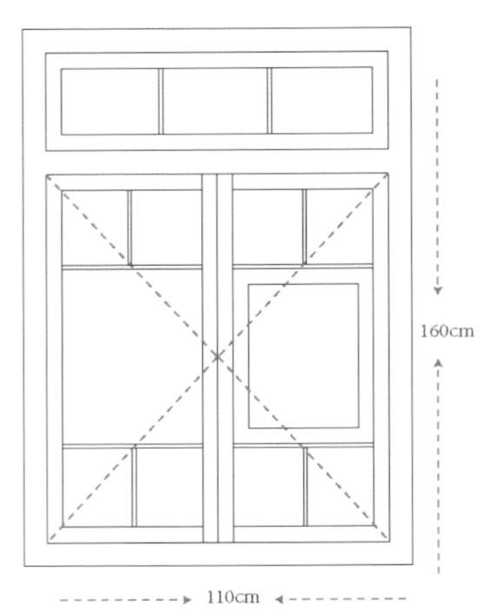

三十七

样式特点：双开木门样式较为独特，门上加了铁质的把手，不美观。

材料特点：都为木材料，符合风貌特点，造价较高，从现状来看较易腐烂。

设计思路：拆除门上多余的加装部分，将玻璃还原，颜色与窗户颜色统一为红色，门的造型复杂需要做简化（图 4-243）。

三十五：
颜色：白色
样式：双开门
材料：铝合金，玻璃
是否属于原貌构件：否
得分：-1

三十六：
颜色：红色
样式：双开门
材料：木头，玻璃
尺寸：120cmx220cm
修复细节：改变白色铝合金的材料，在外面选用红色木材。

三十六

图 4-242　门改造前后效果图（三）马祥鑫 绘

三十七：
颜色：红色
样式：双开门
材料：木头，玻璃
是否属于原貌构件：否
得分：-1

三十八：
颜色：红色
样式：双开门
材料：木头，玻璃
尺寸：150cmx220cm
修复细节：门与门框颜色不统一，门样式不协调，门框腐烂，整体进行替换颜色统一。

三十八

图 4-243　门改造前后效果图（四）马祥鑫 绘

颜色：绿色　材料：木头
位置：A区12号

颜色：白色　材料：木头
位置：B区4号

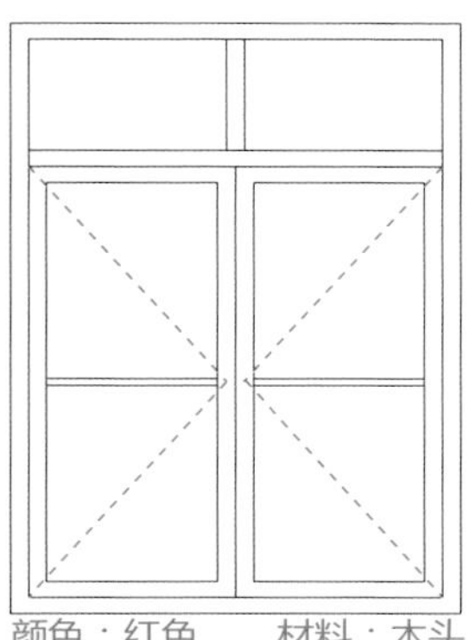
颜色：红色　材料：木头
位置：B区29号

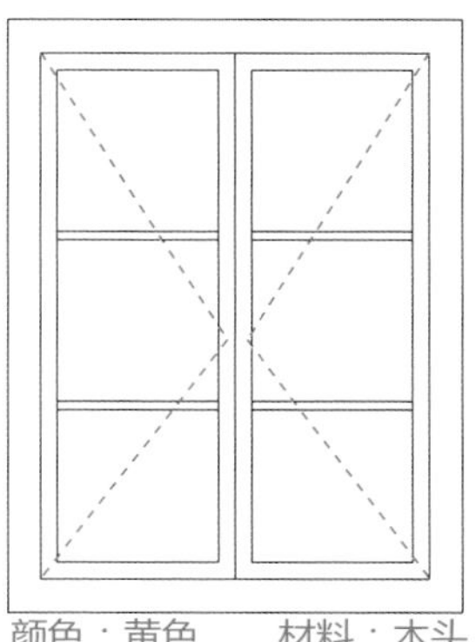
颜色：黄色　材料：木头
位置：E区27号

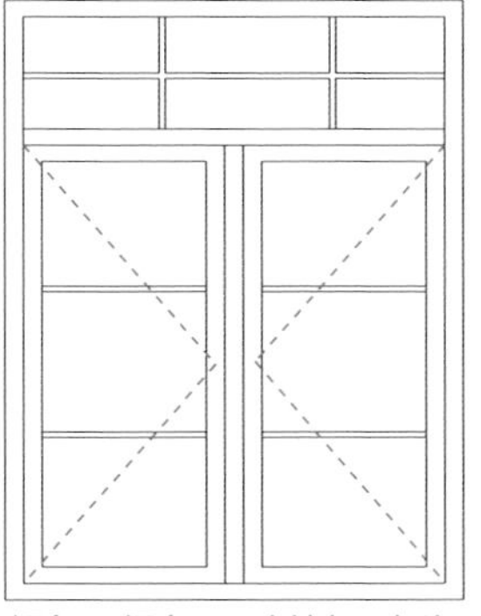
颜色：绿色　材料：木头
位置：C区30号

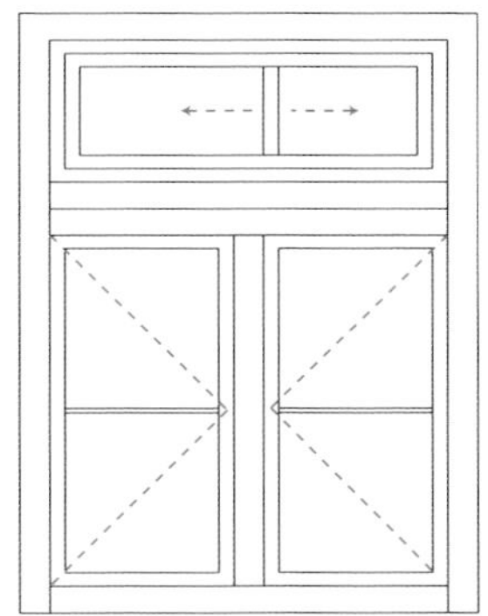
颜色：红色　材料：木头
位置：I区21号

颜色：红色　材料：木头
位置：D区10号

颜色：绿色　材料：木头
位置：A区33号

颜色：绿色　材料：木头
位置：E区6号

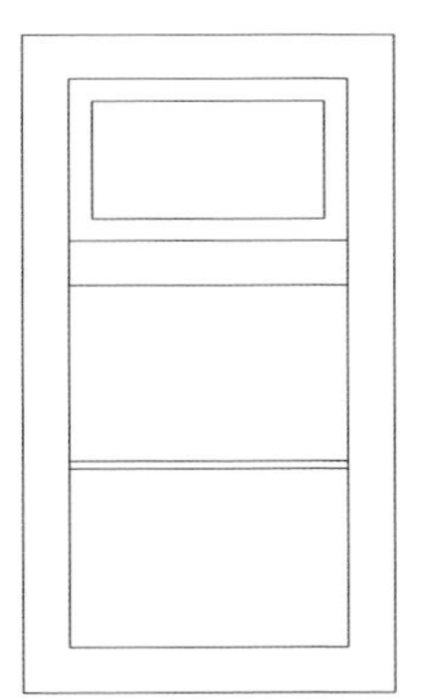
颜色：灰色　材料：木头
位置：C区7号

颜色：白色　材料：木头
位置：A区12号

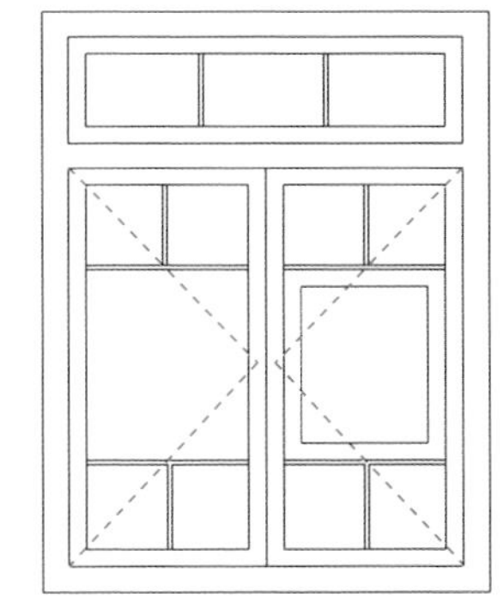
颜色：白色　材料：木头
位置：I区1号

颜色：白色　材料：木头
位置：B区5号

颜色：红色　材料：木头
位置：G区15号

颜色：红色　材料：木头
位置：G区33号

图 4-244　门窗改造线图（一）马祥鑫 绘

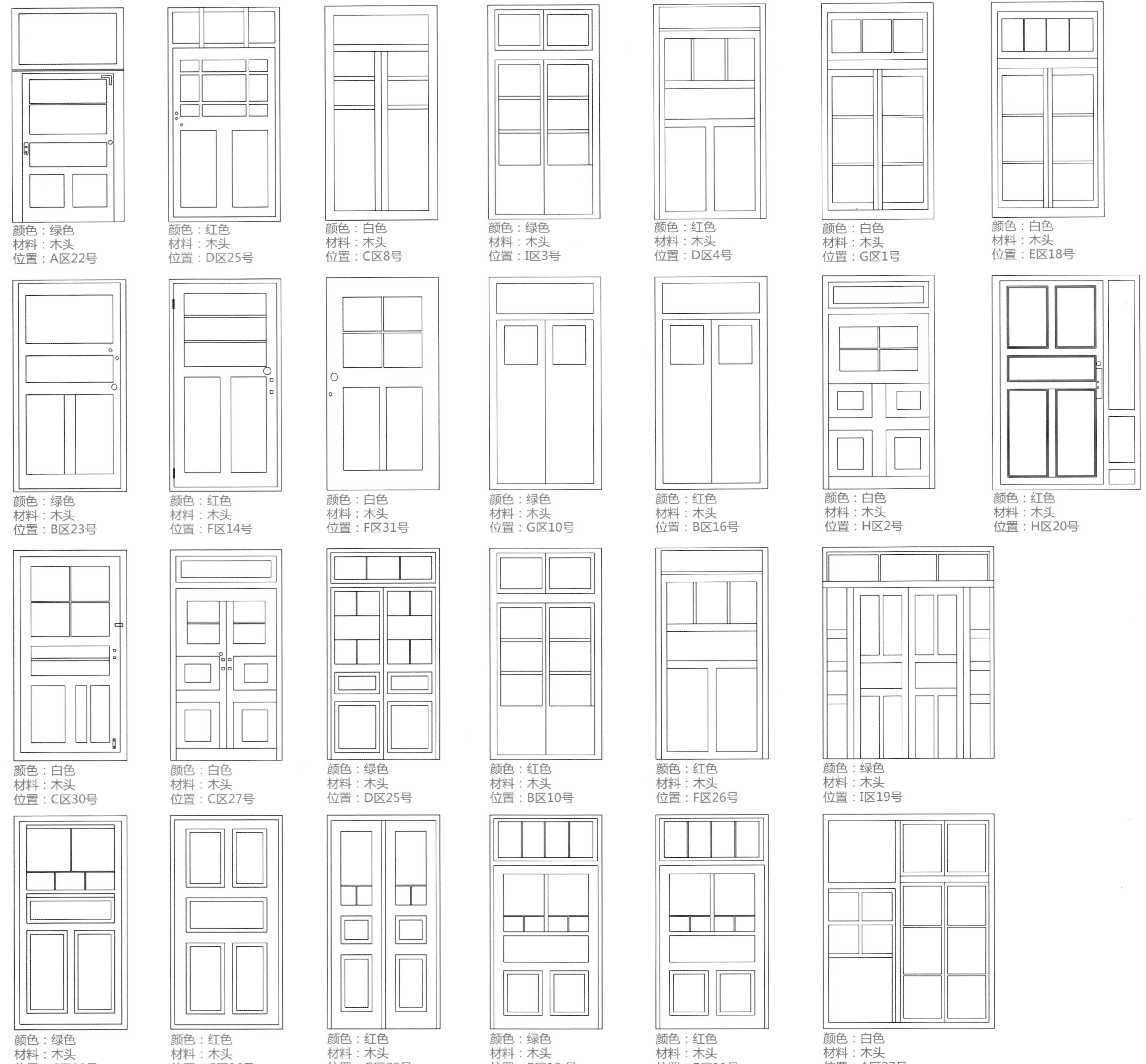

图 4-245　门窗改造线图（二）马祥鑫 绘

(a)：

此类栏杆符合风貌特点，较为美观，所以以修复设计为主，用水泥原材料修复破损的地方。

(a)

(b)：

此类栏杆存在较少，与风貌特点差异较大，所以以改造设计为主，样式可以选择木质与水泥。

(b)

(c)：

此类栏杆是基地存在最多的栏杆样式，颜色多为红色，此类应以修复设计为主，修补破损，保持风貌特点。

(c)

(d)：

此类栏杆做存在于水泥楼梯旁，大多都生锈腐烂，不符合风貌特点，应选择改造设计，以木质优先替换。

(d)

(e)：

此类栏杆存在较多，美观但工艺复杂，以修复设计为主，修补破损。

(e)

图 4-246　各类栏杆样式 马祥鑫 绘

(a)

(b)

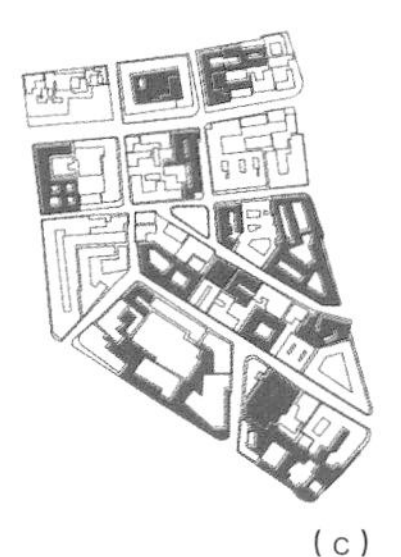

(c)

(d)

(e)

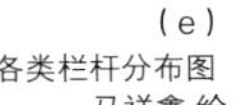

图 4-247 各类栏杆分布图 马祥鑫 绘

(a)

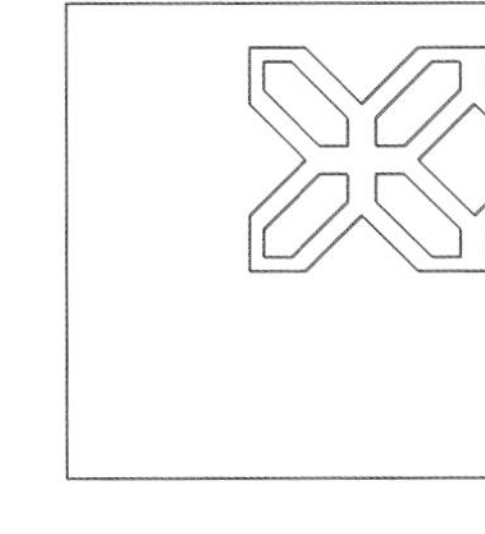

(b)

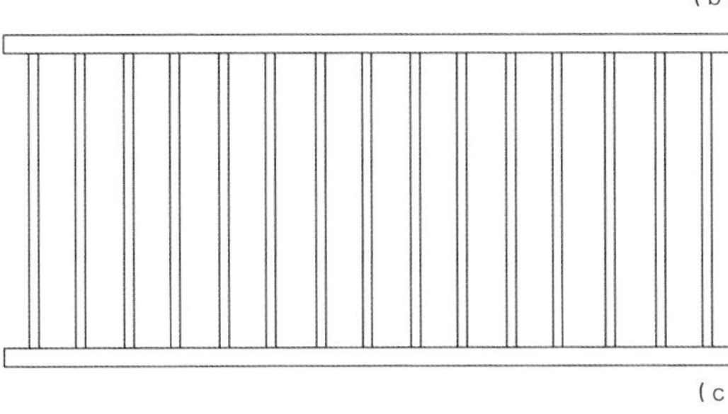

(c)

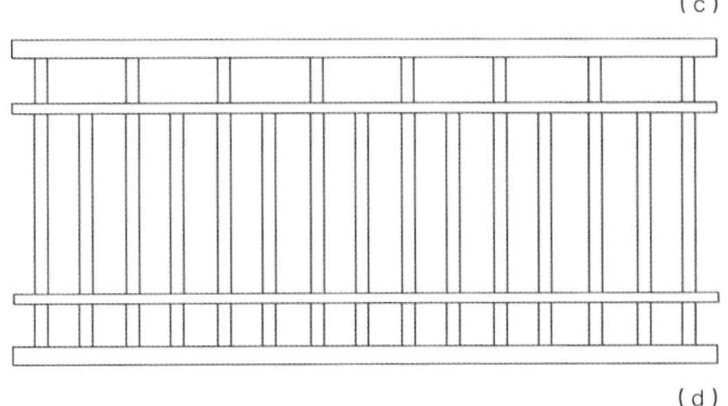

(d)

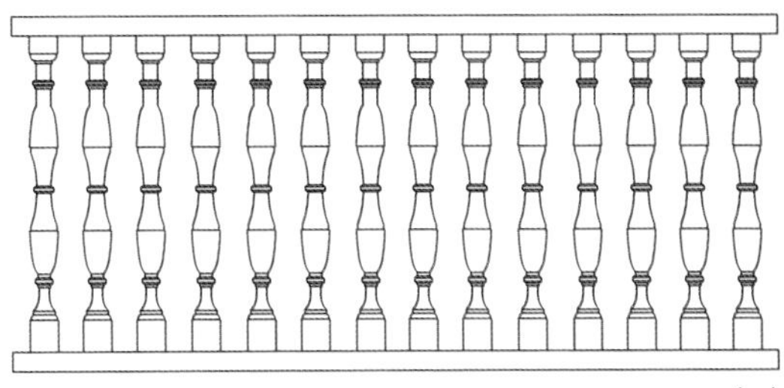

(e)

图 4-248　各类栏杆修复线图 马祥鑫 绘

4.4.3 栏杆设计（栏杆修复，样式展示）

基地存在的栏杆，分为木质栏杆、铁质栏杆，以及水泥栏杆，三种材质又有不同的样式以及颜色，木质栏杆分为红色与黄色，是最符合风貌特点的栏杆形式，根据居民的描述以及照片考究可得这几种是从基地建造之初就一直存在的形式，水泥样式也是基地存在较多的一种形式，多为楼梯护栏、二楼护栏，造型一般，破损较多，属于需要替换设计的一中，铁质栏杆存在较少，造型较独特，多生锈严重，以下将展示出基地几种栏杆形式以及针对展示的栏杆进行修复设计（图 4-246 ~ 图 4-248）。

设计过程：对后期修建的水泥护栏以及破坏风貌特点的栏杆进行修复设计，样式参考基地现有的几种样式，对现有的符合风貌特点的栏杆进行保护修复。

4.4.4 门洞设计

基于青岛独特地势条件和基地地形的限制，部分门洞（例广兴里面向高密路部分）由于里院内外地面高差，从外侧进入里院后就已经到达里院的二层部分。

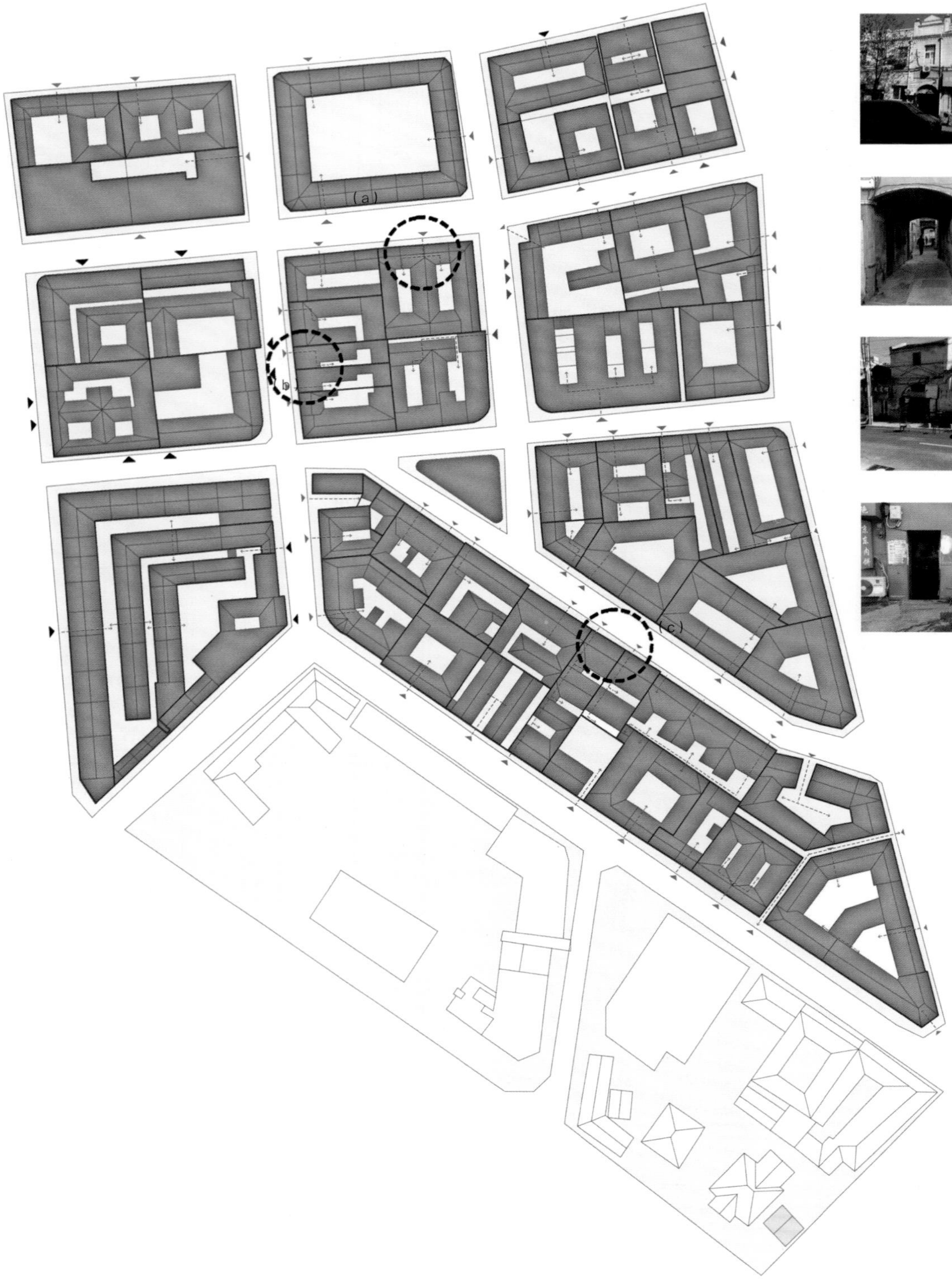

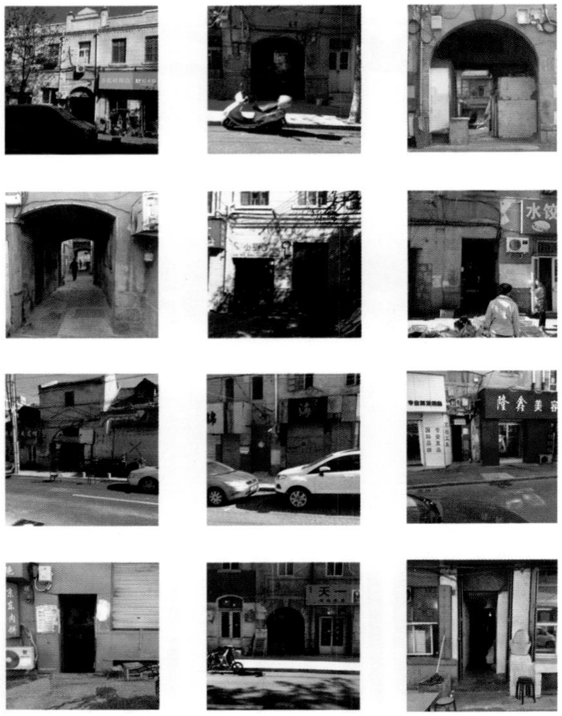

畅通可通行门洞

现状封堵门洞

受业态影响严重的门洞

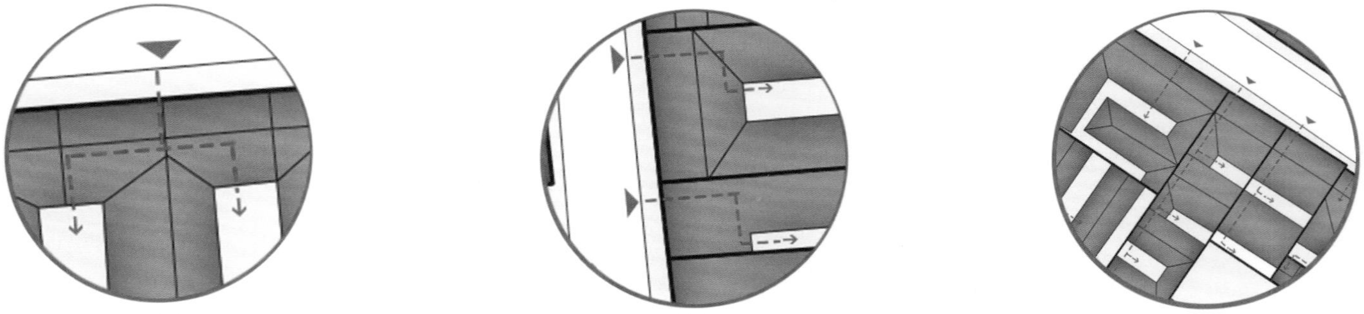

（a）

（b）

（c）

图 4-249　基地门洞现状图 周宫庆 绘

现状门洞尺度

由于里院建筑结构及构造的限制及制约，里院门洞基本高度在 3m 以内，宽度在 3.5m 以内，大部分里院门洞仅容单人通过或两人并排通过；并且部分门洞过道通过“T”形或“L”形转折联系多个里院（图 4-249）。

标识设计

在青岛老街里自由行走，嗅着花的芬芳，抚摸历史的砖墙，跟随无处不在的创意标识，去探寻只属于这里的生活印记，发现打动你的那一瞬间。

广告牌设计

在这里，夜晚与白昼同样迷人。伴着一杯清茶或一盅好酒，在街边小坐。目光所及，或明或暗、或简洁或繁杂的广告牌向你诉说一家店的心意，是否愿意与我一起欣赏这座城的美。

(a)

(c)

(e)

(b)

(d)

(f)

图 4-250　业态招牌样式照片 周宫庆 摄

4.4.5 广告牌与标识设计

4.4.5.1 业态招牌设计

基地内招牌大小不同，样式各异，没有统一的规范进行约束。正因为没有如此约束，商店门面便可以根据自家的需要在建筑外立面设置各种各样的广告设施。而就是这些店家自己添加的招牌，给街道给建筑立面添加了实实在在的生活气息。

在进行业态招牌设计的时候，为了不破坏原有的生活氛围，在业态没有改变的区域招牌不予改变。在业态进行置换的区域，则需要根据规范设置新的广告牌。

现存的业态招牌样式有两种，一种是平行于墙面设置的户外广告设施（图 4-250（a）H 区黄岛路某店面、图 4-250（b）H 区黄岛路某店面）；第二种是立式广告设施（图 4-250（c）H 区芝罘路某店面、图 4-250（d）I 区易洲路某店面）。

4.4.5.2 平行墙面户外广告设施设计

《城市户外广告设施技术规范》规定：户外广告设施宽度应与墙面相协调，四周不得超出墙面外轮廓线。垂直方向突出墙面距离不宜大于 0.5m，道路上空设置的户外广告设施不得妨碍行人、车辆通行安全。

由拍摄照片可以看出，基地内的户外广告牌并不符合现行的技术规范。但是本着保留居民原有生活的这一原则，不对现存的、完好无缺的、美观的户外广告牌做任何处理，需要替换的是已经破烂不堪的（图 4-250（e）D 区四方路某店面）、尺寸过大的影响建筑立面和居民生活的广告设施（图 4-250（f）D 区博山路某店面）。

新增广告设施

新增广告设施的样式不做统一规范，由店家自行决定，但是新增广告设施的尺寸要遵循规范的规定。

广告牌的尺寸为门店宽度 × 自定高度（高度不遮挡上层）×500（最大广告牌厚度，可以小于此厚度，单位：mm）。如：门店宽为 2400mm，则本店的广告牌大小可为 2400×1200×500（单位：mm）。

图 4-251　喷绘广告牌 老慕 摄

图 4-252　木质广告牌 老慕 摄

图 4-253　亚克力字广告牌 老慕 摄

图 4-254　彩钢扣板广告牌 老慕 摄

以博山路和四方路为例，大部分广告牌材料为喷绘材质（图 4-251）。喷绘材质招牌制作简单方便，价格相对较低，在早期的广告牌材质使用中占主导地位。但此材质褪色快，使用时间不长，在现在的招牌市场中已渐渐失去其地位。因此不建议新的招牌使用喷绘材质。

若想要在基地这种潮湿的环境中使用木材广告牌，首先推荐铁杉。铁杉经过加压防腐处理之后，木材结实又美观，能够长时间保持稳定的形态和尺寸，不会收缩或者膨胀，不但抗晒黑，还非常耐磨，可以接受各种表面涂料，是非常适用的经济性木材。若除去价格因素，菠萝格也是一种不错的选择（图 4-252）。

亚克力字体也较为常见。此种材质透明度高，所做出的字体晶莹剔透，并且价格适中，非常适合轻松自由的商业种类使用（图 4-253）。

与亚克力字体有同样优点的还有 LED 发光字体，这是目前市场最常用占有率最高的一种材质。LED 发光字体不仅流光溢彩，而且节能环保，使用寿命长，性价比较高，并且这种材质还可以做成炫彩屏招牌。白天看来与一般的广告牌并无差别，但是到了夜幕降临时，便可以流动显示图片、文字、视频等。这是近几年来十分火爆的广告形式，而且价格低于 LED 显示屏。但是不建议采用霓虹灯门头招牌，它最大的缺点就是十分脆弱，不够耐用，并且白天不美观。

基地内常见的广告牌材质还有彩钢扣板招牌。这种招牌制作简易，配上适宜的字体，效果也极佳，但是褪色较快（图 4-254）。

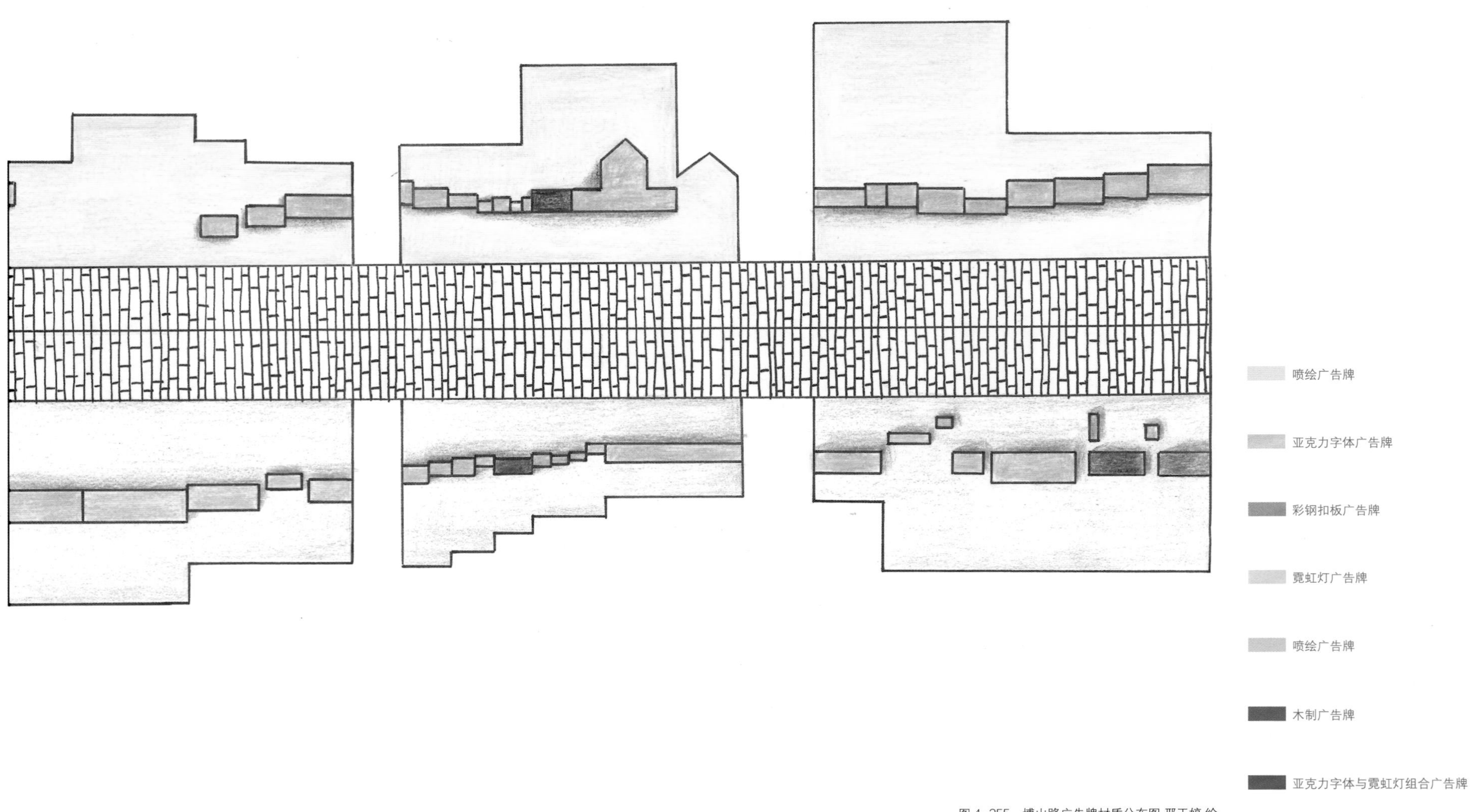

图 4-255　博山路广告牌材质分布图 邢玉婷 绘

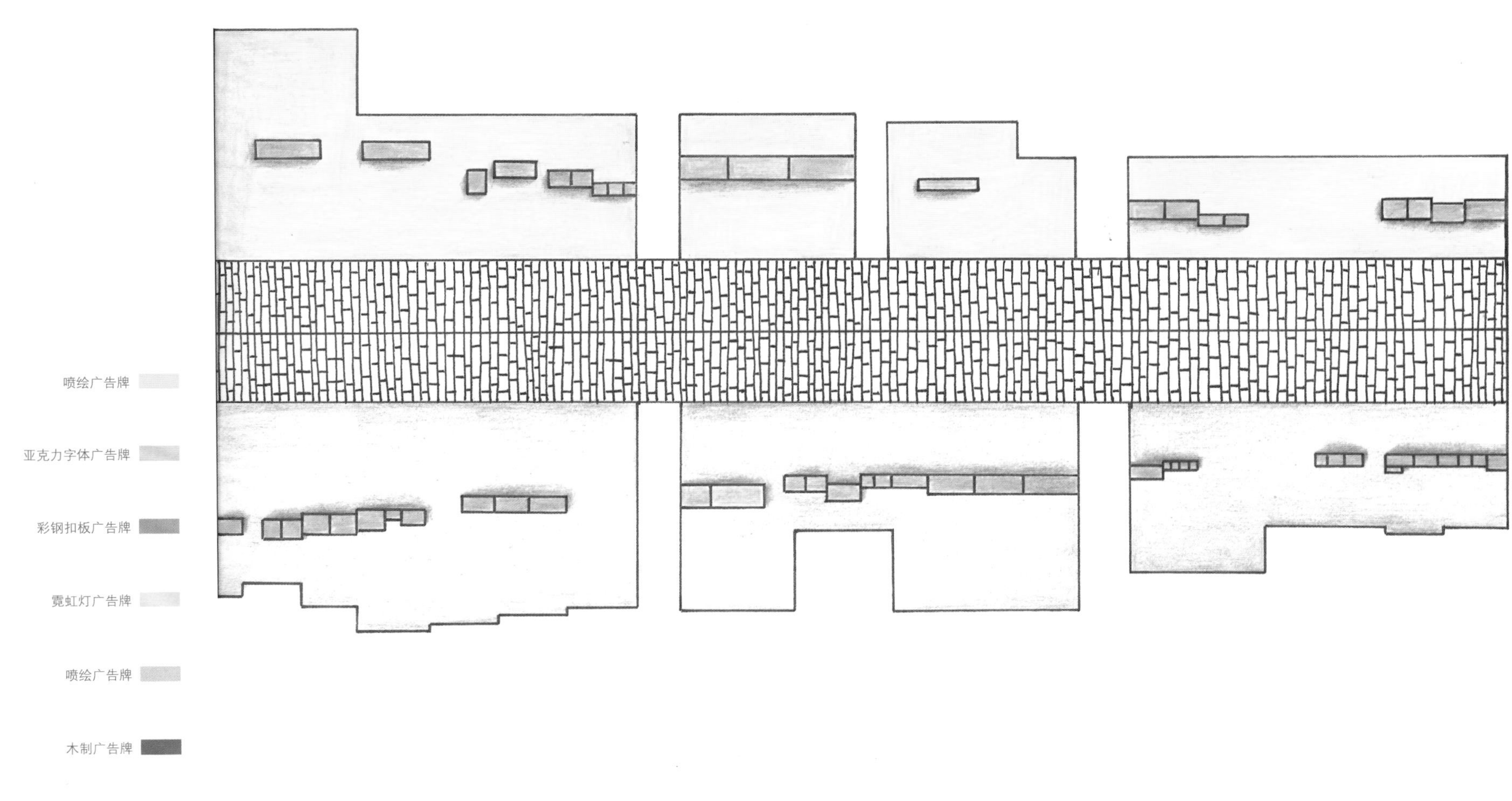

图 4-256　四方路广告牌材质分布图 邢玉婷 绘

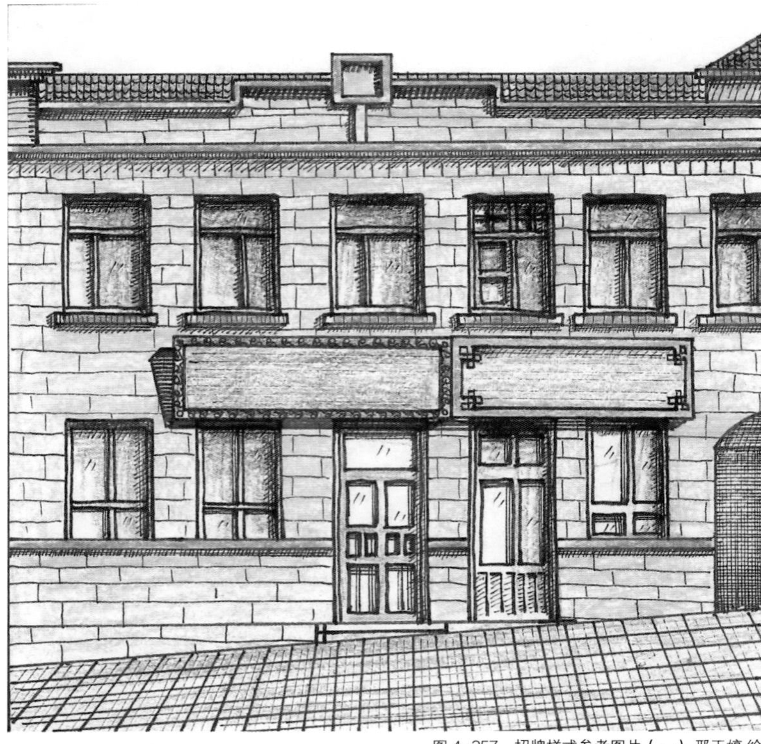

图 4-257　招牌样式参考图片（一）邢玉婷 绘

图 4-257 为平度路 21 ~ 23 号，原有的广告牌材质为喷绘材质，不建议新的招牌使用喷绘材质。新换招牌为木制牌匾，牌匾样式多变，角度可变，且与建筑立面能够较好适应。

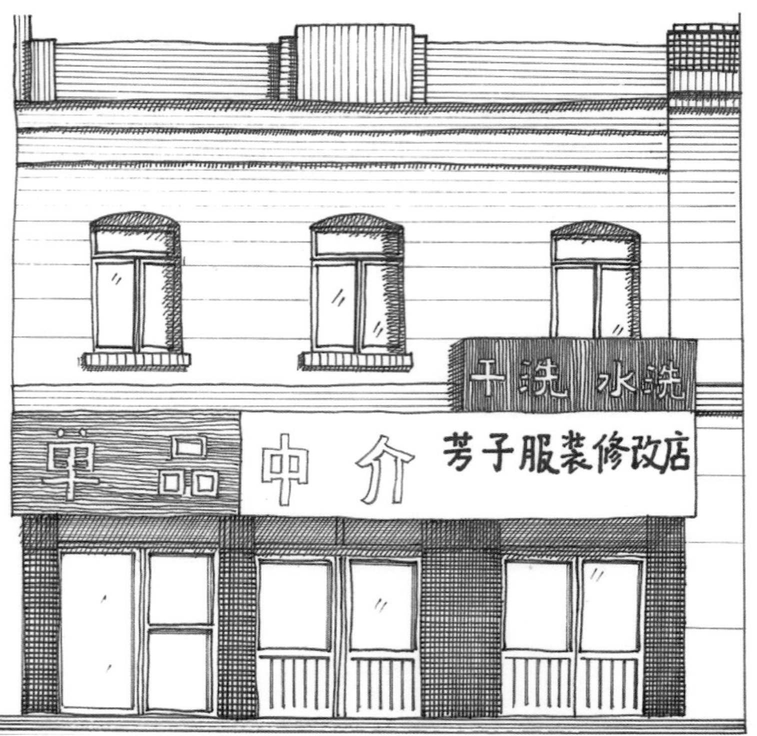

图 4-258　原有招牌样式图片 邢玉婷 绘

图 4-258 为四方路 57 号现有招牌样式。由图可以看出，上层广告牌已经遮挡二层窗户，应当拆除；下层广告牌长度过长，应对长度进行调整。现用的广告牌为喷绘门头招牌。

图 4-259　招牌样式参考图片（二）邢玉婷 绘

图 4-259 为博山路 8 号，原建筑没有招牌。若需要新添招牌，可以借助立面自身的设计，在一层门面上方直接添加，建议使用 LED 发光字。

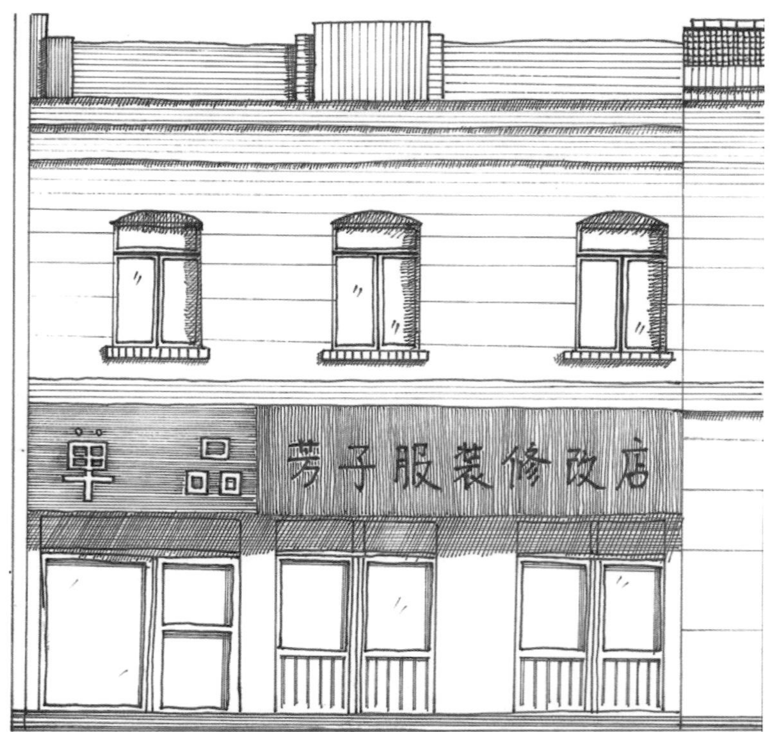

图 4-260　招牌样式修改图片 邢玉婷 绘

图 4-260 为四方路 57 号修改后招牌样式，修改之后广告材质没有变化。在店面经营的商业种类、招牌的美观、耐用等方面考虑，建议换为木质招牌或者相对经济一些的铝塑板和彩钢扣板等材质。

剖面图

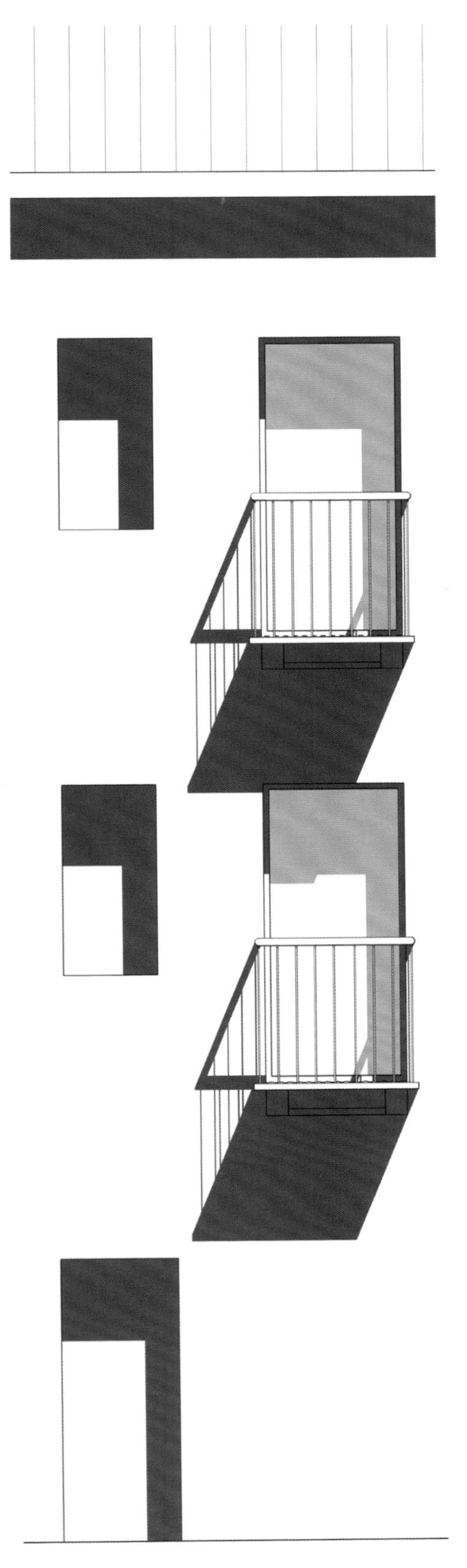

立面图

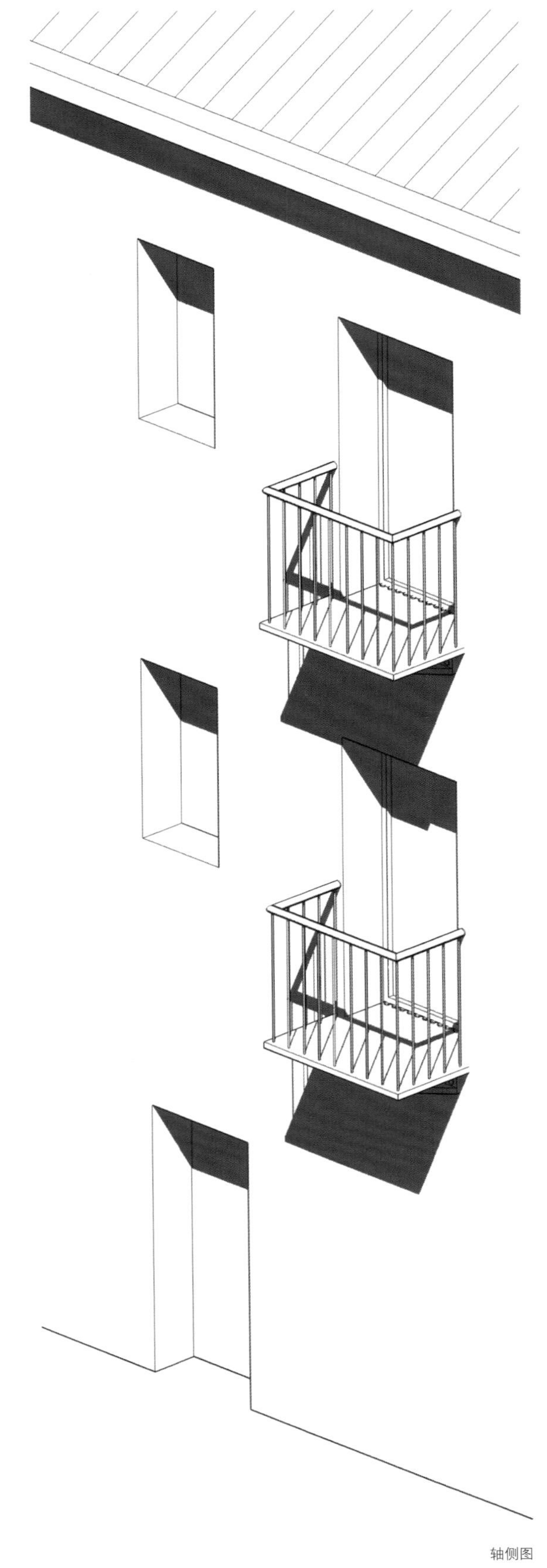

轴侧图

图 4-278　黄岛路市场阳台改造节点放大图（一）李京奇 绘

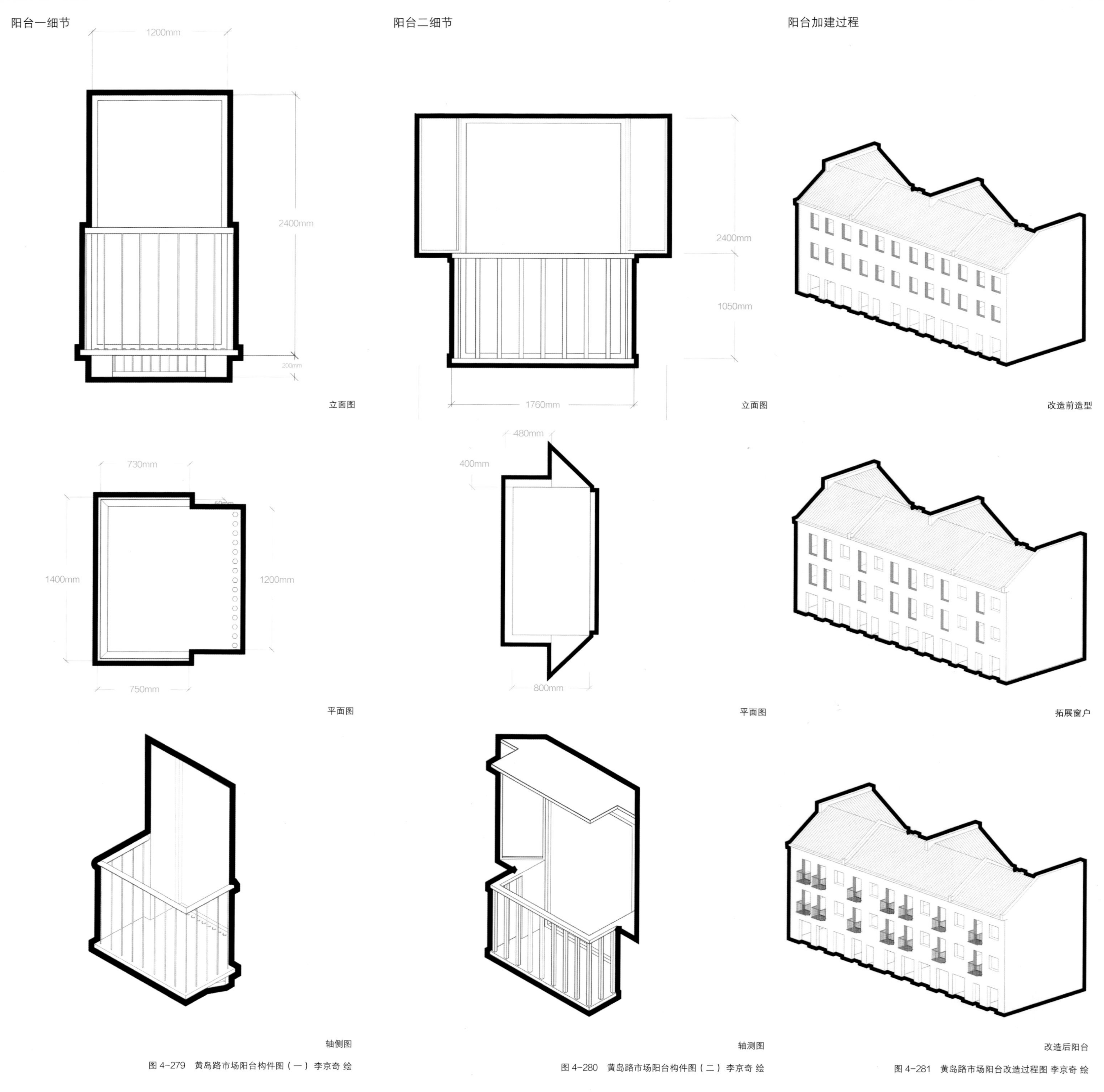

图 4-279　黄岛路市场阳台构件图（一）李京奇 绘

图 4-280　黄岛路市场阳台构件图（二）李京奇 绘

图 4-281　黄岛路市场阳台改造过程图 李京奇 绘

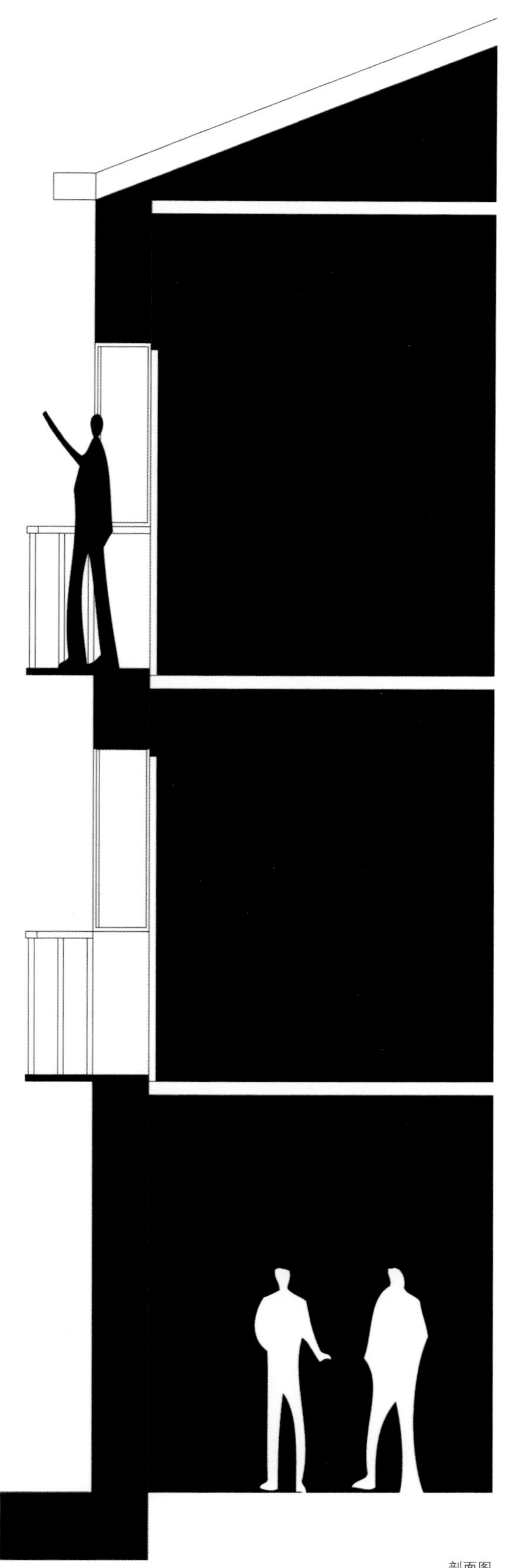
剖面图

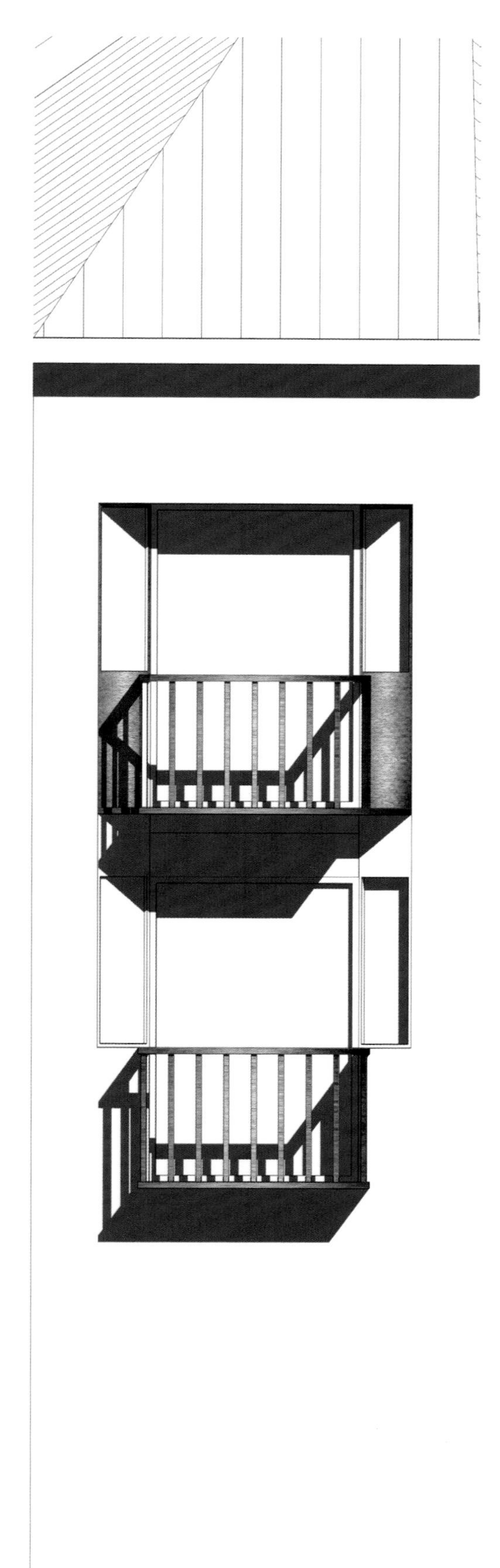
立面图

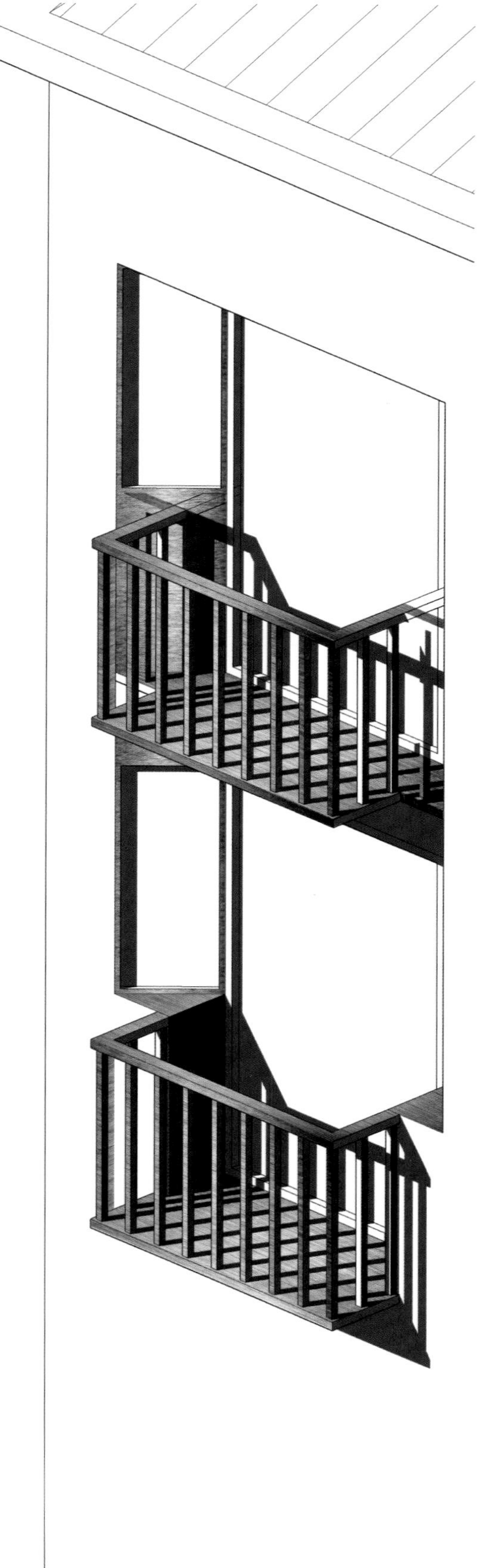
轴侧图

图 4-282　黄岛路市场阳台改造节点放大图（二）李京奇 绘

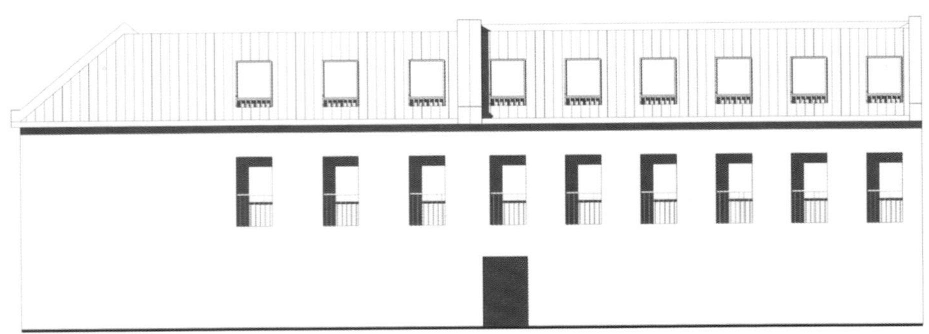
博山路 12 号地

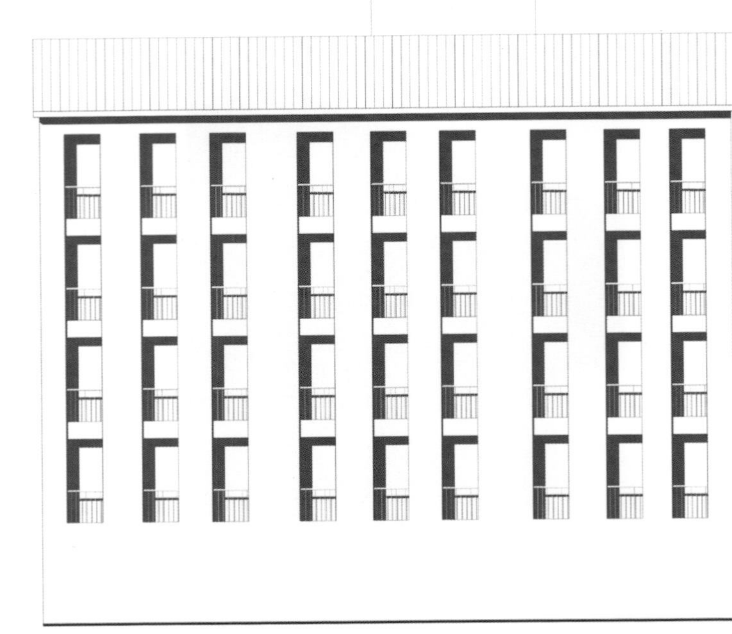
博山路 13 号地

四方路 8 号地

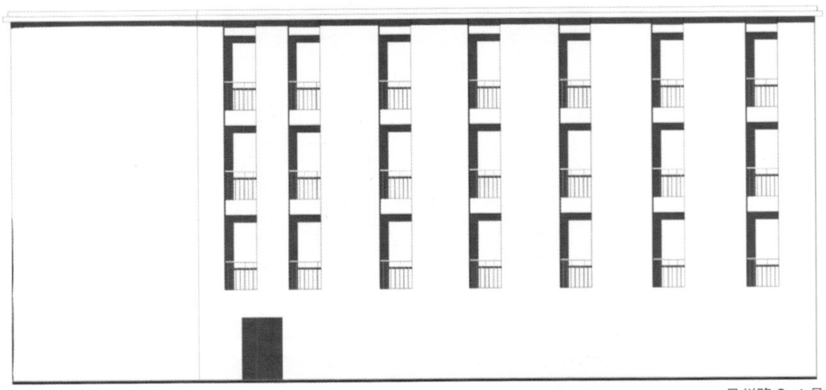
易州路 3-1 号地

图 4-283 博山路 + 易州路沿街阳台设计立面图 李京奇 绘

4.4.6.4 博山路 + 易州路沿街阳台设计

博山路：

1. 位置：博山路 12 号地西立面、博山路 13 号地东立面。
2. 类型：凹形的阳台洞、“天窗—阳台”装置。
3. 加建方式：

（1）在建筑立面原有窗户的位置进行拓展。

（2）在洞内直接安设栏杆上。

4. 改造原因：

（1）该区域是步行系统中重要的路段，由于博山路 13 号地的建筑是街区内少见的多层，原本的立面与周围建筑相似但在七层的建筑上显得十分枯燥单调；

（2）由于建筑相对街道宽度过于高，街道与建筑内部脱离严重，架设阳台可以使人探出头来看街道和其他建筑；

（3）建筑高度较高，如果采用探出式的阳台会在立面上形成整个面无形的拓展，对街道的尺度感产生强烈的压迫感；

（4）建筑高度高，在其他院落包括街道行人都会看到立面，因此应该从色彩和形态上丰富建筑立面；

（5）传统的“老虎窗”样式小，不美观影响建筑屋顶立面的整体性，因此采用可以伸缩收放的装置；

（6）与前者相比博山路 12 号地建筑显得较矮，但在坡屋顶上由于高建筑的遮挡采光不好，因此在屋顶加装“天窗—阳台”装置，增加采光的同时方便建筑内的人与下面行人交流；

（7）“天窗—阳台”装置在街区内很多建筑上都十分适用，但是本方案仅仅是历史街区保护，没有细节到每个里院建筑，在结构和功能不明确的情况下无法精确设计。

易州路：

1. 位置：四方路 8 号地西立面、易州路 3-1 号地东立面。
2. 类型：凹形的阳台洞、“阳光盒子”阳台。
3. 加建方式：

（1）在建筑立面原有窗户的位置进行拓展。

（2）在洞内直接安设栏杆上。

4. 改造原因：

（1）该区域是步行系统中重要的路段，四方路 8 号地建筑、易州路 3-1 号地建筑都是街区内少见的多层，而且成对面分布，为了丰富原本光秃秃的立面形态，通过架设阳台改变立面；

（2）由于建筑相对街道宽度过于高，街道与建筑内部脱离严重，架设阳台可以使人探出头来看街道和其他建筑；

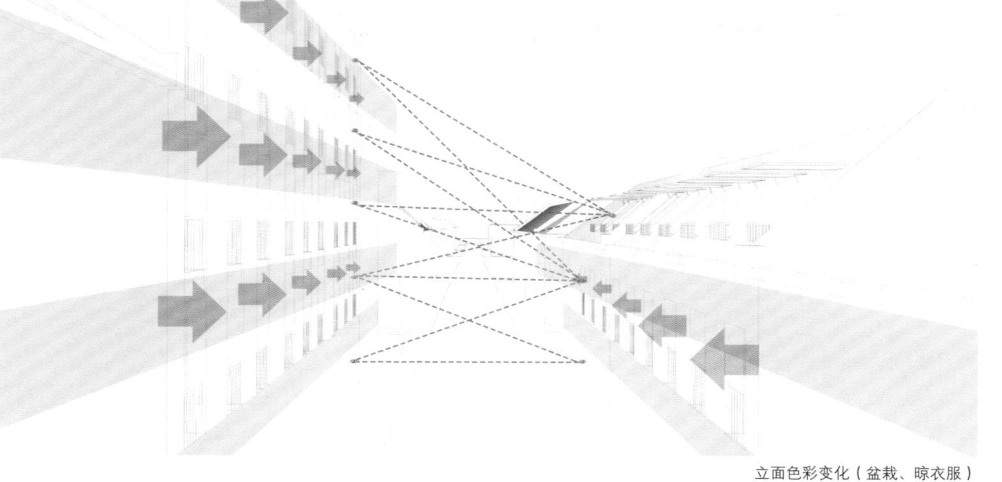

立面色彩变化（盆栽、晾衣服）

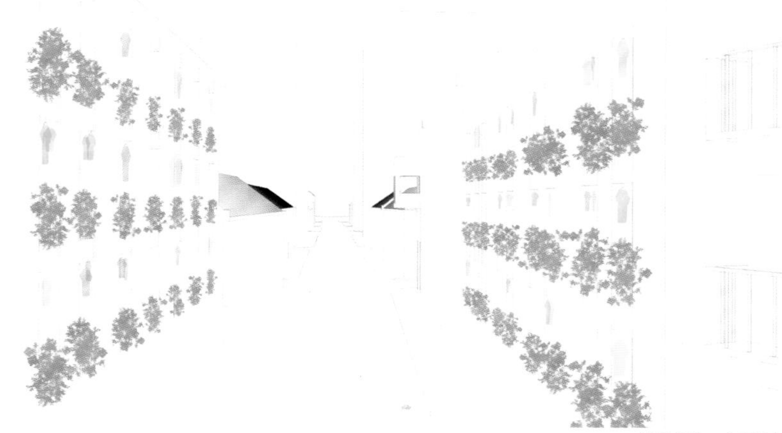

视线交流、空间限定

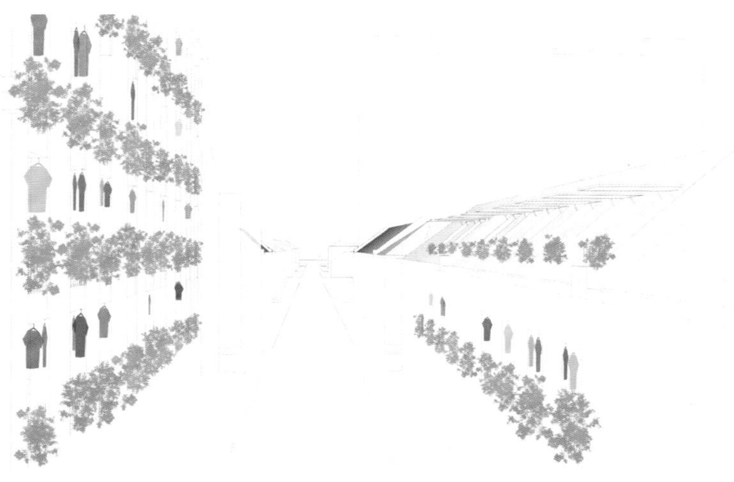

立面色彩变化（盆栽、晾衣服）

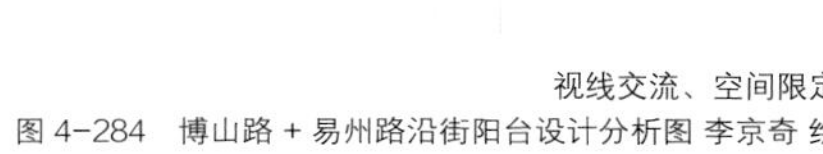

视线交流、空间限定

图 4-284 博山路 + 易州路沿街阳台设计分析图 李京奇 绘

（3）建筑高度较高，如果采用探出式的阳台会在立面上形成整个面无形的拓展，对街道的尺度感产生强烈的压迫感；

（4）建筑高度高，在其他院落包括街道行人都会看到立面，因此应该从色彩和形态上丰富建筑立面；

（5）易州路 9 号地建筑在西北角存在一个没有任何作用的缺角，在此处加设一个盒子正好弥补空缺，利用空地；

（6）里院建筑在内部公共空间十分有限，为了增加内部居民公共空间，同时也为了向行人展示里院活动，加设盒子；

（7）盒子在形态上有引导人流等作用；

（8）“盒子”概念相对街区内很多建筑也十分适用，但是本方案仅仅是历史街区保护，没有细节到每个里院建筑，在结构和功能不明确的情况下无法精确设计（图 4-283、图 4-284）。

图 4-285　博山路阳台改造节点放大图 李京奇 绘

"阳台－天窗"细节

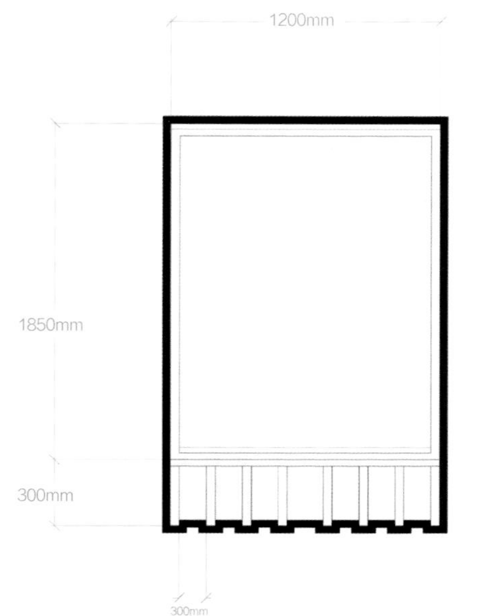

立面图

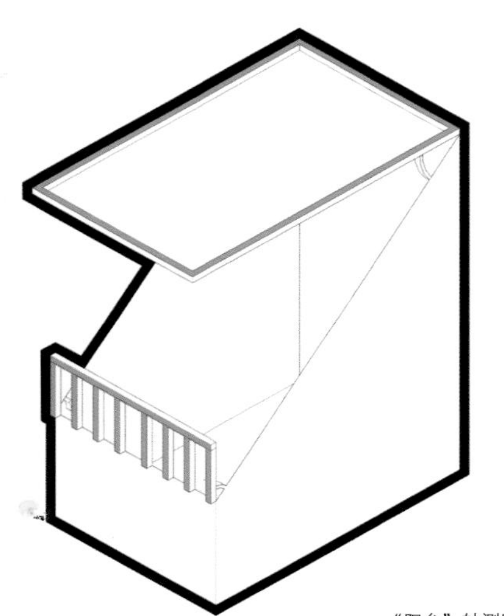

"阳台"轴测图

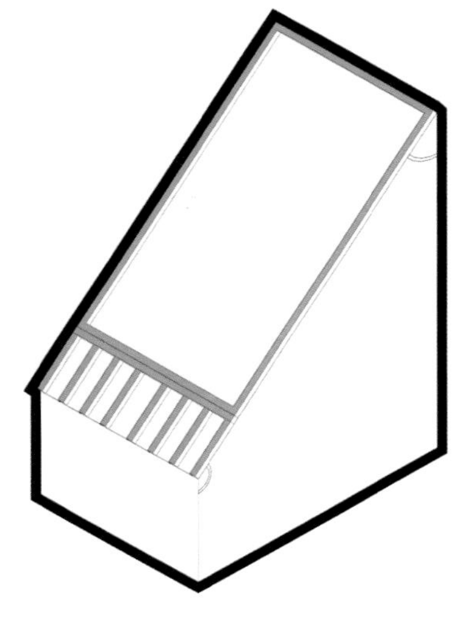

"天窗"轴测图

图 4-286　博山路沿街阳台构件图（一） 李京奇 绘

阳台细节

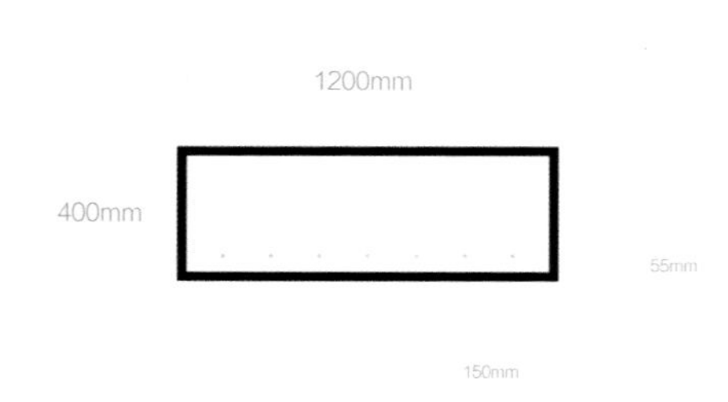

平面图

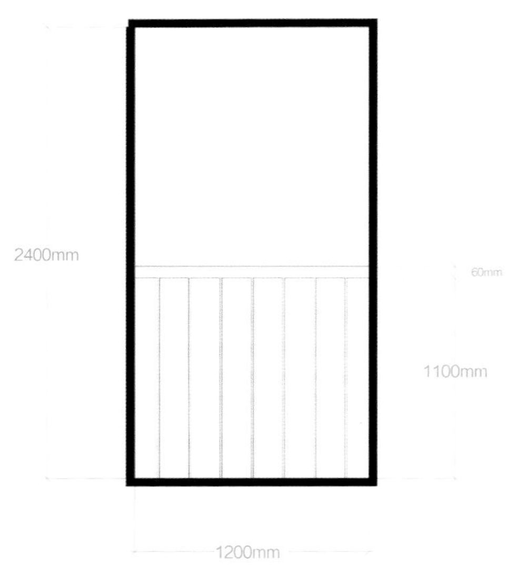

立面图

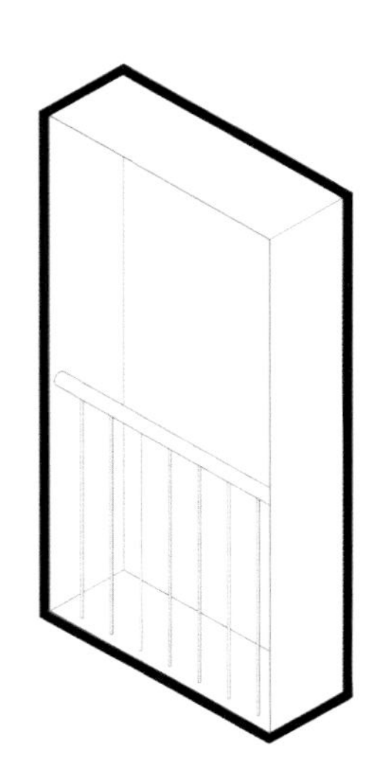

轴测图

图 4-287　博山路沿街阳台构件图（二） 李京奇 绘

阳台加建过程

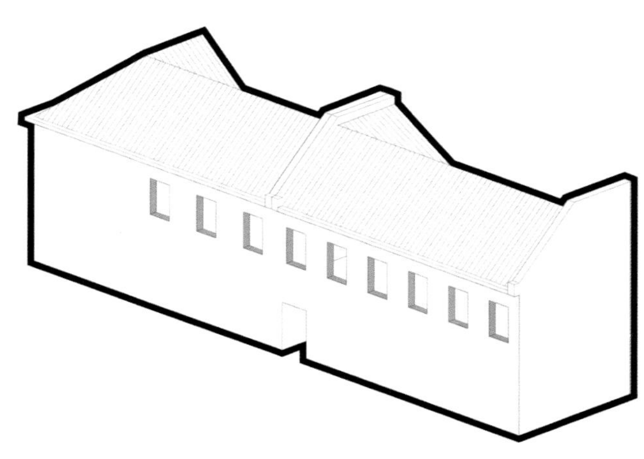

改造前造型

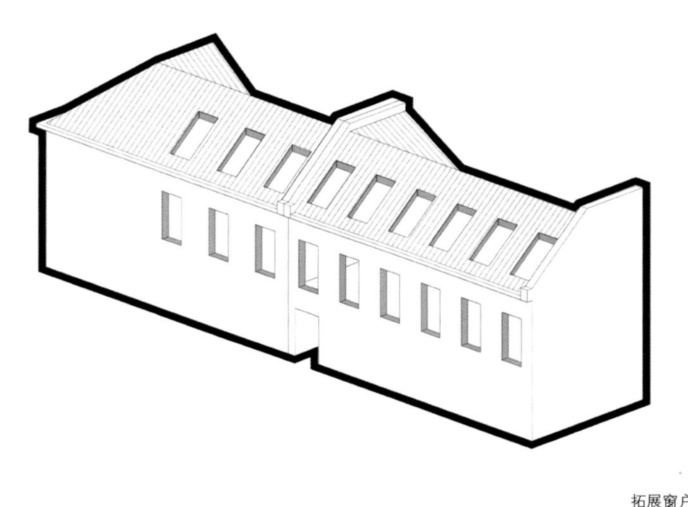

拓展窗户

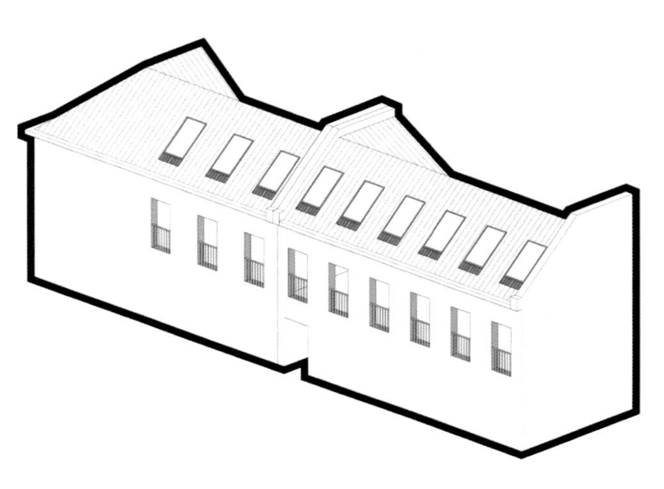

改造后阳台

图 4-288　博山路沿街阳台改造过程图 李京奇 绘

剖面图

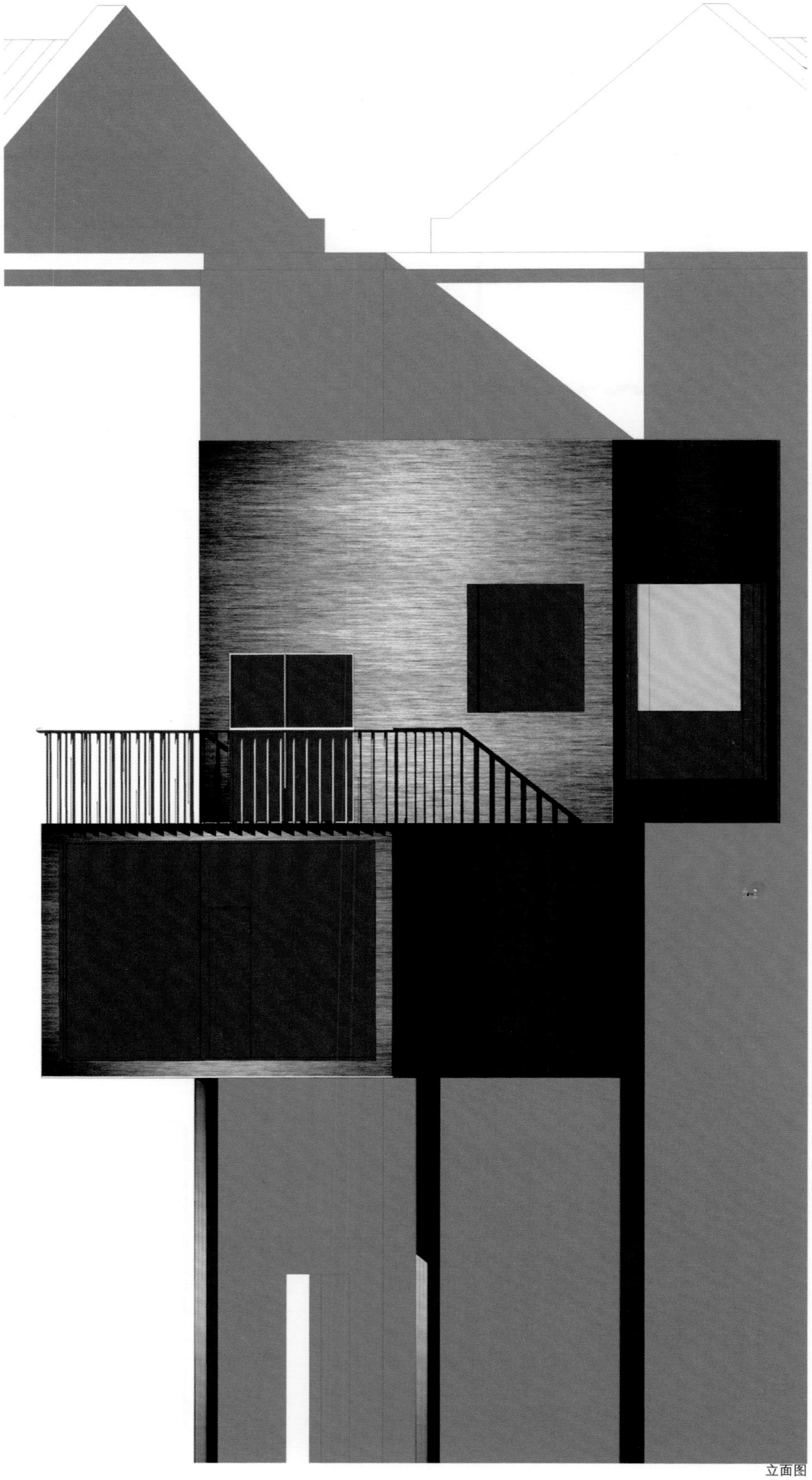

立面图

图 4-289　易州路沿街阳台改造节点放大图 李京奇 绘

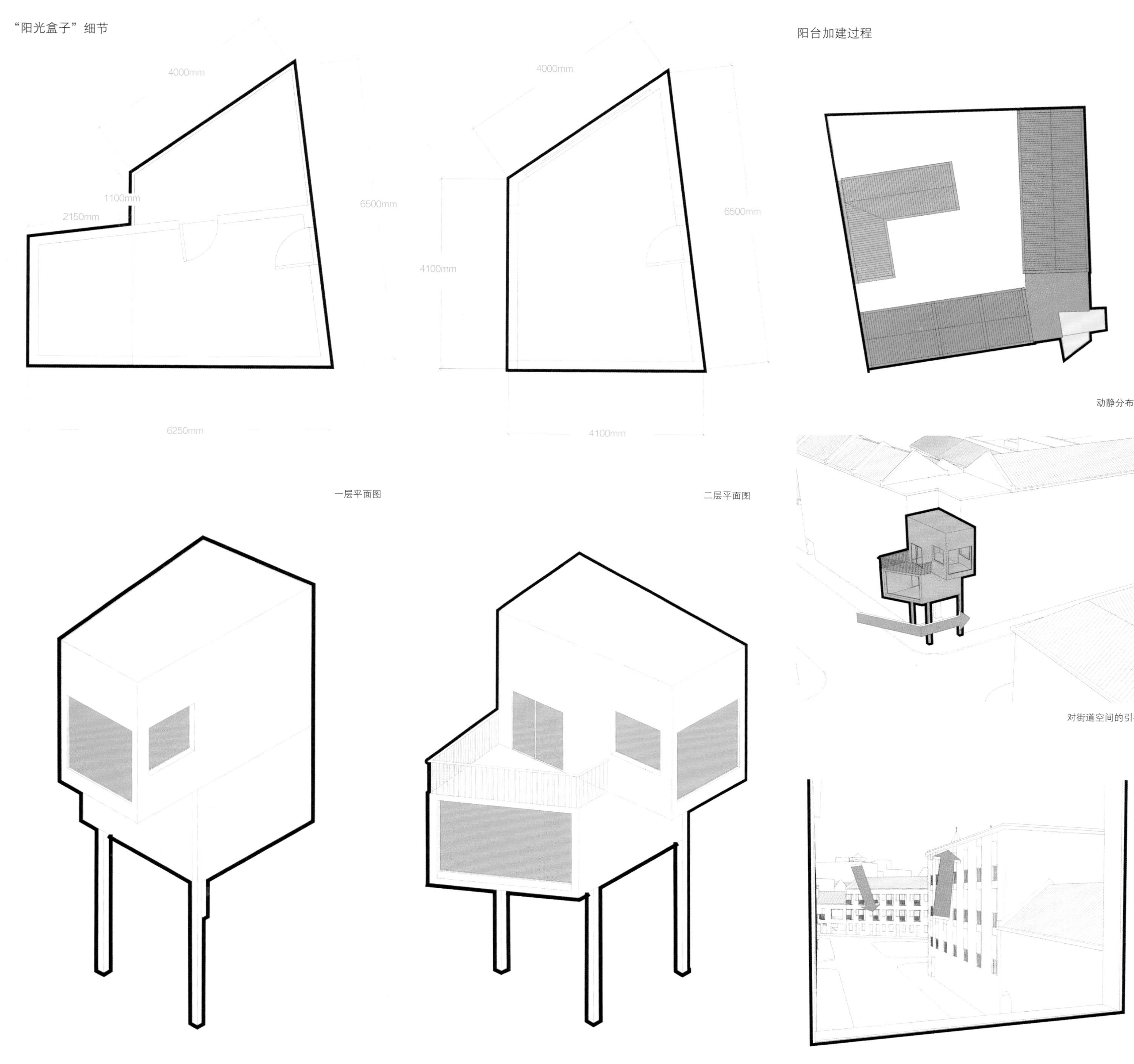

图 4-290　易州路沿街阳光盒子构件图 李京奇 绘

图 4-291　易州路沿街阳光盒子分析图 李京奇 绘

基地夜间光环境俯瞰（图 4-292）
拍摄时间：2015 年 11 月 19 日 22:10
相机相应参数
相机型号：NIKON Df
光圈值：f/3.5
曝光时间：3 秒
iso 速度：iso-200
曝光补偿：0 步骤
焦距：28mm
最大光圈：3.6
测光模式：点
闪光灯模式：无闪光
35mm 焦距：28

图 4-292　基地夜间光环境俯瞰 周宫庆 摄

4.4.7 灯光设计

为营造符合方案功能的夜间灯光效果，提供满足基地内住户及外来游客的夜间光环境，细节设计中特增加灯光设计。通过对基地现有光环境的调研、评估、改造和设计新的路灯等照明设施，使街区照明的总体平均亮度（或照度）水平、色调气氛和周围光环境在宏观上保持协调的比例关系，从而达到基地内独具特色的里院周边街区照明水平和格调。

鉴于此次方案设计从城市设计角度出发，以历史街区复兴为目的，仅对基地街道灯光环境进行调研、评估、分析及设计，未涉及各里院内整体灯光环境的设计内容。对于基地现有路灯及其他照明设施条件下的光环境的调研，得出基地夜间光环境现状俯瞰，基地交通节点光环境现状及道路路灯节点现状，在对这些现有灯光环境的效果评估之后，符合方案设计功能要求的路灯及灯光效果加以保留；光环境不佳的灯光节点进行重新设计（图 4-293 ~ 图 4-295）。

图 4-293　平度路芝罘路夜景 周宫庆 摄

图 4-294　基地路灯布局现状图 周宫庆 绘

对于现有基地路灯的调研，发现现有路灯存在以下问题：
照明效果不佳，部分损坏或者完全不亮；
排布距离疏密不均；
灯光颜色为单一橘黄色；
电线杆和路灯杆并用，存在线路安全隐患。

基地交通节点光环境现状
调研时间：2015 年 11 月 18 日 21:00 ~ 22:00
相机相应参数
相机型号：NIKON Df
光圈值：f/3.5
曝光时间：1/6 秒
iso 速度：iso-400
曝光补偿：0 步骤
焦距：28mm
最大光圈：3.6
测光模式：点
闪光灯模式：无闪光
35mm 焦距：28

图 4-295　潍县路四方路夜景 周宫庆 摄

博山路平度路

博山路四方路

易州路四方路

博山路海泊路

易州路海泊路

芝罘路海泊路

芝罘路四方路

芝罘路黄岛路

图 4-296　各条路夜景 周宫庆 摄

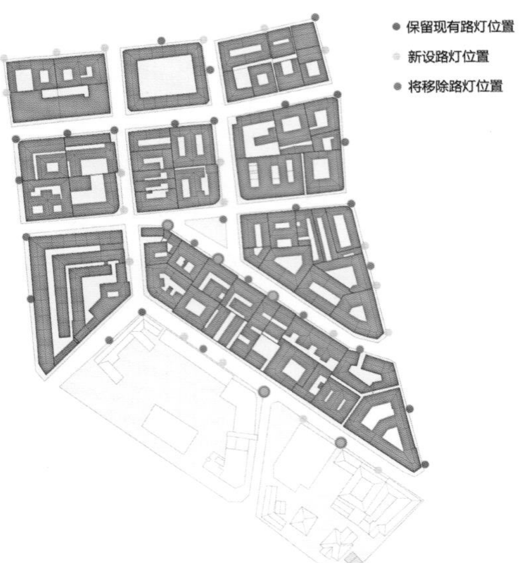

图 4-297　基地内路段布置方案 周宫庆 绘

灯布置方案的原则：

1. 现状中灯杆作为历史街区原貌的一部分，应对基地中符合方案光环境的灯杆加以保留；

2. 因基地内里院建筑二到四层为主，为避免眩光，考虑坡度对照明范围影响，确定新设路灯高度 4 ~ 6 m，并根据不同街道条件调整不同高度；

3. 街道路灯均采用单侧布灯的路灯排布方式，路灯间距根据功能分区的不同，分为：

①商业为主部分（博山路，芝罘路南段，黄岛路，平度路，四方路，潍县路南段）；
目的：弱化公共通行路线，凸显橱窗、商店，且尽可能大的路灯间距将灯光照明重点在突出特色立面建筑上；
路灯间距：25 ~ 30m；

②居住为主部分（海泊路，高密路，芝罘路北段，易州路，潍县路北段）；
目的：突出特色立面建筑，门洞，营造适宜的居住照明环境；
路灯间距：15 ~ 20m；

4. 路灯控制方式：采用钟控和光控方式结合，从而达到建筑节能的目的（图 4-297）。

黄岛路灯光节点现状

基地夜间路灯节点
相机相应参数
相机型号：NIKON Df
光圈值：f/3.5
曝光时间：3 秒
iso 速度：iso-200
曝光补偿：0 步骤
焦距：28mm
最大光圈：3.6
测光模式：点
闪光灯模式：无闪光
35mm 焦距：28

黄岛路是方案中保留为市场的部分，现状光环境中存在平均照度不足，灯光颜色单一等问题，设计中控制此处路灯间距 30m，路灯高度 5m，灯色改为相对温和的黄色灯光，并在经营店铺店牌及原较有特色的里院立面添加挂灯（图 4-298）。

图 4-298　基地夜间路灯节点设计（一） 周宫庆 绘

四方路灯光节点现状

四方路现状中路灯下及路灯对面光环境可以满足作为步行街的需要，方案中对其效果保留。另在店牌添加灯光吸引游客，路灯高度 5m，路灯间距 25m（图 4-299）。

图 4-299　基地夜间路灯节点设计（二）周宫庆 绘

易州路南段灯光节点现状

易州路南段现状光环境可满足步行街功能的照明需求，方案设计中对其灯光效果保留。北段周边里院功能仍以居住为主，相比南段平均照度较低符合设计需求，灯光效果保留不做调整，路灯高度 5m，路灯间距 25m（图 4-300）。

图 4-300　基地夜间路灯节点设计（三）周宫庆 绘

平度路灯光节点现状

平度路作为商业为主的区域，现状中灯下的光环境可以满足需要，而路灯对面以及路灯之间部分明显平均光照度不足，因此缩小现有路灯间距，为门洞内增添部分灯光照明，路灯高度 5m，路灯间距 25m（图 4-301）。

图 4-301　基地夜间路灯节点设计（四） 周宫庆 绘

易州路南段灯光节点现状

潍县路作为基地西侧的边界，由于路旁基地内里院建筑多为一到二层为主，且道路较为宽敞，因此照明条件适宜，将节点效果保留不做调整，确定路灯高度 4m，路灯间距 20m（图 4-302）。

图 4-302　基地夜间路灯节点设计（五） 周宫庆 绘

芝罘路现有灯光环境及间距基本可以满足功能需要，将节点效果保留不做调整，部分店牌和立面配以白色光照明，路灯高度 4m，路灯间距 20m（图 4-303）。

芝罘路灯光节点现状

图 4-303　基地夜间路灯节点设计（六）周宫庆 绘

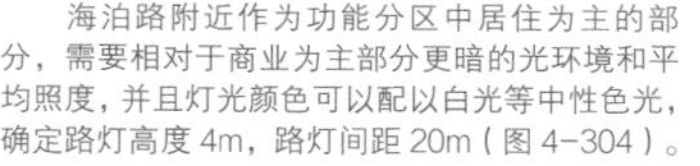

海泊路附近作为功能分区中居住为主的部分，需要相对于商业为主部分更暗的光环境和平均照度，并且灯光颜色可以配以白光等中性色光，确定路灯高度 4m，路灯间距 20m（图 4-304）。

海泊路灯光节点现状

图 4-304　基地夜间路灯节点设计（七）周宫庆 绘

4.4.8 地面铺装设计

对基地现状的调研分析得出结论中，基地内居住人口众多，其道路地面因年久失修而坑洼不平，部分街道排水不畅产生异味，严重影响了基地内居民的生活条件和质量，这一切都与基地道路地面铺装设计息息相关。鉴于本方案从城市设计角度出发，仅对基地中各街道地面进行铺装设计，未涉及里院内地面铺装的内容。

现状中基地道路铺装车行道均为沥青混凝土地面，人行道为灰色混凝土砖配以灰色路缘石的形式（图 4-305）。铺装种类及形式单一，仅博山路南侧与德县路交界处道路地面保留原有马牙石铺装地面。铺装类型与基地功能及其氛围搭配不当，基地内千篇一律的完全黑色沥青混凝土地面烘托了死板压抑的氛围，行走于基地内部分车行道地面指向标注过于显著抢眼。部分街道地面坑洼严重，例如黄岛路市场因长期被送货车碾压，地面变形严重，部分店铺摊位占据公共车行道，废弃污水直接倾倒在路面，造成积水严重排泄不畅的局面（图 4-306、图 4 -307）。

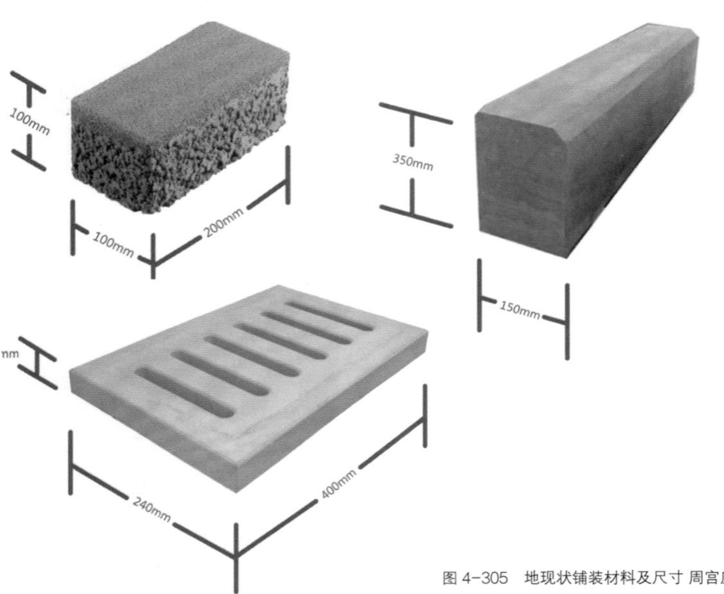

图 4-305　地现状铺装材料及尺寸 周宫庆 绘

图 4-306　基地现有道路标识及铺装衔接处节点细节 周宫庆 摄

现状铺装中人行道路缘石尺寸比例适宜，方案中将会沿用此种材质及尺寸，混凝土砖的尺寸将根据街道功能分区的不同而变化颜色及尺寸，基地中缺失沟盖板的部分路面将进行补配。

图 4-307　基地路面裂缝、积水及沥青路面衔接处 周宫庆 摄

易州路南段部分沥青混凝土路面已经开裂脱落，形成一道明显分界线；黄岛路市场部分路面坑洼处和沟盖板缺失处被垫起木板，仅容行人通过，存在严重安全隐患；在易州路与高密路交界处因为沥青混凝土路面铺设时间的不同，路面出现不同颜色的分界，既影响路面美观，又使得路面两片沥青混凝土路面交界处缝隙易残留积水从而时间长久产生裂缝。因此在方案设计中，根据街道功能分区的不同，即使保留部分现有基地铺装，也将对其进行替换和修复，彻底消除现状基地铺装中存在的以上各项问题（图 4-308）。

方案规划为市场部分
方案规划为步行街部分
居住为主部分街道
现状中人行道

图 4-308　基地道路功能分区 周宫庆 绘

压模地坪材料

压模地坪是一种近年来流行并迅速得以推广的绿色环保地面材料。它能在原本普通的新旧混凝土表层创造出各种天然大理石、花岗岩、砖块、瓦片、木地板等铺设效果，具有图形美观自然、色彩真实持久、质地坚固耐用等特点。

对于方案中规划博山路、四方路及易州路南段为商业步行街，黄岛路保留原有市场，海泊路、高密路、芝罘路、潍县路及平度路附近以居住为主的设计思路，方案现状中单一的铺地材料难以与之相呼应，因此铺装设计将对原有材料部分保留和使用的基础上加入其他铺装材料和衔接方式，对应方案中不同路段及相同路段中的分区及业态变化，从而使基地内地面铺装与其功能分区相呼应，烘托历史街区的应有氛围。

现状中人行道使用的混凝土砖材料形式多样，抗压性强，在方案中可在三角地部分应用不同规格和形式的混凝土砖来满足需要；车行道使用的沥青混凝土地面色彩单一死板，方案中考虑对其替除。

方案铺地材料按功能区划分，商业为主区域：博山路、易州路南段、黄岛路及四方路取消现有人行道与车行道的划分，采用不同颜色及质地的天然石材配以压模地坪材料；对商业步行街的转折处及不同材质的交界处做细节设计分析。居住为主区域：同样采用不同石材铺地，但相对于商业为主区域选取颜色较深的石材，这样从铺装上区分不同区域功能，并且可以和基地外围采用沥青混凝土铺地的路面形成良好的衔接（图 4-306）。

对于地面排水的处理，修复现状地面残损及缺失沟盖板的排水沟，在方案中不同材质交界处增加排水槽并配以相应规格的沟盖板。

图 4-309　居住为主部分铺地现状 周宫庆 摄

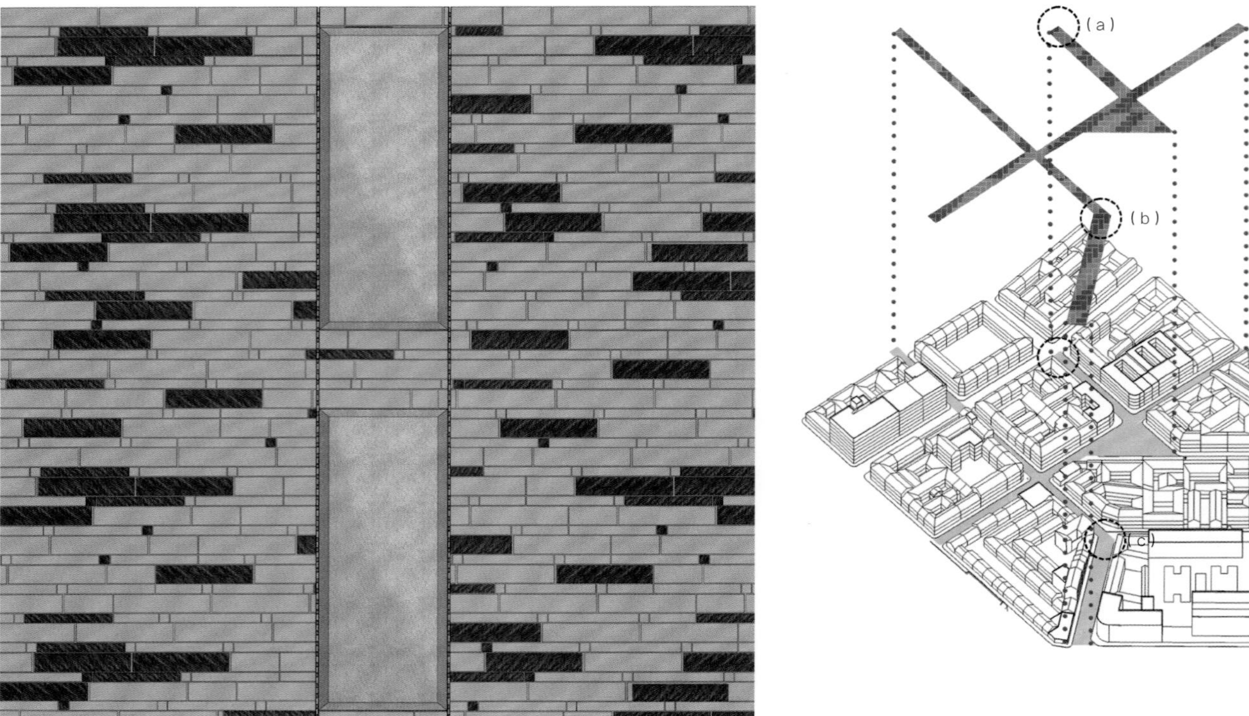

(a)

由于步行街周边部分门洞内地面铺装采用灰色石板或混凝土砖，方案中考虑到街道铺装靠近门洞处要与之呼应，因而采用相近石材与之衔接（图 4-310）。

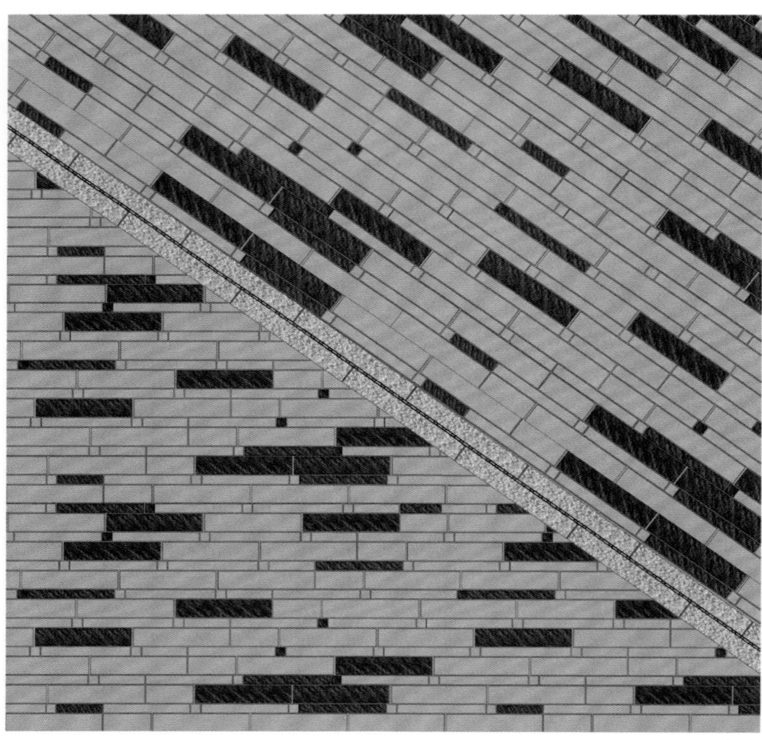

(b)

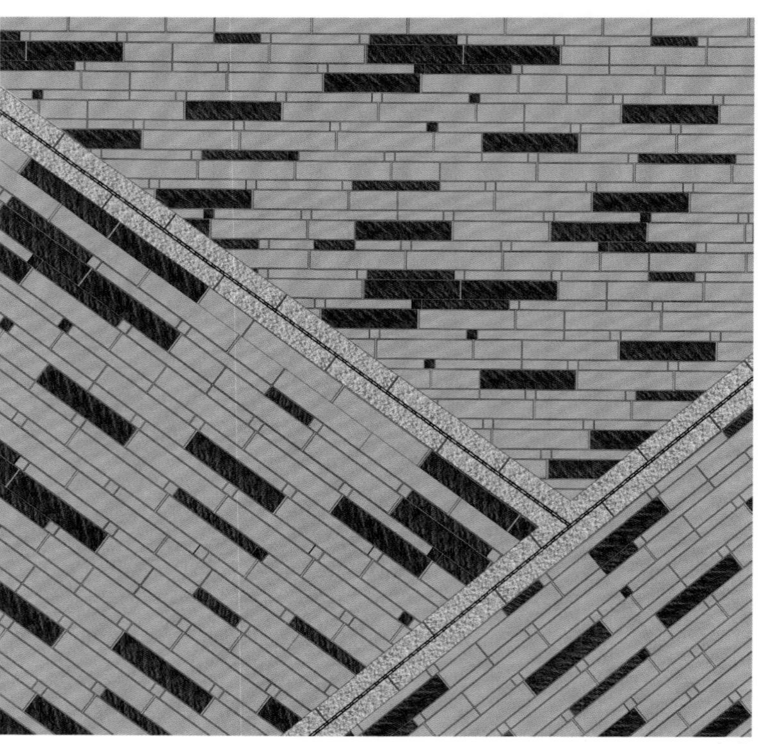

(c)

图 4-310　商业区铺装设计细部 周宫庆 绘

海泊路及易州路北段的深色石材铺装，从材质上烘托居住为主区域相对休闲安静的气氛，提供能让游客及居民驻足休息的环境（图 4-311）。

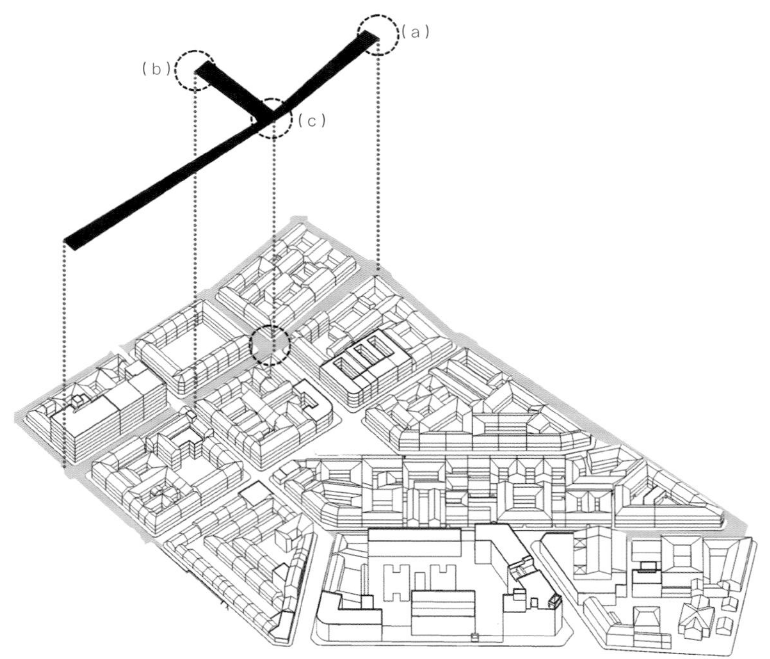

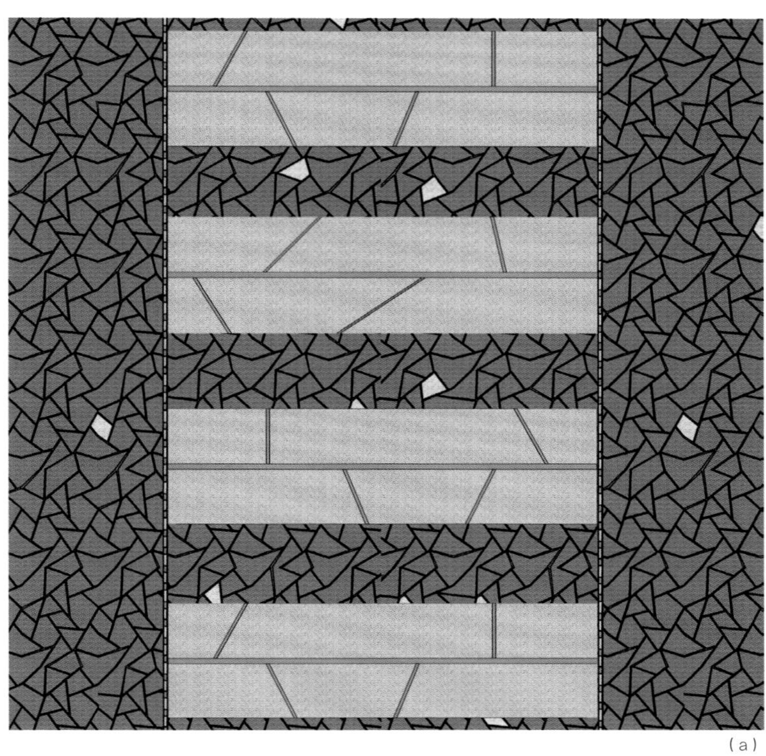
(a)

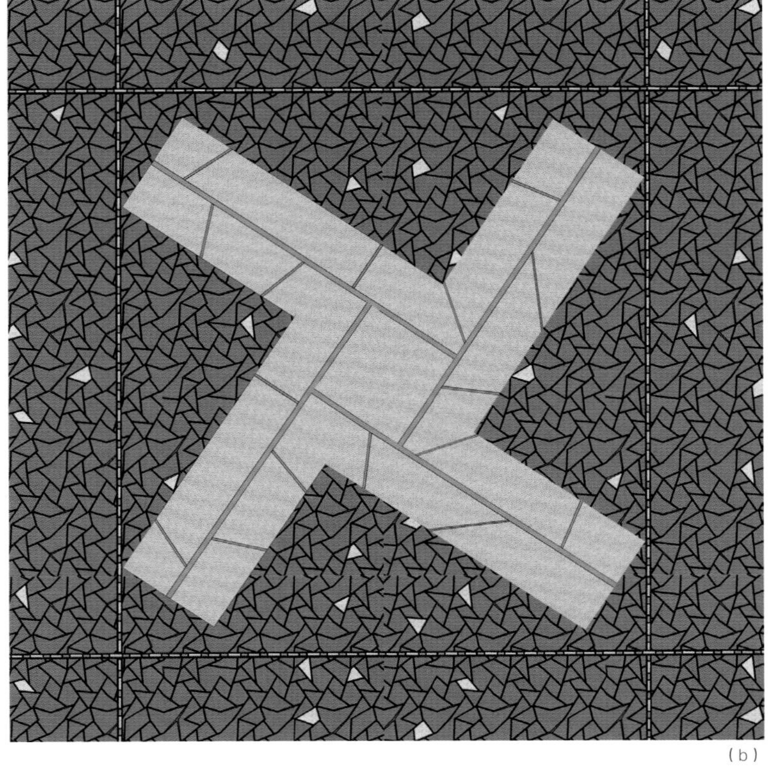
(b)

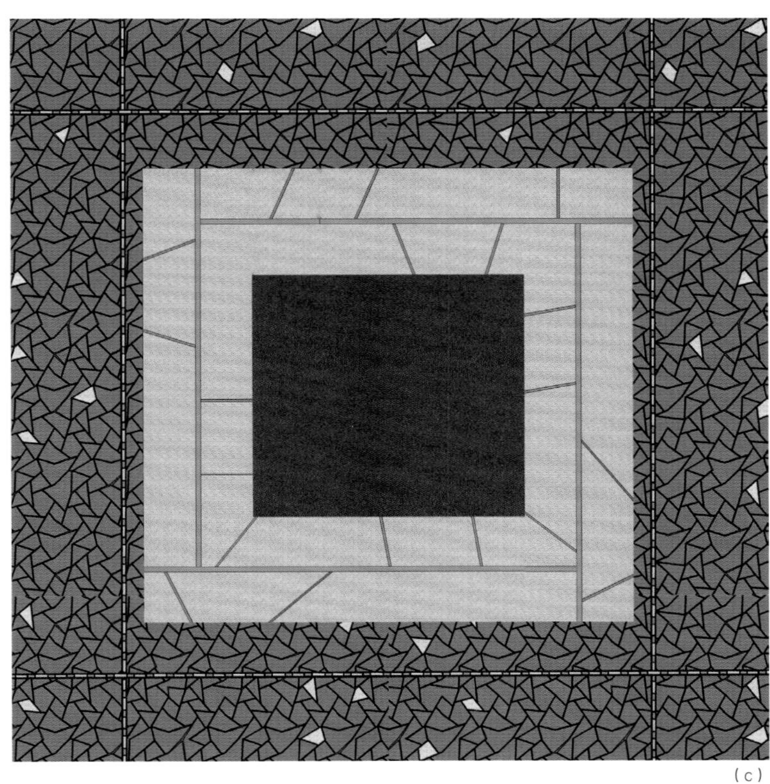
(c)

图 4-311　居住区铺装设计细部 周宫庆 绘